Baubetriebswesen und Bauverfahrenstechnik

Reihe herausgegeben von
Jens Otto, Dresden, Deutschland
Peter Jehle, Dresden, Deutschland

Die Schriftenreihe gibt aktuelle Forschungsarbeiten des Instituts Baubetriebswesen der TU Dresden wieder, liefert einen Beitrag zur Verbreitung praxisrelevanter Entwicklungen und gibt damit wichtige Anstöße auch für daran angrenzende Wissensgebiete.

Die Baubranche ist geprägt von auftragsindividuellen Bauvorhaben und unterscheidet sich von der stationären Industrie insbesondere durch die Herstellung von ausgesprochen individuellen Produkten an permanent wechselnden Orten mit sich ständig ändernden Akteuren wie Auftraggebern, Bauunternehmen, Bauhandwerkern, Behörden oder Lieferanten. Für eine effiziente Projektabwicklung unter Beachtung ökonomischer und ökologischer Kriterien kommt den Fachbereichen des Baubetriebswesens und der Bauverfahrenstechnik eine besonders bedeutende Rolle zu. Dies gilt besonders vor dem Hintergrund der Forderungen nach Wirtschaftlichkeit, der Übereinstimmung mit den normativen und technischen Standards sowie der Verantwortung gegenüber eines wachsenden Umweltbewusstseins und der Nachhaltigkeit von Bauinvestitionen.

In der Reihe werden Ergebnisse aus der eigenen Forschung der Herausgeber, Beiträge zu Marktveränderungen sowie Berichte über aktuelle Branchenentwicklungen veröffentlicht. Darüber hinaus werden auch Werke externer Autoren aufgenommen, sofern diese das Profil der Reihe ergänzen. Der Leser erhält mit der Schriftenreihe den Zugriff auf das aktuelle Wissen und fundierte Lösungsansätze für kommende Herausforderungen im Bauwesen.

Weitere Bände in der Reihe http://www.springer.com/series/16521

Jan Kortmann

Verfahrenstechnische Untersuchungen zur Recyclingfähigkeit von Carbonbeton

Mit einem Geleitwort von Prof. Peter Jehle und Prof. Jens Otto

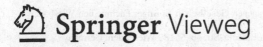

Jan Kortmann
Dresden, Deutschland

Dissertation Technische Universität Dresden/2020

ISSN 2662-9003   ISSN 2662-9011   (electronic)
Baubetriebswesen und Bauverfahrenstechnik
ISBN 978-3-658-30124-8   ISBN 978-3-658-30125-5   (eBook)
https://doi.org/10.1007/978-3-658-30125-5

Die Deutsche Nationalbibliothek verzeichnet diese Publikation in der Deutschen National-
bibliografie; detaillierte bibliografische Daten sind im Internet über http://dnb.d-nb.de abrufbar.

Springer Vieweg ist ein Imprint der eingetragenen Gesellschaft Springer Fachmedien Wiesbaden
GmbH und ist ein Teil von Springer Nature.
Die Anschrift der Gesellschaft ist: Abraham-Lincoln-Str. 46, 65189 Wiesbaden, Germany

Geleitwort

Carbonbeton ist ein in den letzten Jahren entwickelter neuartiger Baustoff, der die Herstellung sehr dauerhafter Bauteile und Bauwerksteile verspricht. Der bisher verwendete korrosionsempfindliche Bewehrungsstahl im Beton wird dabei durch Carbonfasern in Form von Carbonstäben und Carbongelegen ersetzt. Durch die vielfach höhere Tragfähigkeit der Carbonbewehrung und die inerten Eigenschaften können die Carbonbetonbauteile wesentlich schlanker ausgeführt werden als konventionelle Stahlbetonbauteile. Damit werden signifikante Ressourceneinsparungen bei den eingesetzten mineralischen Rohstoffen erzielt und erhebliche Reduktionen bei der Freisetzung von CO_2 erreicht. Es ist festzustellen, dass trotz zunehmender Einsatzmengen von Carbonfasern im Bauwesen, aber auch in anderen Branchen, notwendige Erkenntnisse zum Gesundheitsgefährdungspotenzial zerkleinerter Carbonfasern und der Recyclingfähigkeit der Verbundwerkstoffe fehlen. Mit der Substitution des Betonstahls durch Carbonfaserbewehrungen fallen beim Abbruch faserhaltige Abfälle an. Dafür existieren noch keine etablierten Recyclingverfahren. Mit den verfahrenstechnischen Untersuchungen zur Recyclingfähigkeit von Carbonbeton widmet sich Herr Kortmann diesen Fragen im Rahmen seiner Promotion am Institut für Baubetriebswesen der TU Dresden.

Mit den Untersuchungen werden das Gesundheitsgefährdungspotenzial von Carbonfasern auf Grundlage des Faserbruchverhaltens analysiert und die Möglichkeiten zum Recycling nachgewiesen. Dazu wurden einerseits die mechanische Bearbeitung von Carbonbetonbauteilen mit handelsüblichen Werkzeugen, Geräten und Maschinen durchgeführt und die auftretenden Staubemissionen erfasst und bewertet sowie andererseits die Eignung dieser konventionellen Verfahren überprüft. In weiteren Arbeitsprozessen folgten die Zerkleinerung, der Aufschluss und die Sortierung der angefallenen Carbonbetonabfälle mit am Markt verfügbaren Brech- und Sortieranlagen. Die Auswertung der bei den Arbeitsprozessen in großer Zahl erfassten Staubproben ergab keinerlei Hinweise auf Carbonfasern, die das WHO-Kriterium erfüllen. Das Gefährdungspotenzial und die Gesundheitsrisiken sind bei der mechanischen Be- und Verarbeitung von carbonbewehrten Betonbauteilen nicht höher als bei Beton- und Stahlbetonbauteilen.

Die mit der Arbeit exemplarisch aufgezeigte Herangehensweise ist eine innovative Aufforderung an alle Produktentwickler und Entscheidungsträger, grundsätzliche Untersuchungen an neuen Produkten zum Nachweis der Recyclingfähigkeit einerseits und dem sicheren Ausschluss von Gesundheits- und Umweltgefahren andererseits vor eine Markteinführung zu stellen.

Dresden, im März 2020

Prof. Dr.-Ing. Peter Jehle   Prof. Dr.-Ing. Jens Otto

Vorwort des Verfassers

„Natürlich interessiert mich die Zukunft. Ich will schließlich den Rest meines Lebens darin verbringen." [Mark Twain]

Dieses Zitat steht als Leitgedanke für viele Innovations- und Forschungsansätze, die über die bloße Weiterentwicklung bereits bestehender Denkmuster hinausgehen. Dazu zählen insbesondere auch Untersuchungen, die weit in die Zukunft gerichtet sind und sich mit den kurz- und langfristigen Auswirkungen anthropogener Entwicklungen beschäftigen. Die Beurteilung des Gefährdungspotenzials und der Recyclingfähigkeit von Bauprodukten – bereits vor der Markteinführung – ist ein Beispiel dafür.

In jüngster Vergangenheit wurden bereits Bauteile aus carbonfaserbewehrtem Beton hergestellt. Diese und alle zukünftig herzustellenden Carbonbetonbauteile werden aufgrund der guten Dauerhaftigkeit über viele Jahrzehnte in Wechselwirkung mit dem Nutzer und dem örtlichen Umfeld stehen. Anders als Güter des täglichen Gebrauchs mit kurzer oder mittlerer Lebensdauer werden Bauwerke im Zuge ihrer Nutzung wiederholt bearbeitet. Dabei kommt es immer zu einer Materialfreisetzung. Mit weiteren tiefgreifenden Umnutzungsmaßnahmen und zum Lebenszyklusende fallen darüber hinaus beim Teil- oder Totalabbruch große Abbruchmengen an, zu deren Umgang bisher keine gesicherten Erkenntnisse vorlagen. Das vorliegende Werk liefert dazu Antworten.

Die Arbeit entstand im Rahmen meiner Tätigkeit als wissenschaftlicher Mitarbeiter am Institut für Baubetriebswesen an der Technischen Universität Dresden. Mein besonderer Dank gilt meinem Doktorvater, Herrn Univ.-Prof. Dr.-Ing. Jehle, der mir bei meiner Promotion fördernd zur Seite stand. Die konstruktiven Diskussionen zum Inhalt und die methodische Herangehensweise waren für meine wissenschaftliche Arbeitsweise prägend. Weiterhin möchte ich mich bei Herrn Univ.-Prof. Dr.-Ing. Motzko von der Technischen Universität Darmstadt und Herrn Univ.-Prof. Dr.-Ing. Otto von der Technischen Universität Dresden für ihre Bereitschaft zur Begutachtung meiner Arbeit sowie für ihre fachlichen Hinweise und Anregungen bedanken.

Herzlich danken möchte ich allen Kolleginnen und Kollegen des Instituts für Baubetriebswesen für die unvergessliche gemeinsame Zeit sowie die offenen Gespräche und Diskussionen. Überdies möchte ich mich bei allen Personen anderer Institute und Unternehmen bedanken, mit den ich zusammen auf diesem Gebiet forschen durfte. Ein weiterer Dank gilt meinen Freunden, meiner Familie sowie ganz besonders meiner Frau und meinen beiden Kindern, die mir selbstlos und mit viel Nachsicht in der Promotionszeit Rückhalt gaben. Danke!

Dresden, im März 2020   Jan Kortmann

Inhaltsverzeichnis

Abbildungsverzeichnis

Tabellenverzeichnis

Abkürzungs- und Symbolverzeichnis

°C	Grad Celsius, physikalische Größe der Temperatur
η	Ny (griechischer Buchstabe), Formelzeichen für die dynamische Viskosität, Einheit $= \frac{kg}{m \cdot s}$
ρ	Rho (griechischer Buchstabe), Formelzeichen für die Dichte eines Körpers, Einheit $= \frac{kg}{m^3}$ oder $\frac{g}{cm^3}$
AbfRRL	Abfallrahmenrichtlinie
AbfVerbrG	Abfallverbringungsgesetz
AbZ	Allgemeine bauaufsichtliche Zulassung
aD	aerodynamischer Durchmesser
AGS	Ausschuss für Gefahrstoffe
ArbSchG	Arbeitsschutzgesetz
AR-Glasfasern	Alkaliresistente Glasfasern (AR = Alkaline Resistant)
A-Staub	alveolengängiger Staub
Bar	Bar, physikalische Größe des Drucks (1 bar $= \frac{kg}{m \cdot s^2}$)
BBodSchV	Bundes-Bodenschutz- und Altlastenverordnung
BG Bau	Berufsgenossenschaft der Bauwirtschaft
BImSchG	Bundesimmissionsschutzgesetz
BMWI	Bundesministerium für Wirtschaft und Energie
C^3	Carbon Concrete Composite e. V. (Verein und Forschungsverbund zur Erforschung und Verbreitung der Carbonbetonbauweise)
CCeV	Carbon Composites e. V.
CEM	Cement (deutsch: Zement)
CF	carbon fibre (deutsch: Kohlenstofffaser oder auch Carbonfaser)
CFK (CFRP)	Carbon-fibre-reinforced plastic (deutsch: kohlenstofffaserverstärkter Kunststoff oder auch carbonfaserverstärkter Kunststoff)
ChemG	Chemikaliengesetz
CRA	Chancen-Risiko-Analyse
DAfStb	Deutscher Ausschuss für Stahlbeton e. V.

dB (A)	Dezibel (A), physikalische Größe A-bewerteter Schallleistungspegel
DepV	Deponieverordnung
DFG	Deutsche Forschungsgemeinschaft
DGUV	Deutsche Gesetzliche Unfallversicherung e. V.
DIBt	Deutsches Institut für Bautechnik
DIN	Norm nach „Deutsches Institut für Normung"
ebd.	ebenda (deutsch: „dort gleichbedeutend")
EN	Europäische Norm
EP-Harz	Epoxidharz
E-Staub	einatembarer Staub
et al.	et alii (deutsch: „und andere")
EU	Europäische Union
f./ff.	folgende/fortfolgende
GefStoffV	Gefahrstoffverordnung
GewAbfV	Gewerbeabfallverordnung
J	Joule = physikalische Einheit der Energie ($1 \text{ J} = \frac{kg \cdot m^2}{s^2}$)
KFK	Kohlenstofffaserverstärkter Kunststoff (gleichbedeutend mit CFK)
KrW-/AbfG	Kreislaufwirtschafts- und Abfallgesetz (außer Kraft gesetzt 01.06.2012)
KrWG	Kreislaufwirtschaftsgesetz
kW	Kilowatt = 1.000 Watt, physikalische Größe der Leistung ($1 \text{ W} = \frac{kg \cdot m^2}{m^3}$)
LAGA	Länderarbeitsgemeinschaft Abfall
MantelV	Mantelverordnung
Mio.	Million[en]
µm	Mikrometer = 10^{-6} m (1.000 µm = 1 mm)
N	Newton = physikalische Einheit der Kraft ($1 \text{ N} = \frac{kg \cdot m}{s^2}$)
NIR	Nahinfrarotspektroskopie
p. a.	per annum oder pro anno (lateinisch „pro Jahr")
PA	Polyamid
PAN	Polyacrylnitril

PE	Polyethylen
PET	Polyethylenterephthalat
PES	Polyester
PP	Polypropylen
PVA	Polyvinylalkohol
PVC	Polyvinylchlorid
REM	Rasterelektronenmikroskop
RWTH Aachen	Rheinisch-Westfälische Technische Hochschule Aachen
SBR	Styrol-Butadien-Kautschuk, aus dem Engl.: Styrene Butadiene Rubber
SPT	Sodium polytungstate, engl. Bezeichnung für Natriumpolywolframat
T	Tonne = 10^3 kg (1.000 kg = 1 t)
TOC	organischer Anteil des Trockenrückstandes in der Originalsubstanz
TRGS	Technische Regeln für Gefahrstoffe
Tsd.	tausend
Ω	Masseanteil = dimensionslose Gehaltsgröße zur Beschreibung der Zusammensetzung von Stoffgemischen, Hilfsmaßeinheit [kg/kg] und [g/kg]
WHG	Wasserhaushaltsgesetz
WHO	Weltgesundheitsorganisation, aus dem Englischen: World Health Organization
ZiE	Zustimmung im Einzelfall

1 Einleitung

1.1 Motivation

Im Bauwesen ist das ressourceneffiziente Bauen unter dem ökologischen Aspekt einer Ressourceneinsparung eines der großen Schwerpunktthemen. [1,2] Ein Vertreter einer Vielzahl an Forschungsprojekten mit dieser Zielsetzung ist das interdisziplinäre Forschungsprojekt *Carbon Concrete Composite (kurz C³)*, gefördert vom BMBF im Programm „Zwanzig20 – Partnerschaft für Innovation" der Initiative „Unternehmen der Region", zu nennen. Gegenstand des Projektes ist der Einsatz von textilen Kohlenstofffasern (Carbonfasern) [3] als Bewehrungsmaterial. Die Betonstahlbewehrung soll durch die Carbonbewehrung sinnvoll ergänzt und stellenweise substituiert werden. Durch damit hergestellte Carbonbetone soll eine neue und ressourceneffizientere Bauweise zukünftig auf breiter Basis etabliert werden. Carbonfasern korrodieren nicht, wodurch sich Carbonbetonbauteile mit einer wesentlich reduzierten Betondeckung herstellen lassen. Die hergestellten Baukonstruktionen und -elemente zeichnen sich durch eine hohe mechanische Leistungsfähigkeit, einen geringeren Ressourcenverbrauch und eine längere Lebensdauer aus.

Auf Basis bisheriger Forschungs- und Entwicklungsarbeiten konnten in jüngster Vergangenheit vereinzelte Bauteile und Bauwerke aus Carbonbeton als Leuchtturmprojekte hergestellt werden. Bereits bestehende oder zukünftig herzustellende Carbonbetonbauteile werden aufgrund der guten Dauerhaftigkeit über viele Jahrzehnte in Wechselwirkung mit dem Nutzer (Mensch) und dem örtlichen Umfeld (Mensch und Umwelt) treten. Anders als Güter des täglichen Gebrauchs mit kurzer oder mittlerer Lebensdauer, wie beispielsweise Unterhaltungselektronik und Kraftfahrzeuge, [4] werden Bauwerke und Bauwerksteile im Zuge ihrer Nutzung wiederholt bearbeitet, wobei es immer zu einer Materialfreisetzung kommt. Zu diesen mechanischen Bearbeitungen zählen das Herstellen von Bohrungen, nachträglichen Wandschlitzen oder von Bauteilöffnungen für Fenster, Türen oder Mediendurchführungen. Mit weiteren tiefgreifenden Umnutzungsmaßnahmen und zum Nutzungsende fallen darüber hinaus durch die Arbeiten des Teil- oder Totalabbruchs große Abbruchmengen an, zu deren Umgang bisher keine gesicherten Erkenntnisse vorliegen. Die bei diesen Arbeiten anfallenden hochwertigen faserhaltigen Stoffe werden bisher regelmäßig beseitigt oder selten auf niedrigem Verwertungslevel verwertet. Stattdessen müssen diese Stoffe einem hochwertigen Recycling zugeführt

---

[1] BBSR (2016) Ziele und Strategien für ressourceneffizientes Bauen
[2] BMUB (2019) Leitfaden Nachhaltiges Bauen
[3] In den nachfolgenden Ausführungen wird die Bezeichnung *Carbonfaser* verwendet.
[4] Martens/Goldmann (2016) Recyclingtechnik, S. 7

werden. Daraus ergeben sich zwei wichtige Fragestellungen, die ohne das Aufzeigen von Lösungsansätzen als Markteintrittsbarrieren für den Verbundbaustoff Carbonbeton bestehen bleiben würden:

- Stellen die bei der Be- und Verarbeitung von Carbonbeton emittierten Fasern und Staubpartikel ein Gesundheitsgefährdungspotenzial für den Menschen dar?
- Können Abfallmassen aus dem Abbruch von Carbonbetonbauteilen in der Art aufbereitet werden, dass die stoffliche Verwertung der Fraktionen gewährleistet ist?

Der ressourcenschonende Einsatz von Carbonbeton mit der Möglichkeit zum Recycling ist neben der gesundheitlichen Unbedenklichkeit eine unabdingbare Voraussetzung für die Marktetablierung. In den bestehenden Baustoffmärkten muss sich Carbonbeton unter qualitativen, ökologischen und ökonomischen Gesichtspunkten mindestens gleichwertig zu konkurrierenden konventionellen Baustoffen, wie Stahlbeton, verhalten. Es sind daher Konzepte für das Recycling auf einem möglichst hohen Energielevel sowie der Ausschluss negativer Auswirkungen auf Mensch und Umwelt nachzuweisen. Der anfängliche Verdacht, dass sich Carbonbeton im Gesundheitsgefährdungspotenzial ähnlich wie andere faserhaltige Baustoffe und Bauprodukte der Vergangenheit verhalten könnte, ist oberflächlich betrachtet nachvollziehbar.

Da es sich bei Carbonfasern immer um rohstofftechnisch wertvolle und energieintensiv hergestellte Werkstoffe handelt, [5] ist eine lange Verweilzeit im Stoffkreislauf – auch über die Bauteilnutzungsdauer hinaus – anzustreben. Dafür sind Prozesse für ein qualitativ hochwertiges Recycling der Abfälle, die bei Produktions- und Abbrucharbeiten anfallen, zwingend erforderlich. Dabei ist vor allem ein sogenanntes Downcycling zu verhindern, bei dem die ursprüngliche Qualität oder die Verarbeitbarkeit der Ausgangsstoffe verloren gehen. Infolgedessen sollen auch die abfallwirtschaftlich wertvollen Deponiekapazitäten geschont werden, indem alle anfallenden Fraktionen zu verwerten sind. Gleichermaßen werden volkswirtschaftlich wichtige Ressourcen in Form der Sekundärrohstoffe dem Wertstoffkreislauf wieder zugeführt.

Unter anderem sind die Vorgaben aus der EU-Verordnung Nr. 305/2011 des Europäischen Parlaments und des Rates vom 9. März 2011 zur Festlegung harmonisierter Bedingungen für die Vermarktung von Bauprodukten einzuhalten. [6] In dieser Bauprodukteverordnung sind in Bezug auf das Recycling von Baustoffen konkrete Vorgaben

---

[5] Martens/Goldmann (2016) Recyclingtechnik, S. 307
[6] Stand 2011, zuletzt geändert 09. März 2011

dokumentiert. Es gelten für die nachhaltige Nutzung der natürlichen Ressourcen folgende Grundsätze: [7] „Das Bauwerk muss derart entworfen, errichtet und abgerissen [abgebrochen – Anm. d. Verf.] [8] werden, dass die natürlichen Ressourcen nachhaltig genutzt werden und darüber hinaus Folgendes gewährleistet ist:

- Das Bauwerk, seine Baustoffe und Teile müssen nach dem Abbruch wiederverwendet oder recycelt werden können.
- Das Bauwerk muss dauerhaft sein.
- Für das Bauwerk müssen umweltverträgliche Rohstoffe und Sekundärrohstoffe verwendet werden."

Für die Vorgabe zur Wiederverwendung und zum Recycling von Baustoffen und Teilen eines Bauwerks ist festzustellen, dass die Substitution von Betonstahl durch textile Carbonfasern eine Zäsur im Bauwesen darstellt. Der Einsatz von faserförmigen Bewehrungsstrukturen wird unmittelbaren Einfluss auf gängige Abbruch- und Recyclingarbeiten haben. Bisherige Betonstähle können über ferromagnetische Separatoren aussortiert werden und im Elektrohochofen zu annähernd 100 % stofflich verwertet und somit hochwertig recycelt werden. In Anlehnung daran stellt sich für Carbonbewehrungsstrukturen in Carbonbetonbauteilen die Frage, wie eine vergleichbare Prozesskette auszusehen hat.

Erste orientierende Versuche des Autors zeigen, dass die Bewehrungsstrukturen in Zerkleinerungsprozessen spröde brechen und nicht als ganzheitlicher Bewehrungsstab oder Matte (Gelege) wiedergewonnen werden können. Daher sind für die Separation kleinteiliger Fragmente Verfahren zu finden. Die Frage zu praktikablen Verfahren, die das effiziente Recycling von Carbonbeton und damit hergestellten Bauteilen sicherstellen, wird bereits durch zahlreiche Baubeteiligte und Institutionen geäußert. [9, 10] Zu den bisher offenen Punkten zählen insbesondere offene Untersuchungen zum vollständigen Aufschluss der Fraktionen [11] und der sortenreinen Separation der Carbonfasern aus dem Carbonbetonabbruchmaterial. Ganz konkret äußert beispielsweise der Geschäftsführer des bvse-Fachverbandes Mineralik – Recycling und Verwertung: [12]

---

[7] BauPVO (2011), Anhang 1, Abschnitt 7

[8] Die gängige Bezeichnung *Abriss* ist häufig nicht korrekt, da mit dem Abriss sehr häufig der Abbruch (eines Gebäudes) gemeint ist. Das *Reißen* oder das *Einziehen* sind definierte Verfahren der Abbrucharbeiten nach DIN 18007 (05/2000). In den seltensten Fällen wird ein Gebäude eingerissen oder eingezogen, sodass es sich dabei nicht um einen Abriss handelt. Die verfahrensneutrale Bezeichnung ist *Abbruch*.

[9] Asche et al. (2018) Fasern in Form

[10] Reckter (2018) Gerettet?

[11] Unter der Begrifflichkeit *Aufschluss* wird nach *Martens/Goldmann (2016)* die Auftrennung (Zerlegung) vorliegender Werkstoffverbindungen verstanden. Der Aufschluss kann beispielsweise durch die Verfahren Demontage, Trennen, Brechen, Mahlen erfolgen.

[12] Rehbock (11.01.2018) Sind neuartige Faserbetone nachhaltig?

*„Entscheidend ist aber für das Betonrecycling, ob und wie die Fasern aus
dem Beton rausgetrennt werden können. Ob dies mit der herkömmlichen
Brech-, Sieb- und Sortiertechnik gelingen kann, ist fraglich. "*

Mit den Ergebnissen der Arbeit sollen Markteintrittsbarrieren untersucht und weiterer
Forschungs- und Entwicklungsbedarf aufgezeigt werden. Darüber hinaus soll die vorliegende Arbeit bei zukünftigen Produktentwicklungen einen Beitrag zur Sensibilisie-
rung für die beiden Themenfelder „Gesundheitsschutz" und „Umweltschutz" leisten.

1.2   Zielstellung und Abgrenzung der Arbeit

Die Zielstellung der vorliegenden Arbeit besteht in der Untersuchung möglicher
Markteintrittsbarrieren für den neuartigen Verbundbaustoff Carbonbeton. Die bisher bestehenden Barrieren werden in den offenen Fragen zur Recyclingfähigkeit und der Beurteilung des Gefährdungspotenzials auf die menschliche Gesundheit gesehen. Diese
Fragen ergeben sich aus der besonderen baustofflichen Zusammensetzung des Verbundbaustoffs Carbonbeton mit dem Einsatz einer faserförmigen Bewehrung in der Betonmatrix.

Ungeachtet der noch geringen Verbreitung von Carbonbeton ist die gegenständliche Untersuchung zur Einhaltung gesundheitlicher und umweltschutzrechtlicher Anforderungen ein wichtiges Erfordernis bei der weiteren Marktverbreitung von Carbonbeton im
Bauwesen. Die weitere Entwicklung von Carbonbeton wäre dann für den Fall zu überprüfen, dass die Carbonbewehrung eine Gesundheitsgefährdung dargestellt, die über das
bekannte Gefährdungsmaß konventioneller (Stahl-)Betone hinausgeht. [13] Mit der Carbonbewehrung ergibt sich eine zusätzliche faserförmige Emissionskomponente, die in
Kombination mit den bei der Betonbearbeitung auftretenden quarzhaltigen Stäuben zu
bewerten ist. Dazu sind die emittierten Faserstäube auf das Vorhandensein kritischer
Geometrien im Größenbereich der WHO-Definition zu untersuchen. [14] Das gesundheit-
liche Gefährdungspotenzial ist in ungünstigen Szenarien mit einer Bandbreite technischer Bearbeitungsverfahren zu untersuchen und die freigesetzten Faserstäube sind zu
bewerten. Mit einem Ausschluss der Gefährdungen für Mensch und Umwelt könnte
durch die Sicherstellung des Gesundheits- und Umweltschutzes die weitere Etablierung
des Baustoffes Carbonbeton forciert werden.

Zu Beginn der Untersuchungen zur Recyclingfähigkeit von Carbonbeton lässt sich fest-
stellen, dass mit der Carbonfaserbewehrung ein nichtmetallischer, zugfester und spröder

---

[13] Ausschuss für Gefahrstoffe (AGS) (09/2011) TRGS 559 - Mineralischer Staub
[14] WHO - World Health Organization (1997) Determination of Airborne Fibre Number Concentrations

Werkstoff vorliegt, der im Recyclingprozess nicht mittels konventioneller Magnetabscheidung separiert werden kann. Die Teilzielstellung der Arbeit besteht in der Validierung technologisch umsetzbarer Verfahren für die Trennung der Carbonbewehrung aus der umschließenden Betonmatrix. Dies beinhaltet den Materialaufschluss und die Sortierung der Fraktionen. Die anhand der baustofflichen Betrachtung als potenziell umsetzbar identifizierten Separationsverfahren sind im besten Fall großtechnisch zu erproben und mit geeigneter wissenschaftlicher Methodik zu analysieren. Die Ergebnisse sind mit festzulegenden Bewertungskriterien in eine Rangfolge entsprechend ihrer Vorteilhaftigkeit zu bringen. Mit dem Vorliegen der sortenreinen Fraktionen sind die Verwertungsoptionen aufzuzeigen. Im Ergebnis der Arbeit ist nach Möglichkeit ein aktuell umsetzbares Konzept für die vollständige Recyclingfähigkeit von Carbonbeton aufzuzeigen.

Die inhaltliche Abgrenzung der Arbeit erfolgt in der Art, dass als Kohlenstoffquelle für die Herstellung der untersuchten Carbonfasern Polyacrilnitril (PAN) herangezogen wurde, was direkten Einfluss auf die Untersuchungen zur Gefährdung auf die Gesundheit hat. Pechbasierte Carbonfasern sind nicht Gegenstand der Untersuchung. Diese hochmoduligen Carbonfasern werden fast ausschließlich in der Luft- und Raumfahrt eingesetzt und sind im Bauwesen nicht relevant. [15] Ausgangspunkt der Betrachtung zum Gesundheitsgefährdungspotenzial von Carbonfasern ist die auf die Baustelle oder ins Fertigteilwerk gelieferte Carbonbewehrung mit dem ersten bautypischen Prozessschritt des Bewehrens. Die vorangegangenen Prozesse zur Carbonfaserherstellung und zur Fertigung der textilen Bewehrung werden nicht in die Betrachtungen einbezogen. Schlusspunkt der Untersuchung ist die Zerkleinerung und die Aufbereitung des Materials aus dem Abbruch von Carbonbetonbauteilen. Die Prozessschritte zur Carbonfaseraufbereitung mit thermischen und mechanischen Verfahren werden nicht hinsichtlich des Gesundheitsschutzes untersucht. Die Arbeit beschränkt sich im Schwerpunkt Gesundheitsschutz daher auf bautypische Arbeiten und die Untersuchung potenzieller Gefährdungen für die Bauausführenden und Nutzer.

Das Recycling von Carbonbeton wird in der Arbeit als stoffliche Verwertung der getrennten Fraktionen aus den gebrochenen und zerkleinerten Carbonbetonbauteilen verstanden. Die direkte Wiederverwendung ganzer Bauteile mit der Ausnutzung lösbarer Verbindungstechniken ist nicht Gegenstand der Untersuchung. Die Arbeit widmet sich dabei vorrangig dem Recycling von konstruktiven und raumabschließenden Neubauteilen aus Carbonbeton, die mit steifen Carbonstrukturen als Matten und Stäbe bewehrt sind. Die Untersuchung der Recyclingfähigkeit von Stahlbetonbauteilen, die mit einer

---

[15] Siehe Materialeigenschaften von Carbonfasern (Abschnitt 2.3.2), S. 15

dünnen Schicht Feinbeton und einem flexiblen Carbongelege zusätzlich verstärkt oder instandgesetzt sind, ist nicht Gegenstand der Arbeit.

Mit den Ergebnissen zum Recycling soll der Lückenschluss zwischen der Herstellung von Carbonbetonbauteilen und der stofflichen Verwertung der Fraktionen Betonmatrix und Carbonfaserbewehrung erarbeitet werden. Kann die Recyclingfähigkeit von Carbonbeton nachgewiesen werden, würde dies eine potenzielle Markteintrittsbarriere für die flächendeckende Etablierung des Baustoffes Carbonbeton beseitigen. Zudem führt das hochwertige Recycling mit dem Ziel der stofflichen Verwertung aller Fraktionen zur weiteren Steigerung der Gesamtrohstoffeffizienz von Carbonbeton. Damit wird dem Grundsatz des ressourceneffizienten Bauens im besonderen Maße entsprochen.

Die Arbeit ist an alle am Bau beteiligten Akteure, wie Abbruch- und Recyclingunternehmer, Planer, Bauausführende, potenzielle Investoren aus dem öffentlichen und privaten Bereich sowie Entscheidungsträger auf kommunaler, Landes- und Bundesebene, gerichtet und soll bei der Entscheidungsfindung im Zusammenhang mit dem Einsatz von Carbonbeton helfen. Die Arbeit soll baupraktisch umsetzbare Separationsverfahren und Wege aufzeigen, wie die Carbonbetonabbruchmassen zukünftig hochwertig verwertet und parallel Primärrohstoffe substituiert werden können. Die Untersuchungen zum Gesundheitsschutz sollen die zukünftige Gefährdung von Menschen verhindern und als positives Beispiel für die Entwicklung neuer Bauprodukte dienen.

1.3   Aufbau und Lösungsweg

Mit der vorliegenden Arbeit wird untersucht, ob die Recyclingfähigkeit des Verbundbaustoffs Carbonbeton éine Markteintrittsbarriere darstellt. Dies beinhaltet die Fragestellungen, ob Carbonbeton recycelt werden kann, welche technologischen Verfahren für die Umsetzung des Recyclings notwendig sind und wie die anfallenden Materialfraktionen im Anschluss verwertet werden können. Neben dem Ressourcenschutz – im Sinne der Recyclingfähigkeit – wurde der Gesundheitsschutz betrachtet. Die Arbeit widmet sich daher auch der Betrachtung von Faseremissionen, die mit der Ver- und Bearbeitung von Carbonbeton freigesetzt werden, und der Beurteilung der Emissionen auf eine mögliche Gefährdung der menschlichen Gesundheit.

In Kapitel 2 wird die Entwicklung der Carbonfaserbewehrung im Bauwesen aufgezeigt und der Verbundbaustoff Carbonbeton in die Arbeit eingeführt. Die Vorteile der Carbonbetonbauweise sollen das bestehende Einsatzspektrum verdeutlichen. Für den weiteren Einstieg in den Faserverbundwerkstoffbau wird ein Überblick über die Bandbreite textiler Bewehrungsstrukturen für das Bauwesen gegeben. Vertiefend werden die stofflichen Eigenschaften, die Herstellung und die Lieferformen von Carbonfaserbewehrungen erläutert.

Der damit verbundene Werkstoff Carbonfaser wird mit den Ausgangsstoffen, der Herstellung, den Materialeigenschaften und in einer Marktübersicht ausführlich dargestellt. Im weiteren Bearbeitungsprozess ergeben sich mit dem Verbundbaustoff Carbonbeton die beiden Wirkungspfade Carbonbeton – Mensch und Carbonbeton – Umwelt. Für den Einfluss des Carbonbetons und seiner Komponenten auf den Menschen (Wirkungspfad Carbonbeton – Mensch) werden die durchgeführten Untersuchungen zum Gefährdungspotenzial von Carbonbeton auf die menschliche Gesundheit dargestellt und die Ergebnisse beurteilt. Die positiven Ergebnisse zum Einfluss auf die menschliche Gesundheit erlauben im weiteren Verlauf der Arbeit den alleinigen Fokus auf den Wirkungspfad Carbonbeton – Umwelt.

In Kapitel 3 wird zu den Untersuchungen zur Recyclingfähigkeit von Carbonbeton mit den theoretischen Grundlagen zum Baustoffrecycling hingeführt. Basierend auf den rechtlichen Vorgaben zum Recycling wird der weitgefasste Begriff *Recycling* als ausschließlich hochwertige, stoffliche Verwertung der Abbruchmassen zur Substitution von Primärrohstoffen definiert. Mit diesem Grundverständnis werden der Stand der Forschung zum Recycling von Carbonbeton dargestellt und die Zielsetzung für die späteren Versuche beschrieben. Die Versuche sollen die Möglichkeiten zur Zerkleinerung von Carbonbeton und die Aufbereitung des Materials für die stoffliche Verwertung der Fraktionen nachweisen. Vor Ausführung der großtechnischen Untersuchungen zur Trennung der Carbonbewehrung von der Betonmatrix werden Tastversuche durchgeführt und die orientierenden Ergebnisse zum Bruch- und Aufschlussverhalten von Carbonbeton dargestellt. Die daran anschließenden Großversuche sollen mit Hilfe multikriterieller Bewertungsmethoden ausgewertet werden, wofür im Schlussteil des Kapitels die theoretischen Grundlagen gelegt werden.

Mit Kapitel 4 erfolgt die baustoffliche und baukonstruktive Festlegung repräsentativer Bauteile für die (Feld-)Experimente zum Abbruch und Recycling. Mit den Grundlagen und der Bandbreite zur Verfügung stehender Textilfasern werden repräsentative Faser- und Matrixkombinationen für die Untersuchungen zum Abbruch und zur Recyclingfähigkeit ausgewählt. Die ausgewählte Bewehrungsspezifikation soll stellvertretend für die Carbonbetonbauweise zur Herstellung von Neubauteilen stehen und die Ergebnisse zum Recycling von Carbonbeton validierbar sicherstellen. Im weiteren Verlauf des Kapitels wird der Einfluss der Betontechnologie und der Baukonstruktion auf die nachfolgenden Abbruch- und Recyclingverfahren erörtert werden. Mit den Grundlagen zur Betontechnologie kann die Betonrezeptur für die Herstellung der Carbonbetonbauteile festgelegt werden. Zur Festlegung repräsentativer Bauteile wird die Bandbreite der bisher umgesetzten Bauwerke und Verstärkungsmaßnahmen aus Carbonbeton vorgestellt.

Die Anwendungsbeispiele sind in einer großen Bandbreite wiedergegeben, um in Hinblick auf die Fragestellung der vorliegenden Arbeit die Vielfalt und die Relevanz der zukünftigen Abbruch- und Recyclingarbeiten vorstellen zu können.

In Kapitel 5 werden der Abbruch der zuvor konzipierten und hergestellten Großbauteile sowie die großtechnische Zerkleinerung des Materials beschrieben. Das zerkleinerte Abbruchmaterial, welches als Ausgangsmaterial für die Versuche dient, wird im Anschluss ausführlich charakterisiert. Die Versuche haben das Ziel, geeignete Separationsverfahren im Rahmen des Recyclingprozesses für carbonfaserbewehrten Beton zu eruieren und in einer Vielzahl von Versuchen zu validieren. Für das Material wurden Verfahren der Sortierenden Klassierung, der Dichtesortierung sowie der Einzelkornsortierung als prinzipiell geeignet für die Separation der Carbonbewehrung herausgearbeitet. Die Experimente (im Labor) und der Feldexperimente (in großtechnischen Anlagen) zur Separation der Carbonbewehrung werden beschrieben und die Verfahren mit der Nutzwertanalyse beurteilt. Im Ergebnis der Versuche kann ein Aufbereitungsprozess für das Recycling von Carbonbeton beschrieben werden, für den im Ergebnis der Beurteilung der größte Nutzwert ermittelt werden konnte.

Mit Kapitel 6 werden die Verwertungsoptionen für die Fraktionen der gebrochenen mineralischen Betonmatrix und der separierten Carbonfragmente aufgezeigt. Mit Hilfe der Ergebnisse zur optimalen Aufbereitung des Abbruchmaterials aus dem fünften Kapitel und den aufgezeigten Verwertungsszenarien wird der Wertstoffkreislauf geschlossen. Im Kreislauf folgt der Herstellung der Carbonfaserbewehrungen die Herstellung und das Recycling von Carbonbetonbauteilen und im Anschluss daran die erneute Herstellung von Frischbetonen mit rezyklierten Gesteinskörnungen und die Produktion von Carbonbewehrungen mit einem Anteil rezyklierter Carbonfasern.

In Kapitel 7 werden die Einschätzung des Gefährdungspotenzials auf die menschliche Gesundheit und die Ergebnisse zum Recycling von Carbonbeton zusammengefasst. Die perspektivisch großtechnische Umsetzung des Recyclings in der Praxis wird diskutiert. Es folgt im Anschluss ein Ausblick, in dem mögliche Anschlussuntersuchungen angedacht werden. Die mit der Arbeit aufgezeigte Herangehensweise soll Anstoß zur Untersuchung der hochwertigen Recyclingfähigkeit und der Beurteilung des Gefährdungspotenzials für alle zukünftigen Produktentwicklungen im Bauwesen sein.

Unter der Baustoffbezeichnung *Carbonbeton* wird ein Verbundwerkstoff aus Beton verstanden, der mit einem technischen Textil aus Carbonfasern bewehrt ist. Die Carbonfasern werden dabei nicht wie bei kurzfaserbewehrten Betonbauteilen ungeordnet als loses Haufwerk in die Frischbetonmischung gegeben, sondern als feste gitterförmige und stabförmige Bewehrungsstrukturen in die Schalung eingelegt. Es handelt sich daher bei den neuartigen Carbonbetonen nicht um konventionelle Faserbetone. Es gilt vielmehr die Bezeichnung *Textilbeton*. Der Unterschied zwischen Faserbetonen und Textilbetonen liegt daher in der Ausbildung der textilen Bewehrung, in den Faserlängen, der Faseranordnung und der Auswahl der eingesetzten Fasern. [16]

Baustoffe treten während der Baumaßnahme und im Nutzungszeitraum in einen direkten und indirekten Bezug zu beteiligten Personen und zur Umgebung. Die Auswirkungen, die davon ausgehen, betreffen wie bei konventionellen Baustoffen unter anderem die Bereiche: [17]

- Boden und Grundwasser,
- Luftschadstoffe und Stäube,
- Ressourcenbedarf und weitere Bereiche.

Neben der Einhaltung der geltenden gesetzlichen Regelungen im Umwelt- und Arbeitsrecht sehen *Berner et al. (2013)* die Unternehmen, die eine Baustelle ausführen und dabei Bauprodukte verbauen, in der Verantwortung, stets auch die Belange der allgemeinen Öffentlichkeit zu berücksichtigen, was gleichlautend auch auf die Entwicklungsarbeiten in Forschungseinrichtungen und bei Baustoffherstellern zutrifft. [18] In der Folge dessen sind die Untersuchungen zu den Wirkungspfaden *Carbonbeton – Mensch* (Sicherstellung des Gesundheitsschutzes) und *Carbonbeton – Umwelt* (Sicherstellung der Recyclingfähigkeit und Ressourceneffizienz) in die Entwicklung von Carbonbeton eingeflossen und stellen die beiden Schwerpunkte der vorliegenden Arbeit dar.

Bezogen auf die Produktentwicklung von Carbonbeton sind die bisher eingesetzten Mengen an Carbonbewehrungen im Vergleich zum jährlich verbauten Stahlbeton (noch) marginal. [19] Auch das Kreislaufwirtschaftsgesetz (KrWG) stellt an die Entsorgung von Abfällen, die durch Maßnahmen der Forschung und Entwicklung anfallen, geringere Anforderung als an die Entsorgung üblicher Abfälle. [20] Dennoch ist die Betrachtung der

---

[16] Wietek (2017) Faserbeton im Bauwesen, S. 5
[17] Kohlbecker (2011) Projektbegleitendes Öko-Controlling, S. 18
[18] Berner et al. (2013) Grundlagen der Baubetriebslehre 2, S. 210 f.
[19] Siehe Branchenübergreifender Einsatz von Carbonfasern (Abschnitt 2.3.3), S. 16
[20] KrWG (07/2017), § 7 (2)

Recyclingfähigkeit vor der Einführung neuer Bauprodukte wichtig, denn die Vorgaben aus dem KrWG (07/2017) müssen im Kontext vieler Normen, Regelwerke und Richtlinien betrachtet werden. Unter anderem gelten die Vorgaben aus der EU-Verordnung Nr. 305/2011 des Europäischen Parlaments und des Rates vom 9. März 2011 zur Festlegung harmonisierter Bedingungen für die Vermarktung von Bauprodukten. In dieser europäischen Bauprodukteverordnung sind in Bezug auf die Auswirkungen auf Mensch und Umwelt Vorgaben dokumentiert. Die dabei stattzufindende Betrachtung bezieht den Schutz des Menschen mit der Sicherstellung des Arbeits- und Gesundheitsschutzes mit ein. Zusätzlich ist der Umweltschutz ein Betrachtungsschwerpunkt bei der Einführung neuer Bauprodukte. Neben den Auswirkungen von Carbonbeton auf den Boden und das Grundwasser ergibt sich die Notwendigkeit zur Untersuchung der Recyclingfähigkeit von Carbonbeton und damit hergestellter Bauteile.

2.1   Entwicklung von Carbonbeton

Die Verwendung von Kurz- und Langfasern zur Eigenschaftsverbesserung in der mineralischen Betonmatrix ist mit dem Einsatz von Faserbetonen eine etablierte Bauweise. [21] Mit Faserbetonen können Bodenplatten, Wand- und Deckenbauteile, konstruktive Bauteile (insbesondere Träger aus ultrahochfesten Betonen) sowie Tunnelauskleidungen konstruiert werden. [22] Im Gegensatz dazu werden Carbonfasern in Carbonbetonbauteilen als sogenannte Endlosfasern in Gitter- und Stabform eingesetzt. Damit soll der bereits aus dem Stahlbeton bekannte Vorteil einer kraftflussgerechten Anordnung der Bewehrung in der Zugzone mit der neuen hohen Tragfähigkeit der korrosionsfreien und gebündelten Carbonfasern vereint werden. Voraussetzung für die Ausnutzung der Werkstoffeigenschaften der Carbonfasern in Betonbauteilen ist zum einen die vollständige Ummantelung der einzelnen Carbonfilamente mit der Beschlichtung und zum anderen der nachfolgende Auftrag einer geeigneten Beschichtung. Mit der aufgetragenen Beschlichtung werden die Faserbündel für die weiteren Textilbearbeitungsschritte geschützt und die einzelnen Carbonfasern auch im Inneren des Faserbündels für die Zugbeanspruchung im späteren Betonbauteil aktiviert. Mit der umhüllenden Beschichtung erfolgt dann der Verbund zwischen der reaktionsarmen Oberfläche der Carbonfaserbündel und der inerten Betonmatrix. Das Ergebnis sind dauerhafte und hochbelastbare Carbonbetonbauteile.

---

[21] Nach Lengsfeld et al. (2015) Faserverbundwerkstoffe: Prepregs und ihre Verarbeitung, S. 4 sind Kurzfasern im *Faserverbundwerkstoffbau* definiert als Fasern mit einer Länge von < 1 mm, Langfasern haben eine Länge von 1 mm bis 50 mm.
[22] Wietek (2017) Faserbeton im Bauwesen, S. 201 ff.

Carbonbeton ist ein vergleichsweise neuer Verbundbaustoff. Die weltweit ersten Versuche zur Anwendung textiler Bewehrungsmaterialien, wie Glas- und Carbonfasern, wurden in den 1980er Jahren durchgeführt. [23] Auf nationaler Ebene wird Carbonbeton seit Mitte der 1990er Jahre vorrangig an der Rheinisch-Westfälischen Technischen Hochschule Aachen (RWTH Aachen) und der Technischen Universität Dresden (TU Dresden) erforscht. Hierzu wurden durch die Deutsche Forschungsgemeinschaft (DFG) die Sonderforschungsbereiche (SFB) 528 [24] und 532 [25] gefördert. Das Bundesministerium für Bildung und Forschung fördert aktuell das Forschungsprojekt „C^3 Carbon Concrete Composite" als eines von zehn Projekten im Programm „Zwanzig20 - Partnerschaft für Innovation" im Rahmen von „Unternehmen Region". In Zusammenarbeit zwischen den beteiligten Forschungsinstituten und der Industrie wird bis Ende 2021 ein Technologietransfer umgesetzt mit dem Ziel, den neuen Baustoff Carbonbeton in den Markt einzuführen und die Vorteile der Dauerhaftigkeit und der Zugfestigkeit in einer gleichzeitig effektiven Formgebung umsetzen zu können. [26] Mit der Erforschung des Carbonbetons wird das Ziel verfolgt, durch die erweiterten Möglichkeiten zur Instandsetzung und Verstärkung bestehender Stahlbetonbauwerke sowie der Realisierung filigraner und leistungsfähiger Neubauteile eine Ergänzung zum gebräuchlichen Stahlbeton zu schaffen.

2.2 Vorteile der Carbonbetonbauweise

Die Carbonbetonbauweise hat gegenüber der Stahlbetonbauweise den entscheidenden Vorteil, dass die textile Bewehrung nicht korrodiert und sich sehr dauerhaft gegenüber nahezu allen Umwelteinflüssen verhält. Die baukonstruktive Nutzungsdauer ist für alle Bauteile in der DIN EN 1990 (12/2010) [27] geregelt, in der für Gebäude aus Stahlbeton eine planmäßige Nutzungsdauer von 50 Jahren angegeben ist. Für Carbonbetonbauwerke könnte diese Nutzungsdauer bei einer gleichbleibenden Mindestbetondeckung um ein Vielfaches gesteigert werden. Andererseits ergibt sich bei Textilbetonbauteilen

---

[23] Scheerer et al. (2015) Textile reinforced Concrete – From the idea to a high performance material, 15 ff.
[24] Der SFB 528 "Textile Bewehrungen zur bautechnischen Verstärkung und Instandsetzung" wurde im Juli 1999 durch die DFG an der TU Dresden eingerichtet. Bis zum Projektende am 30.6.2011 wurden für die Instandsetzung und Verstärkung von Bauteilen mit technischen Textilien in theoretischen und praktischen Untersuchungen notwendige Grundlagen zu den Werkstoffen, der konstruktiven Durchbildung und Bemessung, der bautechnologischen Aufbringung sowie zu den Langzeiteigenschaften erarbeitet.
[25] Der SFB532 „Textilbewehrter Beton – Grundlagen für die Entwicklung einer neuartigen Technologie" wurde im Juli 1999 durch die DFG an der RWTH Aachen eingerichtet. Bis Projektende am 30.06.2011 sollte textilbewehrter Beton als ein neuer Verbundwerkstoff für die Herstellung von neuen Bauteilen entwickelt werden. Ziel war die Schaffung der Grundlagen für die Entwicklung neuartiger Technologien, die die Materialeigenschaften von Beton mit denen technischer Textilien vereinen.
[26] Jesse/Curbach (2010) Verstärken mit Textilbeton, S. 461
[27] DIN EN 1992-1-1 (01/2011), Tabelle 2.1

die Möglichkeit, die Mindestbetondeckung auch in einer exponierten Lage maßgeblich zu reduzieren.

Weitere Vorteile der Carbonbetonbauweise sind:

- Durch die Verwendung von oftmals sehr dichten, hochfesten oder ultrahochfesten Betonmatrices resultiert eine hohe Tragfähigkeit bezogen auf die Bauteildicke. [28]
- Die Carbonbetonbauweise weist ein großes Ressourceneinsparpotenzial auf, welche sich unter Berücksichtigung des gesamten Bauteillebenszyklus und der verlängerten Nutzungsdauer in Zukunft auch wirtschaftlich umsetzen lassen. [29]
- Durch die hohe Zugfestigkeit und Korrosionsbeständigkeit der Carbonfasern ergibt sich die flexible Gestaltung von Bauteilen in filigranen Freiformgeometrien. [30]
- Bei der Verwendung engmaschiger Carbongelege [31] werden eventuelle Rissbreiten an der Bauteiloberfläche auf ein Minimum begrenzt, was zur guten Bauteildichtigkeit führt. [32]
- Durch das vereinfachte Ablängen und die geringe Masse der Carbonbewehrung ist der Arbeitsprozess des Bewehrens mit Carbonbewehrungsstrukturen nicht durch die Notwendigkeit spezieller Bearbeitungswerkzeuge oder Hebezeuge gehemmt. [33]
- Im Vergleich zu Stahlbeton gestaltet sich die Bearbeitung von Carbonbeton mittels Betonbohr- und Sägetechnik vorteilhaft. Insbesondere der Aufwand zur Trennung der Carbonbewehrung im Beton durch Sägen und Bohren ist signifikant geringer als bei der Bearbeitung von konventionellen stahlbewehrten Bauteilen. Dieser Umstand verstärkt sich insbesondere bei Bauteilen mit hohem Bewehrungsgrad. [34, 35]

---

[28] Scheerer (2015) Was ist Textilbeton?, S. 6
[29] Otto/Adam (2019) Carbonbeton und Stahlbeton im wirtschaftlichen Vergleich
[30] Ehlig et al. (2012) Textilbeton - Ausgeführte Projekte im Überblick, S. 777 ff.
[31] Die Achsabstände bewegen sich bei derzeit gängigen Carbongelegen zwischen 10,7 mm (TUDALIT-BZT1-TUDATEX) und 38 mm (solidian GRID Q142/142-CCE-38)
[32] Scheerer (2015) Was ist Textilbeton?, S. 6
[33] Curbach et al. (2015) Verstärken mit Textilbeton, S. 6
[34] Bienkowski et al. (2017) Bearbeitung von Carbonbeton - eine bauverfahrenstechnische und medizinische Betrachtung, S. 110 f.
[35] Hantsch et al. (03/2017) Carbonbeton (C³) - Erste Versuche beim Bohren und Sägen des neuen Baustoffs, S. 61

Abbildung 2.1: Doppel-T-Träger mit Glas- und Carbonfaserbewehrung und Betonstahlbewehrung [36]

Abbildung 2.2: Rippendecke aus Carbonbeton unter 4-Punkt-Biegebelastung

In Abbildung 2.1 sind ein Binder aus Carbonbeton und ein Binder aus Stahlbeton dargestellt. Es ist augenscheinlich, dass die Abmessungen des carbonfaserbewehrten Binders wesentlich geringer sind. In Abbildung 2.2 ist eine Rippendecke aus Carbonbeton im Versuchsstand während eines 4-Punkt-Biegeversuches dargestellt. Neben den Einsatzmöglichkeiten zur Herstellung von Neubauteilen ist die Anwendung von Carbonbeton in den Bereichen der Instandsetzung und der nachträglichen Bauteilverstärkung relevant. Der Einsatz kann dabei aus folgenden Gründen vorteilhaft sein: [37]

- Es ist ein dünner Materialauftrag ausreichend, wodurch ein geringer Materialverbrauch, ein geringes eingebrachtes Zusatzgewicht und nur geringfügige Änderungen der Bauteilabmessungen resultieren.
- Mit dem Auftrag einer neuen und dichten Betonmatrix wird die schützende Betondeckung wiederhergestellt.
- Mit der Verstärkung erfolgt die flächige Lasteinleitung in den Betonuntergrund des Bestandsbauteils ohne das Auftreten von Lastspitzen. Somit wird das Bauteil über die gesamte Länge der Verstärkung versteift
- Die textile Carbonbewehrung mit der Styrol-Butadien-Beschichtung (SBR-Beschichtung) ist auch an gekrümmten Bauteilen gut drapierbar.
- Das zu verstärkende Bauteil kann reprofiliert werden mit der Möglichkeit einer vielfältigen Oberflächengestaltung.
- In Verbindung mit der kurzen Ausführungszeit ist es oftmals ein sehr wirtschaftliches Verfahren.

---

[36] Die Träger sind auf die gleiche Bemessungslast für Grenzzustand der Tragfähigkeit mit maximale Kraft 700 kN bemessen.

[37] Erhard et al. (2015) Anwendungsbeispiele für Textilbetonverstärkung, S. 75

2.3   Werkstoffliche Grundlagen von Carbonfasern

In den nachfolgenden Abschnitten sollen zur Beurteilung des Gesundheitsgefährdungs-potenzials die Stäube und Fasern, die bei der Be- und Verarbeitung von Carbonbewehr-rungen und Carbonbetonen emittiert werden, messtechnisch erfasst und ausgewertet werden. Dazu ist an dieser Stelle der Einstieg in die werkstofflichen Grundlagen faser-förmiger Materialien sowie in die Faserverbundbauweise notwendig. Die werkstoffli-chen Grundlagen der mineralischen Betonmatrix sind in Abschnitt 4.2 „Spezifika der Betonmatrix" beschrieben, da im vorliegenden Abschnitt der Schwerpunkt auf dem spe-zifischen Gefährdungspotenzial der eingesetzten Carbonfaserbewehrung liegt. Die Ein-beziehung der mineralischen Komponente in die Bewertung einer potenziellen Markteintrittsbarriere Gesundheitsschutz erfolgt in Abschnitt 2.4.4 mit dem "Ergebnis der Untersuchung zu den Emissionen".

2.3.1   Übersicht zu Textilfasern

Ein Werkstoff verfügt in Faserform über eine deutlich verbesserte Steifigkeit und Fes-tigkeit als ein Werkstoff in kompakter Form. Dieser Grundsatz kann durch das Faserpa-radoxon beschrieben werden. Das Faserparadoxon nach *Griffith (1921)* lässt sich in der Art formulieren, dass *„ Werkstoffe in Faserform eine viel höhere Bruchfestigkeit haben als in kompakter Form, und zwar umso höher, je dünner die Fasern sind"*. Dieser Effekt verstärkt sich zusätzlich durch die mit abnehmendem Faserdurchmesser geringere An-zahl an Defekten an der Einzelfaser. In Abbildung 2.3 sind die Faserdicken für vier ver-schiedene Fasern dargestellt und mit den Zugfestigkeiten angegeben.

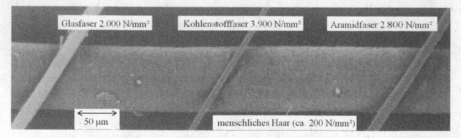

Abbildung 2.3: Vergleich der Faserdurchmesser und Faser-Zugfestigkeiten [38]

---

[38] In Anlehnung an Schürmann (2007) Konstruieren mit Faser-Kunststoff-Verbunden, S. 22

Eine Einteilung natürlicher und künstlicher Textilfasern kann gemäß der Tabelle 2.1 erfolgen. Die hervorgehobenen Faserarten stellen die gebräuchlichsten Textilfasern im Bauwesen dar.

Textilfasern				
Naturfasern			Kunstfasern	
Pflanzenfasern	Tierfasern	Mineralfasern	Anorganische Fasern	Organische Fasern
- Baumwolle	- Seide	- Asbest		- Polyethylen (PE)
- Hanf	- Wolle		- E-Glas	- Polypropylen (PP)
- Sisal			- **AR-Glas**	- Polyvinylalkohol
- Flachs			- **Basalt**	- Polyacrilnitril (PAN)
			- Flacks	- Polyester (PES)
				- Polyamid
				- Aramid
				- **Kohlenstoff (Carbon)**

Tabelle 2.1: Einteilung der Faserarten [39]

Tier- und Pflanzenfasern haben als Bewehrungsmaterial im Betonbau keine (nennenswerte) Bedeutung. Die schwer zu erreichenden Anforderungen sind eine gleichbleibende Qualität, die Materialverfügbarkeit und die Dauerhaftigkeit in der Betonmatrix. Im feuchten Milieu neigen Tier- und Pflanzenfasern zur Zersetzung. Tier- und Pflanzenfasern liegen als Naturfasern stets nur in endlichen Längen als Kurzfasern (auch Stapelfasern genannt) vor. [40] Im Vergleich zu Kunstfasern ist die Zugfestigkeit von Tier- und Pflanzenfasern, die in ausreichenden Mengen vorliegen (Baumwolle und Hanf), zu gering.

Als textiles Bewehrungsmaterial sind Glasfasern weit verbreitet. Zu berücksichtigen ist jedoch, dass das Porenwasser der Betonmatrix bei einem durchschnittlichen pH-Wert von 12,5 liegt, was eine gewöhnliche Glasfaser im Laufe der Zeit angreift und zerstört. Für den Einsatz in der Betonmatrix wurden spezielle *alkaliresistente Glasfasern (AR-*

---

[39] Brameshuber (2006) State-of-the-Art report of RILEM Technical Committee TC 201-TRC 'Textile Reinforced Concrete'
[40] Schürmann (2007) Konstruieren mit Faser-Kunststoff-Verbunden, S. 26

Glas) entwickelt. [41] AR-Glasfasern sind gegenüber dieser alkalischen Umgebung weitestgehend resistent. Bei einer guten Zugfestigkeit [42] besitzen AR-Glasfasern jedoch einen nur niedrigen Elastizitätsmodul. [43] Bauteile mit geringerem Elastizitätsmodul zeigen eine reduzierte Bauteilsteifigkeit und neigen zu großen Bauteilverformungen. Die
erhöhte Bauteilverformung verhindert den breiten Einsatz von glasfaserbewehrten Betonen in tragenden Textilbetonbauteilen.

Basaltfasern sind den mechanischen Eigenschaften von Glasfasern ähnlich. Der Herstellprozess bei Basaltfasern ist vergleichbar mit der Herstellung von Glasfasern. Das
Ausgangsmaterial wird für Basaltfasern aus natürlichen Basaltvorkommen gewonnen
und bei hohen Temperaturen aufgeschmolzen. Ein Nachteil der Basaltfasern war bisher
die reduzierte Dauerhaftigkeit im alkalischen Milieu. [44] In jüngster Zeit konnte eine al-
kaliresidente Beschichtung für Basaltfasern erfolgreich getestet werden. [45]

Kohlenstofffasern (Carbonfasern) werden aus kohlenstoffhaltigen Ausgangsmaterialien
künstlich hergestellt und vereinen sehr gute mechanische Eigenschaften mit einer geringen Dichte und einer sehr guten Verarbeitbarkeit. Die Carbonfasern bieten damit ein
allgemein hohes Potenzial für den Leichtbau. Die detaillierte Darstellung der Eigenschaften von Carbonfasern, der Faserherstellung, der Bewehrungsfertigung sowie der
Anwendungsfelder finden sich in den nachfolgenden Abschnitten.

In Tabelle 2.2 ist eine Auswahl der beschriebenen Textilfasern mit den zugehörigen Eigenschaften dargestellt. Zum Vergleich sind die Eigenschaften von Betonstahl ergänzt.
Mit den Werten wird ersichtlich, dass hochfeste Carbonfasern (HT-Fasern) im Vergleich zu den anderen beiden Textilfasern eine sehr hohe Zugfestigkeit bei gleichzeitig
deutlich höherem Elastizitätsmodul zeigen. Parallel dazu besitzen Carbonfasern in diesem Vergleich die geringste Dichte in Verbindung mit der hervorragenden Korrosionsbeständigkeit. Damit erfüllen Carbonfasern nahezu alle Kriterien eines leistungsfähigen
Bewehrungsmaterials für den Einsatz in Betonbauteilen. Aufgrund der beschriebenen
Eigenschaften werden Carbonfasern in der Arbeit als textile Bewehrung für die Versuche festgelegt und hinsichtlich des Gesundheitsgefährdungspotenzials und der Recyclingfähigkeit weiter untersucht.

---

[41] Curbach/Hegger (2003) Textile reinforced structures, S. 2
[42] AR-Glasfasern besitzen eine Zugfestigkeit von 2.000 N/mm² bis 2.500 N/mm² – zum Vergleich Betonstahlbewehrung (BSt 500A): 500 N/mm²
[43] AR-Glasfasern besitzen ein Elastizitätsmodul von 72.000 N/mm² – zum Vergleich Betonstahlbewehrung (BSt
  500A): 200.000 N/mm² bis 210.000 N/mm²
[44] Jesse/Curbach (2010) Verstärken mit Textilbeton, S. 468
[45] Gogoladze (2017) Fortschritte bei der Bewehrung der Basaltfaserapplikationen im Beton, S. 43

Eigenschaft	Maßeinheit	Basaltfasern [46]	AR-Glas (NEG) [47]	Carbonfaser [48] (HT-Faser)	Betonstahl BST500 [49]
Dichte	kg/m³	2.600 bis 2.800	2.800	1.740 bis 1.800	7.850
Elastizitätsmodul	10^3 N/mm²	90 bis 110	80	200 bis 250	210
Zugfestigkeit	N/mm²	3.700	2.000 bis 2.500	2.700 bis 3.700	500
Bruchdehnung	%	0,32	2,5 bis 3,5	0,12 bis 0,16	18,0 bis 26,0
Faserdurchmesser	µm	9 bis 13	10 bis 30	5 bis 10	-
Wärmeausdehnungskoeffizient	10^{-5}/K	5,50	5,00	- 0,2	1,0
Korrosionsbeständigkeit	ohne	-	+	++	-

Tabelle 2.2: Vergleich mechanische Eigenschaften Fasermaterialien und Betonstahl

2.3.2 Materialeigenschaften von Carbonfasern

Ausgangsstoff für die Herstellung von Carbonbewehrungen für das Bauwesen sind Carbonfasern in Form von Multifilamentgarnen. Multifilamentgarne bestehen aus vielen Filamenten (Einzelfasern), die zu einem Garn versponnen sind. Diese Garne werden als Rovings bezeichnet und auf Spulen gewickelt gelagert und geliefert. [50] Unterschieden werden die Rovings häufig in der Anzahl der einzelnen Filamente je Garn in 1.000 Stück (1-k-Roving entspricht einem Garn mit 1.000 Einzelfilamenten) Für die Anwendung als Betonbewehrung kommen vor allem 12-k, 24-k und 50-k-Rovings zum Einsatz. [51]

Allgemeingültig lassen sich die Eigenschaften von Carbonfasern wie folgt zusammenfassen: Die Dichte von Carbonfasern beträgt 1.800 kg/m³. Der Durchmesser einer Einzelfaser (Filament) misst zwischen 5 µm bis 10 µm und zeigt eine mattschwarze Farbe. Carbonfasern besitzen eine hohe Zugfestigkeit in Längsrichtung in Höhe von circa 3.400 N/mm² (hochfeste HT-Fasern) bis circa 5.500 N/mm² (Ultrahochmodulfasern UHM). Der Elastizitätsmodul beträgt zwischen 230.000 N/mm² für HT-Fasern und

[46] Schürmann (2007) Konstruieren mit Faser-Kunststoff-Verbunden, S. 54
[47] Herstellerangaben Nippon Electric Glass (NEG), Japan
[48] Flemming et al. (1995) Faserverbundbauweisen: Fasern und Matrices
[49] DIN 488-1 (08/2009), Tabelle 2
[50] Jesse/Curbach (2010) Verstärken mit Textilbeton, S. 474
[51] Jesse/Curbach (2010) Verstärken mit Textilbeton, S. 474

bis zu 450.000 N/mm² für UHM-Fasern. Carbonfasern sind beständig gegenüber chemischen Angriffen und nicht brennbar – jedoch tritt ab 400 °C unter Luft-atmosphäre
ein Festigkeitsverlust ein. Aufgrund der hohen Fasersteifigkeit sind Carbonfasern quer-
kraftempfindlich und schlecht drapierbar um enge Radien. Die Materialkosten für Carbonfasern sind im Vergleich zu anderen Textilfasern höher. [52, 53]

Carbonfasern zählen zu den leistungsfähigsten Verstärkungsfasern im Faserverbund-
bau. [54] Carbonfasern bieten aufgrund sehr guter mechanischer Eigenschaften ein großes
Anwendungsfeld. Das Potenzial der Carbonfaser und der damit hergestellten kohlenstofffaserverstärkten Kunststoffe (CFK) liegt darin, dass bei lastgerechtem Design der
Bauteile eine Reduzierung des Bauteilgewichtes gegenüber üblichen Stählen von
circa 70 % möglich ist. [55]

2.3.3 Branchenübergreifender Einsatz von Carbonfasern

Der weltweite Bedarf an Carbonfasern lag im Jahr 2017 über alle Industriezweigen auf-
summiert bei etwa 70.500 Tonnen. [56] Im Vergleich zum Jahr 2016 ergibt sich daraus ein
Wachstum von 11,0 %. Insgesamt zeigt der Bedarf an Carbonfasern seit dem Jahr 2010
ein stetiges Wachstum (Abbildung 2.4). In der Prognose für die Jahre 2017 bis 2022
wird von einer weiterhin zweistelligen jährlichen Wachstumsrate in Höhe von circa
10 % bis 12 % ausgegangen.

---

[52] Jesse/Curbach (2010) Verstärken mit Textilbeton, S. 474 f.
[53] Schürmann (2007) Konstruieren mit Faser-Kunststoff-Verbunden, S. 39 f.
[54] Schürmann (2007) Konstruieren mit Faser-Kunststoff-Verbunden, S. 35
[55] Gojny (2011) Carbon Fibers & Composites: Ascent to Industrial Engineering Material – Market Outlook &
     Applications, in Carbonfasern: Herstellung – Technische Möglichkeiten – Marktpotenziale. Meitingen: Cluster-
     Treff Bayern Innovativ
[56] Witten et al. (2018) Composites-Marktbericht 2018, S. 32

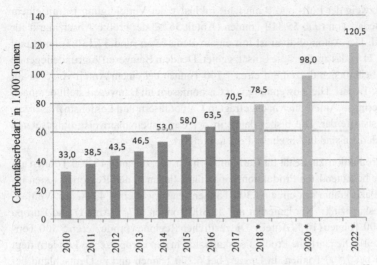

Abbildung 2.4: Globaler Carbonfaserbedarf in Tausend Tonnen (* Prognose) [57]

In technischen Anwendungen werden Carbonfasern fast ausschließlich mit einer Kunst-stoffmatrix (zum Beispiel Epoxidharz) zu einem Verbundwerkstoff verarbeitet, sodass sich die jeweiligen Anwendungsbranchen auf den Verbundwerkstoff CFK beziehen. Der Bedarf an CFK in den verschiedenen Anwendungsgebieten kann wie folgt geglie-dert werden (Abbildung 2.5): [58]

Abbildung 2.5: CFK-Bedarf in Tonnen nach Anwendungen [59]

---

[57] Witten et al. (2018) Composites-Marktbericht 2018, S. 32
[58] An dieser Stelle sind die Werte mit den inkludierten Massen des Matrixmaterials angegeben, da für die reinen Carbonfasern keine statistischen Zahlen zu den Anwendungsgebieten vorliegen.
[59] Witten et al. (2018) Composites-Marktbericht 2018, S. 19

Der Industriezweig der Luft- und Raumfahrt inklusive der Verteidigung ist mit einem weltweiten Bedarf von rund 55.310 Tonnen (Anteil 36 %) der größte Absatzmarkt für CFK-Material. Der Automobilbau ist mit einem Bedarf von rund 37.130 Tonnen und umgerechnet 24 % das zweitgrößte Einsatzgebiet. Der dem Bauwesen zugrundeliegende CFK-Bedarf beläuft sich derzeit auf circa 7.740 Tonnen bei einem Anteil von 5 % am globalen CFK-Bedarf. Die Anwendung von Carbonfasern im Bauwesen stellt demnach noch einen geringen Anteil aller nachgefragten Carbonfasern und kohlenstofffaserverstärkten Kunststoffe dar. Die bisher damit in der Carbonbetonbauweise umgesetzten Praxisanwendungen sind in Abschnitt 4.3.2 aufgeführt.

Die globale Produktionskapazität für Carbonfasern wird derzeit auf 149.300 Tonnen geschätzt. [60] Die bedeutendsten Produktionskapazitäten liegen in den Regionen Asien inklusive dem Pazifikraum mit circa 64.300 Tonnen (entspricht circa 43 % der Weltjahresproduktionskapazität), Nordamerika mit 55.300 Tonnen (37 % Anteil) und Europa mit etwa 24.400 Tonnen (16 % Anteil). Die restlichen Regionen produzieren 5.300 Tonnen (4 % Anteil). Die jährliche Produktionskapazität in den europäischen Ländern liegt in Frankreich bei 7.400 Tonnen, in Ungarn bei 6.200 Tonnen und in Deutschland bei 5.800 Tonnen. [61] Als größte Carbonfaserhersteller sind Toray+Zoltek (Japan), MCCFC (Japan) und in Deutschland Toho Tenax und SGL Carbon zu nennen. [62]

Der Marktbericht von *Witten (2018)* zum globalen CFK-Markt geht von einem stabilen jährlichen Bedarfswachstum für alle Industriezweige in Höhe von circa 10 % bis 12 % aus. [63] Für das Bauwesen kann seit dem Jahr 2014 eine jährliche Wachstumsrate von circa 16 % verzeichnet werden. Im Jahr 2014 starteten die ersten Forschungsarbeiten im Rahmen des C^3-Gesamtprojektes, was unter anderem ein Grund für das überdurchschnittliche Wachstum – wenn auch auf niedrigem Gesamtniveau – sein kann. Im Vergleich zu den im Bauwesen eingesetzten 7.740 Tonnen Carbonfasern beträgt die Masse der in Deutschland produzierten Betonstähle für das Jahr 2017 circa 4.000.000 Tonnen. In Anbetracht dessen nimmt die deutschlandweite Anwendung von Carbonfasern auch unter Berücksichtigung der vierfach geringeren Dichte im Vergleich zum Stahl einen noch sehr geringen Anteil ein. Ungeachtet des noch geringen Anteils ist die gegenständliche Untersuchung zur Erfüllung gesundheitlicher und umweltschutzrechtlicher Anforderungen eine wichtige Voraussetzung für die weitere Marktverbreitung von Carbonfasern im Bauwesen.

---

[60] Witten et al. (2018) Composites-Marktbericht 2018, S. 32
[61] Witten et al. (2018) Composites-Marktbericht 2018, S. 38
[62] Witten et al. (2018) Composites-Marktbericht 2018, S. 36
[63] Kühnel/Sauer (2017) Composites-Marktbericht 2017, S. 16

2.3.4   Carbonfaserherstellung aus Polyacrylnitril

Der Beginn der Carbonfaserentwicklung lässt sich auf das 19. Jahrhundert datieren. Durch *Swan* erfolgte im Jahr 1878 und fast parallel dazu durch *Edison* in den Jahren 1879 und 1892 die Patentanmeldungen für die Herstellung von Carbonfasern aus natürlichen Materialien, wie Baumwolle und Bambusfasern, für die Verwendung als Glühfäden. [64] Zur Herstellung der ersten hochfesten Carbonfasern wurde anschließend Cellulose als Kohlenstoffquelle genutzt, jedoch mit zur der Zeit noch geringer Kohlenstoffausbeute. Heutzutage werden drei polymere Ausgangsrohstoffe zur Herstellung von Carbonfasern verwendet. [65] Ausgangsrohstoffe für die Textilherstellung werden allgemein als Precursor bezeichnet. Der Hauptanteil der Gesamtproduktion entfällt mit einem Anteil von über 90 % auf den Precursor Polyacrylnitril (PAN). [66] Weitere Ausgangsmaterialien sind Petroleum- oder Steinkohlenpech sowie weiterhin Cellulose.

Für die Verwendung von Carbonfasern als Bewehrungsmaterial im Beton kommen generell nur die Ausgangsmaterialien PAN und Pech in Betracht. [67] Für das nachträgliche Verstärken von Stahlbetonbauteilen mit Carbonbeton wird ausschließlich PAN als Ausgangsmaterial für die Carbonfaserherstellung verwendet. [68] Auch bei der Herstellung von Neubauteilen kommen ausschließlich PAN-basierende Carbonfasern in den Bewehrungsstrukturen zum Einsatz, sodass pechbasierte Carbonfasern im Bauwesen keine Rolle spielen. Wie in Abschnitt 2.4.4 dargestellt, besteht nachweislich bei der Bearbeitung von Carbonfasern, die aus dem Precursor Pech hergestellt sind, ein Gefährdungspotenzial durch die Freisetzung alveolengängiger Faserfragmente im Größenbereich der WHO-Definition. [69] Aus diesem Grund müssen pechbasierte Carbonfasern zur Sicherstellung des Gesundheitsschutzes zwingend von der Verwendung im Bauwesen ausgeschlossen werden. [70]

Die industrielle Herstellung von Carbonfasern aus dem Precursor PAN begann in den 1960er Jahren. [71] PAN selbst wird aus Rohöl hergestellt, weshalb 90 % der heute hergestellten Carbonfasern erdölbasiert sind. PAN-Fasern sind Standardprodukte der Textilindustrie und weltweit in großen Mengen preisgünstig verfügbar. Der Vorteil von PAN als Precursor liegt darin, dass die Kohlenstoffausbeute massenbezogen bei 55 % liegt.

---

[64] Witten (2014) Handbuch Faserverbundkunststoffe/Composites, S. 145
[65] Lengsfeld et al. (2015) Faserverbundwerkstoffe: Prepregs und ihre Verarbeitung, S. 15
[66] Schürmann (2007) Konstruieren mit Faser-Kunststoff-Verbunden, S. 36
[67] Witten (2014) Handbuch Faserverbundkunststoffe/Composites, S. 146
[68] Jesse/Curbach (2010) Verstärken mit Textilbeton, S. 473
[69] WHO - World Health Organization (1997) Determination of Airborne Fibre Number Concentrations
[70] Meyer-Plath (2018) Freisetzung biobeständiger alveolengängiger Fasern bei mechanischer Bearbeitung von Carbonfasern
[71] Schürmann (2007) Konstruieren mit Faser-Kunststoff-Verbunden, S. 36

Weitere Vorteile sind der hohe Elastizitätsmodul, die hohen Zugfestigkeiten und die Realisierung einer bis zu 3%igen Bruchdehnung, was sich positiv auf die Duktilität auswirkt.[72] Unter Einsatz von Lösungsmitteln erfolgt aus Polyacrylnitril die Herstellung von PAN-Fasern. Die PAN-Fasern werden im Nassspinnvorgang gezogen und dabei vorgestreckt, um die Molekularstruktur (Graphitebenen) für die gewünschten Fasereigenschaften in die entscheidende Vororientierung zu richten. Die so entstandenen Fasern werden einer weiteren Nachbehandlung unterzogen. Wesentliche Prozessschritte sind dabei das *Waschen, Trocknen* und *Verstrecken*.[73] Am Ende des Prozesses werden die PAN-Precursoren auf Spulen bis zu mehreren 100 kg aufgewickelt oder in Boxen abgelegt.

Durch eine anschließende mehrfache Temperaturbehandlung bei bis zu 1.600 °C kommt es zu einer Umwandlung von PAN-Fasern zu Carbonfasern.[74] Der weitere Umwandlungsprozess umfasst die fünf Schritte:[75]

- Stabilisierung und Oxidierung des PAN-Precursors,
- Carbonisierung und
- optional Graphitierung,
- Oberflächenbehandlung der Faser,
- Beschlichtung und Aufspulen.

In der nachfolgenden Abbildung 2.6 sind die einzelnen Schritte vom Ausgangsmaterial PAN zum Endprodukt der Carbonfaser schematisch dargestellt.

---

[72] Schürmann (2007) Konstruieren mit Faser-Kunststoff-Verbunden, S. 36
[73] Jäger/Hauke (2010) Carbonfasern und ihre Verbundwerkstoffe, S. 15
[74] Kainer (2003) Metallische Verbundwerkstoffe, S. 77
[75] Witten (2014) Handbuch Faserverbundkunststoffe/Composites, S. 146 f.

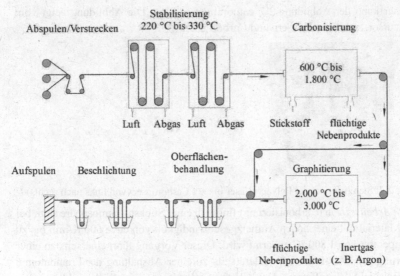

Abbildung 2.6: Herstellungsprozess von Carbonfasern aus Polyacrylnitril [76]

Der *erste Schritt* des Umwandlungsprozesses von PAN-Fasern zur Carbonfaser umfasst die Stabilisierung des Precursors. Ziel des Teilschrittes ist die Schaffung einer zusammenhängenden Struktur in der PAN-Faser, damit die Zersetzung der Faser in den nachfolgenden Prozessen der Carbonisierung und Graphitierung in möglichst geringem Umfang stattfindet. [77] Hierfür erfolgt unter Luftatmosphäre bei einer Temperatureinwirkung von 250 °C bis 300 °C die Umwandlung der linearen Polymerketten zu einer hexagonalen Ringstruktur. Die Verweilzeit liegt bei einigen Minuten bis Stunden, je nach verwendetem Precursormaterial. [78] Zusätzlich wird die PAN-Faser während des Prozesses verstreckt. Diese Molekülstruktur besitzt eine wesentlich verbesserte Stabilität im Vergleich zum unverstreckten Precursor. Die Stabilisierung wird von einem Farbwechsel der PAN-Fasern von Weiß über Gelb-, Rot- und Brauntöne und orange bis schwarz begleitet. Zusätzlich werden Gase, unter anderem Blausäure und Ammoniak, freigesetzt. Die Emissionen sind die Hauptgründe für den Gewichtsverlust der Faser. Das unterschiedliche äußere Erscheinungsbild der PAN-Fasern über ein Zwischenprodukt zur

---

[76] Witten (2014) Handbuch Faserverbundkunststoffe/Composites, S. 148
[77] Palmenaer et al. (2014) Praxisbasierte Vorstellung der Prozesskette von der Carbonfaser-Herstellung bis zum komplexen Bauteil, S. 95
[78] Damodaran et al. (1990) Chemical and Physical Aspects of the Formation of Carbon Fibres from PAN-based Precursors, S. 384

Carbonfaser kann der Abbildung 2.7 entnommen werden. Die Abbildung zeigt von: PAN-Precursor, stabilisierte Fasern und Carbonfaser.

Abbildung 2.7: Stabilisierung der Polyacrylfaser bis zur Carbonfaser (von links nach rechts) [79]

Der *zweite Arbeitsschritt* (Carbonisierung) findet in einer Stickstoffatmosphäre statt, bei dem das Material mit einer hohen Aufheizgeschwindigkeit von circa 600 K/min bis zu einer Temperatur von 1.800 °C erwärmt wird. Dieser Vorgang führt einerseits zu einer Dehydrierung der PAN-Faser und andererseits zu einer Abspaltung der Fremdatome, wie zum Beispiel Stickstoffatome. Das Ziel der Carbonisierung ist die Ausbildung einer reinen Kohlenstoff-Ring-Struktur ohne Anhaftung von Fremdatomen. [80] Der Massenverlust beträgt bei diesem zweiten Schritt circa 50 %.

In einem *dritten (optionalen) Schritt* – der Graphitisierung – wird die Kohlenstoffstruktur in regelmäßigen ebenen Graphenschichten angeordnet und durch diese Neuordnung die Elastizitätsmodulklasse der Fasern eingestellt. Für hochfeste Fasern (HT-Fasern) ist der Glühvorgang der Carbonisierung im zweiten Arbeitsschritt mit Temperaturen zwischen 1.200 °C und 1.500 °C ausreichend. Daher werden HT-Fasern im Anschluss an den zweiten Arbeitsschritt keiner weiteren Hochtemperaturbehandlung unterzogen. Die beiden Klassen Hochmodulfasern (HM-Fasern) und Ultrahochmodulfasern (UHM-Fasern) werden einem weiteren Graphitisierungsschritt bei einer Temperatur von 3.000 °C unterzogen. [81] Oberhalb von 2.200 °C entstehen HM-Fasern. Bei den UHM-Fasern erfolgt die Graphitisierung bei einer Temperatur von bis zu 3.000 °C. Mit dem Elastizitätsmodul steigt auch die Dichte der Faser an. [82] Dieser Vorgang bewirkt aufgrund der

[79] Palmenaer et al. (2014) Praxisbasierte Vorstellung der Prozesskette von der Carbonfaser-Herstellung bis zum komplexen Bauteil, S. 95
[80] Frenzel et al. (2014) Leicht Bauen mit Beton: Balkonplatten mit Carbonbewehrung, S. 10 ff.
[81] Witten (2014) Handbuch Faserverbundkunststoffe/Composites, S. 147
[82] Schürmann (2007) Konstruieren mit Faser-Kunststoff-Verbunden, S. 37

Parallelisierung der Graphitebenen eine extrem hohe Zugfestigkeit bei gleichzeitig geringer Querfestigkeit. [83] Der Kohlenstoffgehalt des Endproduktes steht in direktem Zusammenhang mit dem ausgewählten Zeit- und Temperaturverlauf der Bearbeitung und liegt bei HT-Fasern zwischen 92 % bis 96 % Massenanteil, bei HM-Fasern bei 99 % Massenanteil und bei UHM-Fasern bei größer 99 %. [84]

Im *vierten Verarbeitungsschritt* kommt es zur Oberflächenbehandlung der Carbonfaser, indem auf der Faseroberfläche stabile Oberflächenoxide erzeugt werden. [85] Dieser Vorgang ist notwendig, da es ohne diese Oberflächenbehandlung nur zu geringen Verbundkräften zwischen der Carbonfaser und der im fünften Schritt aufgetragenen Schlichte kommen würde. [86] Die bei der Oberflächenbehandlung entstehenden Oxide verbessern die Haftung auf der Carbonfaser. Diese Haftung ist Voraussetzung dafür, dass die Carbonfasern Festigkeits- und Steifigkeitsfunktionen mit dem aufzubringenden Matrixmaterial übernehmen. Die Oberflächenbehandlung kann chemisch mit Salpetersäue oder thermisch mit Heißluft (> 400 °C) erfolgen. Ein weiteres, häufig eingesetztes Verfahren zur Oberflächenbehandlung ist die anodische oder elektrochemische Oxidation, bei der die Carbonfasern direkt nach der Carbonisierung und Graphitisierung in ein Elektrolytbad geleitet werden. [87] Allgemeingültig werden die Carbonfasern an der Oberfläche aufgeraut, was unter einem Rasterelektronenmikroskop (REM) beobachtet werden kann. Oberflächenvorschädigungen, wie Kerben, lassen sich durch nachchemisches Ätzen teilweise beheben. Die oxidative Oberflächenbehandlung ist nicht zu verwechseln mit dem nachfolgenden Prozessschritt Beschlichtung oder der in der Textilherstellung aufgebrachten Beschichtung.

Im *fünften Schritt* erfolgt die Beschlichtung der zuvor oberflächenbehandelten Faser. Wie auch bei Glasfasern wird auf die Carbonfaser eine dünne Polymerschicht (häufig modifizierte Epoxidharze) zum Schutz der Carbonfaser bei weiteren Prozessschritten aufgebracht. [88] Diese dünne Schicht führt weiterhin zur Erhöhung der Verarbeitbarkeit bei der Produktion von dreidimensionalen und flächigen textilen Halbzeugen, [89] zur Beanspruchung und Ausnutzung sämtlicher Fasern im Faserbündel und nicht zuletzt zur Verbesserung des Verbundes zwischen behandelter Faser (Schlichte und spätere Beschichtung bei der Textilherstellung) und der Kunststoffmatrix. [90] Alternativ sind auch

[83] Frenzel et al. (2014) Leicht Bauen mit Beton: Balkonplatten mit Carbonbewehrung, S. 12
[84] Neitzel (2014) Handbuch Verbundwerkstoffe, S. 36
[85] Schürmann (2007) Konstruieren mit Faser-Kunststoff-Verbunden, S. 37
[86] Kirsten et al. (2015) Carbonfasern, der Werkstoff des 21. Jahrhunderts, S. 12
[87] Jäger/Hauke (2010) Carbonfasern und ihre Verbundwerkstoffe, S. 22
[88] Frenzel et al. (2014) Leicht Bauen mit Beton: Balkonplatten mit Carbonbewehrung, S. 12
[89] Witten (2014) Handbuch Faserverbundkunststoffe/Composites, S. 150
[90] Jesse/Curbach (2010) Verstärken mit Textilbeton, S. 475

ungeschlichtete Fasern herstellbar. [91] Ungeschlichtete Fasern haften sehr gut an dem Matrixmaterial, jedoch ist die Verarbeitbarkeit in der Textilherstellung aufgrund der ungeschützten Fasern und der Gefahr einer Faserschädigung aufwendiger. [92] Sowohl geschlichtete als auch ungeschlichtete Fasern werden im letzten Schritt aufgewickelt, gelagert, transportiert und weiterverarbeitet. [93]

Derzeit untersuchen eine Vielzahl von Forschungsvorhaben [94] Möglichkeiten zur Herstellung nicht erdölbasierter Carbonfasermaterialien. So forschen zahlreiche Forschungsstellen daran, Carbonfasern aus Lignin herstellen zu können. Dazu zählen das Fraunhofer-Institut für angewandte Polymerforschung (IAP) in Potsdam, das Faserinstitut Bremen [95] sowie die schwedische Forschungseinrichtung Innventia. Lignin ist ein nahezu unbegrenzt verfügbares Ausgangsprodukt, welches aus dem natürlichen Rohstoff Holz gewonnen wird. Gegenwärtig werden weltweit rund 50 Millionen Tonnen Lignin pro Jahr, welches als Abfallprodukt in der Papierherstellung anfällt, der thermischen Verwertung zugeführt. [96] Durch die Verwendung von Lignin in der Carbonfaserherstellung würde die Carbonfaserherstellung nicht in Abhängigkeit zu Erdöl stehen. Des Weiteren besteht darin ein hohes Kostensenkungspotenzial. Groben Schätzungen zufolge würde eine ligninbasierte Carbonfaser langfristig nur rund die Hälfte des Preises einer PAN-basierten Carbonfaser kosten. [97] Ein weiterer Forschungsansatz ist die Gewinnung von feinsten Kohlenstoff-Nanotubes aus dem Kohlenstoffdioxid der atmosphärischen Luft. Dieses Ziel verfolgen verschiedene Forschergruppen aus Großbritannien und den Vereinigten Staaten von Amerika. [98]

2.4 Markteintrittsbarriere Gesundheitsschutz – Wirkungspfad Mensch

Durch die Eigenschaften der Carbonfasern ergeben sich für das Bauwesen konkrete Vorteile und breite Einsatzfelder. Daher bestehen Bestrebungen, auch im Bauwesen mit der Carbonbetonbauweise zunehmend CFK-Werkstoffe in Form von Carbonbewehrungs-

---

[91] Schürmann (2007) Konstruieren mit Faser-Kunststoff-Verbunden, S. 37
[92] Schürmann (2007) Konstruieren mit Faser-Kunststoff-Verbunden, S. 57
[93] Schürmann (2007) Konstruieren mit Faser-Kunststoff-Verbunden, S. 37
[94] C^3 - Carbon Concrete Composite e. V. (08.09.2016) Ausschreibung für Forschungs- und Entwicklungsvorhaben in V3 „Anwendungen" und V3-I „Invention" (Phase 2018 bis 2020)
[95] Chemie.de (2018)
[96] Frenzel et al. (2014) Leicht Bauen mit Beton: Balkonplatten mit Carbonbewehrung, S. 14
[97] VDI Verlag (02.02.2015) Fraunhofer-Forscher bauen Carbonfasern aus Holzstoff
[98] Webb (2015) Carbon nanofibres made from CO2 in the air

strukturen einzusetzen. Zur Herstellung der Carbonbewehrungen werden einzelne Carbonfasern zu Faserbündeln vereint und in weiteren Prozessen zu strang- und gitterförmigen Bewehrungsprodukten verarbeitet. [99]

Die Bauteile und Bauwerksteile aus Carbonbeton werden in der Herstellung und insbesondere bei Umbau-, Instandsetzungs- und Abbrucharbeiten in der Art bearbeitet, dass staub- und faserförmige Partikel freigesetzt werden können. Aufgrund der überdurchschnittlichen langen Lebensdauer werden Carbonbetonbauteile im Vergleich zu Stahlbetonbauteilen voraussichtlich häufiger bearbeitet werden. Die mit der trennenden Bearbeitung entstehenden Emissionen enthalten neben den silikatischen Feinstäuben aus der Betonmatrix auch Zerkleinerungsprodukte des Carbonfasermaterials. [100] In der Betrachtung zum Wirkungspfad Mensch und der Beurteilung des Gesundheitsschutzes ist zu untersuchen, ob von dieser Freisetzung ein Gefährdungspotenzial ausgeht, welches über die Gefährdungen aus der Bearbeitung von Stahlbetonen hinausgeht. Ein dabei zu untersuchendes Szenario beinhaltet die Fragestellung, ob Fasern in kritischen Geometrien freigesetzt werden. Von kritischen Fasern, deren Ausprägung der WHO-Definition entsprechen, geht ein besonderes Gefährdungsrisiko aus. [101] Als WHO-Fasern gelten alle biopersistenten Fasern, die einen Faserdurchmesser < 3 µm, eine Faserlänge > 5 µm und ein Verhältnis von Länge zu Faserdurchmesser größer 3 zu 1 zeigen. [102] Fasern mit dieser Charakteristik gelten aufgrund ihrer Geometrie als krebserzeugend, wenn die Faser eine Halbwertzeit von mehr als 40 Tagen in einer Suspension besitzen (Definition der Biopersistenz). [103]

Bei der in der Arbeit gegenständlichen Betrachtung des Gesundheitsgefährdungspotenzials liegt der Fokus daher auf den faserförmigen Partikeln, die bei der Verarbeitung der Carbonbewehrung und der Bearbeitung von Carbonbetonbauteilen emittiert werden. Das Gefährdungspotenzial ist in ungünstigen Szenarien mit einer Bandbreite technischer Bearbeitungsverfahren auf die Entstehung von WHO-Fasern zu untersuchen. Die Auswirkungen aufgrund der Silikastäube, die mit der gleichzeitigen Bearbeitung der Betonmatrix auftreten, werden mit dem Abgleich der Gefährdungspotenziale für Stahlbeton in die Untersuchung einbezogen.

---

[99] Siehe Carbonfaserherstellung aus Polyacrylnitril (Abschnitt 2.3.4), S. 18

[100] Hillemann et al. (2018) Charakterisierung von Partikelemissionen aus dem Trennschleifprozess von kohlefaserverstärktem Beton (Carbonbeton), S. 230

[101] Ausschuss für Gefahrstoffe (AGS) (05/2018) TRGS 905 - Verzeichnis krebserzeugender, keimzellmutagener oder reproduktionstoxischer Stoffe, Abschnitt 2.3

[102] WHO - World Health Organization (1997) Determination of Airborne Fibre Number Concentrations

[103] Ausschuss für Gefahrstoffe (AGS) (05/2018) TRGS 905 - Verzeichnis krebserzeugender, keimzellmutagener oder reproduktionstoxischer Stoffe, Abschnitt 2.3

2.4.1 Notwendigkeit der Untersuchung

Die Notwendigkeit zur Untersuchung des Gefährdungspotenzials von Baustoffen begründet sich unter anderem durch das Arbeitsschutzgesetz (ArbSchG) (08/2015) über die Durchführung von Maßnahmen des Arbeitsschutzes zur Verbesserung der Sicherheit und des Gesundheitsschutzes bei der Arbeit. Darin ist dokumentiert: „Der Arbeitgeber hat durch eine Beurteilung der für die Beschäftigten mit ihrer Arbeit verbundenen Gefährdung zu ermitteln, welche Maßnahmen des Arbeitsschutzes erforderlich sind." [104] Eine Gefährdung für Mitarbeiter kann sich durch physikalische, chemische und biologische Einwirkungen ergeben – begründet beispielsweise durch den eingesetzten Baustoff. [105] In der Konsequenz daraus fordert das ArbSchG (08/2015) eine Dokumentation der Gefährdungsbeurteilung, die zur Kommunikation der Ergebnisse und Übergabe der abgeleiteten Schutzmaßnahmen an die betroffenen Personen dienen soll. [106]

In Ergänzung der Gefährdungsbeurteilung hat der Arbeitgeber laut Gefahrstoffverordnung (GefStoffV) (03/2017) festzustellen, „...ob die Beschäftigten Tätigkeiten mit Gefahrstoffen ausüben oder ob bei Tätigkeiten Gefahrstoffe entstehen oder freigesetzt werden können." [107] Die daraus resultierende Gesundheitsgefährdung ist zu beurteilen. Darüber hinaus regelt die GefStoffV (03/2017) Kriterien, nach denen Gefährdungen zu beurteilen sind und wie die Informationsbereitstellung im Umgang mit Gefahrstoffen zu erfolgen hat. [108] Ein wesentliches Hilfsmittel zur Beurteilung, zur Dokumentation und Festlegung geeigneter Arbeitsschutzmaßnahmen sind die Technischen Regeln für Gefahrstoffe (TRGS). Die einzelnen TRGS geben den Stand der Technik, der Arbeitsmedizin und der Arbeitshygiene sowie weitere gesicherte wissenschaftliche Erkenntnisse für Tätigkeiten im Umgang mit Gefahrstoffen wieder. Durch den Ausschuss für Gefahrstoffe (AGS) erfolgt die Veröffentlichung der TRGS sowie die stetige Fortschreibung. [109]

Verfahrensbedingt entstehen bei der Betonbearbeitung häufig hohe Staubemissionen. Die Emissionen sind je nach Betongüte und Bearbeitungsverfahren in ihrer Menge, der Intensität und der zeitlichen Dauer sehr unterschiedlich und stets unerwünscht. Die Frei-

---

[104] ArbSchG (08/2015), § 5 Absatz 1
[105] ArbSchG (08/2015), § 5 Absatz 3 (2)
[106] ArbSchG (08/2015), § 6 Absatz 1
[107] GefStoffV (03/2017) § 6 Absatz 1
[108] GefStoffV (03/2017) § 6 Absatz 1
[109] Ausschuss für Gefahrstoffe (AGS) (12/2006) TRGS 001 - Das Technische Regelwerk zur Gefahrstoffverordnung - Allgemeines - Aufbau - Übersicht - Beachtung der Technischen Regeln für Gefahrstoffe (TRGS), Absatz 1

setzung von Stäuben (und Fasern) ist daher zu vermeiden oder wirksam zu verringern. [110] Neben der zu untersuchenden faserhaltigen Komponente werden bei der Bearbeitung von Carbonbeton – wie bei der Bearbeitung konventioneller Stahlbetone – quarzhaltige Stäube emittiert. Die Konzentration freigesetzter Silikastäube in Form von kristallinem Siliciumdioxid (Quarz) wurde bei der Bearbeitung von Betonmatrices in *Flanagan et al. (2001)* [111] und *Akbar-Khanzadeh/Brillhard (2002)* [112] untersucht und mit sehr hohen Massekonzentrationen für die alveolengängigen Stäube (A-Stäube) festgestellt. In weiteren Studien, wie *Soo et al. (2011)* [113], *Kumar et al. (2012)* [114], *Kumar/Morawska (2014)* [115] und *Azarmi et al. (2014)* [116] wurden Staubmassekonzentrationen in den Fraktionen einatembarer Staub (E-Staub) und alveolengängiger Staub (A-Staub) gemessen und in gesundheitsrelevanten Konzentrationen festgestellt. In der TRGS 906 werden für Tätigkeiten, bei denen Beschäftigte alveolengängigen Stäuben aus kristallinem Siliciumdioxid in Form von Quarz und Cristobalit ausgesetzt sind, als krebserregende Tätigkeiten eingestuft. [117] Bezüglich des Gefahrstoffes „Mineralischer Staub" ist die TRGS 559 für Schutzmaßnahmen für Tätigkeiten im Zusammenhang mit mineralischem Staub zu berücksichtigen. [118]

Ausgangspunkt der nachfolgenden Untersuchung zur Gesundheitsgefährdung bei der Bearbeitung von Carbonbetonbauteilen sind Carbonfasern auf Basis von PAN mit einem mittleren Faserdurchmesser von 7 μm. Die vorkonfektionierte Carbonbewehrung wird als Stab oder Gelege in eine Betonmatrix eingebettet. In Vorbereitung der Herstellung von ganzen Bauteilen ist die Carbonbewehrung zur Anpassung an die spätere Bauteilform in der Regel durch mechanische Prozesse zu bearbeiten. [119] Für die Bearbeitung der Carbonbewehrungen kommen Verfahren des Trennens nach DIN 8580 (09/2003) zum Einsatz.

---

[110] Schröder/Pocha (2015) Abbrucharbeiten, S. 29
[111] Flanagan et al. (2001) Indoor wet concrete cutting and coring exposure evaluation
[112] Akbar-Khanzadeh/Brillhard (2002) Respirable Crystalline Silica Dust Exposure During Concrete Finishing (Grinding) Using Hand-held Grinders in the Construction Industry
[113] Soo et al. (2011) Influence of compressive strength and applied force in concrete on particles exposure concentrations during cutting processes
[114] Kumar et al. (2012) Release of ultrafine particles from three simulated building processes
[115] Kumar/Morawska (2014) Recycling concrete: An undiscovered source of ultrafine particles
[116] Azarmi et al. (2014) The exposure to coarse, fine and ultrafine particle emissions from concrete mixing, drilling and cutting activities
[117] Ausschuss für Gefahrstoffe (AGS) (04/2007) TRGS 906 - Verzeichnis krebserzeugender Tätigkeiten oder Verfahren nach § 3 Abs. 2 Nr. 3 GefStoffV, Abschnitt 2
[118] Ausschuss für Gefahrstoffe (AGS) (09/2011) TRGS 559 - Mineralischer Staub
[119] Witten (2014) Handbuch Faserverbundkunststoffe/Composites, S. 510

Dazu zählen: [120]

- Zerteilen der Carbonrovings nach DIN 8588 (08/2013): zum Beispiel mittels Scherschneiden, Messerschneiden oder Brechen und
- Spanen der Carbonrovings mit geometrisch bestimmten Schneiden nach DIN 8589-0 (09/2003): zum Beispiel mittels Bohren, Fräsen oder Sägen.

Diese Prozesse werden auch in anderen Branchen üblicherweise bei der Bearbeitung von CFK-Bauteilen eingesetzt. [121] Für den Umgang mit CFK, respektive Carbonbewehrungen, wurden bisher keine TRGS veröffentlicht. Auch die Ständige Senatskommission zur Prüfung gesundheitsschädlicher Arbeitsstoffe (MAK-Kommission) veröffentlichte bis dato keine Hinweise zu einer gesundheitsgefährdenden Wirkung von Carbonfaserstäuben. [122] In den TRGS 905 werden Carbon, Carbonfasern oder Zwischenprodukte und Zustandsformen nicht aufgeführt. [123]

Die Deutsche Gesetzliche Unfallversicherung e. V. (DGUV) hat als Orientierungshilfe zur Festlegung geeigneter Schutzmaßnahmen die DGUV-Information „Bearbeitung von CFK-Materialien" veröffentlicht. [124] Diese DGUV-Information betrachtet die direkten Gefährdungen, die bei der Bearbeitung von ausgehärteten CFK-Bauteilen entstehen können. In Abhängigkeit der auftretenden Faserstaubkonzentration und der Expositionen für Mitarbeiter werden Gefährdungspotenziale beschrieben. Hinsichtlich einer Gefährdung durch Einatmen der Carbonfasern ist dokumentiert, dass die Freisetzung von lungengängigen Carbonfasern und -fragmenten im Größenbereich der WHO-Definition als unwahrscheinlich gilt. [125] Darüber hinaus bestehen kaum gesicherte Erkenntnisse über die toxikologischen Eigenschaften von Carbonfasern oder Carbonfaserbruchstücken. [126] Die in der DGUV-Information erläuterten Schutzmaßnahmen werden als Stand der Technik für die Bearbeitung von CFK angesehen und in die weitere Untersuchung zum Gefährdungspotenzial einbezogen.

---

[120] DIN 8580 (09/2003), Abschnitt 5.6
[121] Gebhardt et al. (2013) CFK-Zerspanung, S. 12
[122] Deutsche Forschungsgemeinschaft (2018) MAK- und BAT-Werte-Liste 2018
[123] Ausschuss für Gefahrstoffe (AGS) (05/2018) TRGS 905 - Verzeichnis krebserzeugender, keimzellmutagener oder reproduktionstoxischer Stoffe
[124] Deutsche Gesetzliche Unfallversicherung e. V. (DGUV) (10/2014) DGUV-Information: Bearbeitung von CFK Materialien
[125] Deutsche Gesetzliche Unfallversicherung e. V. (DGUV) (10/2014) DGUV-Information: Bearbeitung von CFK Materialien, S. 2
[126] Hillemann et al. (2018) Charakterisierung von Partikelemissionen aus dem Trennschleifprozess von kohlefaserverstärktem Beton (Carbonbeton), S. 78

2.4.2 Zielsetzung der Untersuchung

Für den Ausschluss der potenziell bestehenden Markteintrittsbarriere sind Emissions-messungen bei der Bearbeitung von PAN-basierten Carbonbetonen durchzuführen. Auf Grundlage der Messung lassen sich die Expositionen aus Fasern und Stäuben für die Baubeteiligten und Nutzer abschätzen. Die Ergebnisse fließen in eine Gefährdungsbe-urteilung ein, woraus notwendige Arbeitsschutzmaßnahmen abgeleitet werden können. Diese Teilfragestellung der vorliegenden Arbeit stellt mit der Durchführung der Emis-sionsmessungen, Gefährdungsanalyse und -beurteilung sowie der Untersuchung zur Freisetzung von WHO-Fasern die wissenschaftliche Grundlage dar, ob die weitere Marktverbreitung von Carbonbeton unterstützt oder beendet werden sollte.

Nachweislich ist bekannt, dass sowohl PAN-basierte als auch pechbasierte Carbonfa-serstrukturen durch eine thermische Beanspruchung bei Temperaturen oberhalb von 600 °C kritische Fasern in Geometrien entsprechend der WHO-Definition emittieren können. [127, 128, 129, 130] Bei einer rein mechanischen Bearbeitung von pechbasierten Car-bonfasern können auch ohne thermische Einflüsse Carbonfasern in kritischen Geomet-rien freigesetzt werden. [131] Es stellt sich in der Untersuchung damit die grundsätzliche Frage, ob bei PAN-basierten Carbonfasern durch die ausschließlich mechanische Bear-beitung im Zuge der Herstellung, der Bearbeitung und des Recyclings von Carbonbe-tonbauteilen kritische WHO-Fasern freigesetzt werden können. Für den Fall, dass kriti-sche Fasern freigesetzt werden, sind die Vorgaben aus der TRGS 519 „Asbest - Ab-bruch-, Sanierungs- oder Instandhaltungsarbeiten" bei sämtlichen Arbeiten mit Carbon-beton zu beachten. [132] Für diesen Fall wäre der weitere Einsatz von Carbonfaserbewehr-rungen im Bauwesen nicht zu empfehlen.

Kritische PAN-basierte Carbonfasern in Größenordnung der WHO-Definition könnten theoretisch entstehen, wenn die Carbonfasern bei der spanenden oder schleifenden Be-arbeitung – zum Beispiel parallel zur Faserlängsrichtung – aufspleißen. In der nachfol-genden Untersuchung sind daher Szenarien zu betrachten, bei denen diese Bearbeitungs-prozesse stattfinden.

---

[127] Martin et al. (1989) An evaluation of the toxicity of carbon fiber composites for lung cells in vitro and in vivo
[128] Hertzberg (2005) Dangers relating to fires in carbon-fibre based composite material
[129] Eibl et al. (2014) Gefährdung durchlungengängige Faserfragmente nach dem Abbrand Kohlenstofffaser ver-stärkter Kunststoffe
[130] Gandhi et al. (2016) Potential Health Hazards from Burning Aircraft Composites
[131] Bäger et al. (2019) Pechbasierte Carbonfasern als Quelle alveolengängiger Fasern bei mechanischer Bearbei-tung von carbonfaserverstärkten Kunststoffen (CFK), S. 14
[132] Ausschuss für Gefahrstoffe (AGS) (03/2015) TRGS 519 - Asbest Abbruch-, Sanierungs- oder Instandhal-tungsarbeiten

2.4.3　Versuchsdurchführung und Messstrategie

Die Konzeption zur Untersuchung der gesundheitlichen Auswirkungen sieht vor, Carbonbetonbauteile unter Laborbedingungen und im Freifeldversuch zu bearbeiten und parallel zur Bearbeitung Emissionsmessungen durchzuführen. Die Carbonbetonbauteile sind mit unterschiedlichen Betongüten und Bewehrungsgraden herzustellen und mit konventionellen mechanischen Betonbearbeitungsverfahren zu bearbeiten. Allgemein wird die Bearbeitung von CFK aufgrund der häufig trockenen und zerspanenden Verfahren kritisch betrachtet, [133] weshalb diese Verfahren in Untersuchungen zum Carbonbeton schwerpunktmäßig anzuwenden sind. Folgende Bearbeitungstechnologien waren Bestandteil der Versuche:

- Stemmen im Trockenverfahren nach DIN 18007 (05/2000), Abschnitt 4.7,
- Kernbohren Nass- und Trockenverfahren nach DIN 18007 (05/2000), Abschnitt 4.14.1,
- Vollbohren im Trockenverfahren nach DIN 18007 (05/2000), Abschnitt 4.14.2,
- Sägen im Nass- und Trockenverfahren nach DIN 18007 (05/2000), Abschnitt 4.15.1 und
- Schleifen im Trockenverfahren nach DIN 18007 (05/2000), Abschnitt 4.21.2.

Im Verlauf der Versuche wurden kontinuierliche Emissionsmessungen während der Bearbeitung und bis zu 70 Minuten darüber hinaus durchgeführt. Im Rahmen des bearbeiteten Forschungsprojektes C³ V1.5 „Abbruch, Rückbau und Recycling von C³-Bauteilen" [134] wurden dafür durch den Praxispartner Müller-BBM GmbH Expositionsmessungen während der Bearbeitung, des Abbruchs und des Recyclings von Carbonbetonbauteilen zur Beurteilung der inhalativen Exposition durchgeführt. [135] Die zu messenden Fraktionen betreffen:

- den alveolengängigen Staubanteil (A-Staub),
- den einatembaren Staubanteil (E-Staub),
- den Staubanteil aus kristallinem Siliciumdioxid (Quarzstaub) sowie
- die organischen und anorganischen Faserstäube im Größenbereich der WHO-Definition.

---

[133] Gebhardt et al. (2013) CFK-Zerspanung, S. 12
[134] Projekttitel: C³ V1.5 „Abbruch, Rückbau und Recycling von C³-Bauteilen"; Partner: Institute für Baubetriebswesen, Institut für Baustoffe, Lehrstuhl für betriebliche Umweltökonomie und Institut für Massivbau (alle TU Dresden) sowie fünf Praxispartner: Klebl GmbH Gröbzig, Caruso Umweltservice GmbH, steinbeisser GmbH, Müller-BBM GmbH und AIB GmbH; Laufzeit: 03/2016 bis 06/2018, Förderträger Bundesministerium für Bildung und Forschung (BMBF)
[135] Bienkowski et al. (2017) Bearbeitung von Carbonbeton - eine bauverfahrenstechnische und medizinische Betrachtung, S. 112

In der Untersuchung wurde der Forschungsfrage nachgegangen, ob bei der Be- und Verarbeitung von Carbonbeton gesundheitsgefährdende oder umweltschädigende Staub- oder Faseremissionen freigesetzt werden, die einer Anwendung aus ökologischer und ökonomischer Sicht entgegenstehen. Die emittierten Stäube und Faserpartikel wurden durch Probenahmegeräte in unterschiedlichen Abständen zur Emissionsquelle abgesaugt und auf goldbedampften Filtern abgeschieden. Im Anschluss erfolgte mittels der Rasterelektronenmikroskopie (REM) und der gekoppelten energiedispersiven Röntgenmikroanalyse die Auswertung. Grundlage der folgenden Ergebnisse sind isngesamt135 Stück beladene Goldfilterproben, wovon jeweils circa 300 zugehörige REM-Bilder aufgenommen und ausgewertet wurden. Die vertiefenden Erläuterungen zu den Versuchsaufbauten und den umgesetzten Messstrategien finden sich in den Veröffentlichungen *Hantsch et al. (2017)* [136], *Bienkowski et al. (2017)* [137], *Kortmann et al. (2018)* [138] und *Hillemann et al. (2018)* [139].

2.4.4 Ergebnis der Untersuchung zu den Emissionen

In der Auswertung der circa 40.500 REM-Bilder konnte bei keiner der Carbonfasern und Faserfragmente Anzeichen für ein Aufspleißen der Einzelfilamente festgestellt werden. Es traten keine Faserquerschnittsverjüngungen auf, sodass die Gefährdung aufgrund einer kritischen Faserfreisetzung entsprechend der WHO-Definition nicht nachgewiesen werden konnte. Die Fibrillenstruktur der Carbonfasern scheint ebenfalls in Gänze unversehrt, sodass keine bruchstückhaften nadeligen Absplitterungen aus der Fibrillenstruktur detektiert wurden. Parallel zu den Auswertungen beim Praxispartner Müller-BBM GmbH wurde eine Probenauswahl durch das Institut für Baustoffe der TU Dresden mit einem weiteren REM analysiert. Die mechanisch getrennten Carbonfaserbruchstücke zeigten sowohl als kompakte mehrfilamentige Faserbündel als auch als Einzelfilamente stets glatte Filamentbrüche (Abbildung 2.8 und Abbildung 2.9).

---

[136] Hantsch et al. (03/2017) Carbonbeton (C^3) - Erste Versuche beim Bohren und Sägen des neuen Baustoffs

[137] Bienkowski et al. (2017) Bearbeitung von Carbonbeton - eine bauverfahrenstechnische und medizinische Betrachtung

[138] Kortmann et al. (2018) Recycling von Carbonbeton - Aufbereitung im großtechnischen Maßstab gelungen!

[139] Hillemann et al. (2018) Charakterisierung von Partikelemissionen aus dem Trennschleifprozess von kohlefaserverstärktem Beton (Carbonbeton)

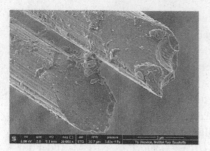

Abbildung 2.8: Glatte Bruchflächen einzelner Carbonfilamente [140]

Abbildung 2.9: Glatte Bruchflächen ganzer Carbonfaserbündel [141]

Mit dem beobachteten Bruchverhalten PAN-basierter Carbonfasern ergibt sich ein signifikanter Unterschied zu Asbestfasern. Asbestfasern spleißen und spalten sich bereits bei geringsten Beanspruchungen zu kleinsten Faserpartikeln auf. [142] In Zusammenfassung der Ergebnisse können die Faserfreisetzungen bei PAN-basierten und pechbasierten Fasern unter mechanischer und thermischer Beanspruchung wie in Tabelle 2.3 dargestellt charakterisiert werden:

Pechbasierte Carbonfasern	✗ Freisetzung kritischer WHO-Fasern ist nachgewiesen [143]	✗ Freisetzung kritischer WHO-Fasern ist nachgewiesen [144]
PAN-basierte Carbonfasern	✔ keine Freisetzung kritischer WHO-Fasern nachgewiesen [145, 146]	✗ Freisetzung kritischer WHO-Fasern ist nachgewiesen [147]
	mechanische Beanspruchung	**thermische** Beanspruchung

Tabelle 2.3: Faserfreisetzung bei PAN- und pechbasierten Carbonfasern

---

[140] Bildquelle: Institut für Baustoffe, TU Dresden, Rasterelektronenmikroskop QUANTA 250 FEG

[141] Bildquelle: Institut für Baustoffe, TU Dresden, Rasterelektronenmikroskop QUANTA 250 FEG

[142] Sedat et al. (2016) Unerkannte Gefahren - Sanierung und Rückbau bauchemischer Asbestprodukte, S. 26

[143] Bäger et al. (2019) Pechbasierte Carbonfasern als Quelle alveolengängiger Fasern bei mechanischer Bearbeitung von carbonfaserverstärkten Kunststoffen (CFK)

[144] Eibl et al. (2014) Gefährdung durchlungengängige Faserfragmente nach dem Abbrand Kohlenstofffaser verstärkter Kunststoffe

[145] Hillemann et al. (2018) Charakterisierung von Partikelemissionen aus dem Trennschleifprozess von kohlefaserverstärktem Beton (Carbonbeton)

[146] Bienkowski et al. (2017) Bearbeitung von Carbonbeton - eine bauverfahrenstechnische und medizinische Betrachtung

[147] Limburg/Quicker (2016) Entsorgung von Carbonfasern

Für das Gesundheitsgefährdungspotenzial von PAN-basierten Carbonfasern gilt, dass bei der Bearbeitung von Carbonbeton auch im Worst-Case-Szenario „Schleifen längs zur Carbonfaser" keine kritischen Fasern entsprechend der WHO-Definition nachgewiesen werden konnten. Die Ergebnisse zur weiteren physikalischen Charakterisierung der faserförmigen Fraktion sowie der mineralischen Staubfraktion können den beiden Veröffentlichungen *Bienkowski et al. (2017)* [148] und *Hillemann et al. (2018)* [149] entnommen werden. Carbonfasern in einer Betonmatrix verhalten sich demnach nicht wie Asbestfasern. Die Vorgaben aus der TRGS 519 [150] haben bei Tätigkeiten im Umgang mit Carbonbeton keine Gültigkeit. Stattdessen sind bei der Verarbeitung von Carbonbewehrungen, wie zum Beispiel beim Zuschnitt der Bewehrung, die DGUV-Information „Bearbeitung von CFK-Materialien" zu beachten. [151] Bei der Bearbeitung von Carbonbeton sind aufgrund der vorhandenen mineralischen Komponente die Hinweise aus der TRGS 559 zum „Mineralischen Staub" zu berücksichtigen [152] Mit den vorliegenden Untersuchungen zum Einfluss der PAN-basierten Carbonfasern auf die menschliche Gesundheit konnte nachgewiesen werden, das die potenziellen Gefährdungen nicht über die Gefährdungen aus dem Umgang mit Stahlbeton hinausgehen. Maßgebend ist sowohl bei Stahlbeton als auch bei Carbonbeton in beiden Fällen die bisher tolerierte Gefährdung aufgrund der mineralischen Komponente.

Die Ergebnisse erlauben für den weiteren Verlauf der Arbeit den konzentrierten Fokus auf den Wirkungspfad Carbonbeton – Umwelt mit der Sicherstellung der Recyclingfähigkeit von Carbonbeton.

2.5   Markteintrittsbarriere Recyclingfähigkeit – Wirkungspfad Umwelt

Der faserförmige Hochleistungswerkstoffe Carbonfaser wird seit Jahrzehnten in vielen Branchen erfolgreich in relevanten Mengen eingesetzt. [153] Im Bauwesen ist die Verwendung von aufgeklebten Lamellen aus CFK zur Verstärkung tragender Bauteile etabliert. Darüber hinaus werden Glasfasern und Polypropylenfasern als Kurzfaserbewehrung in

---

[148] Bienkowski et al. (2017) Bearbeitung von Carbonbeton - eine bauverfahrenstechnische und medizinische Betrachtung

[149] Hillemann et al. (2018) Charakterisierung von Partikelemissionen aus dem Trennschleifprozess von kohlefaserverstärktem Beton (Carbonbeton)

[150] Ausschuss für Gefahrstoffe (AGS) (03/2015) TRGS 519 - Asbest Abbruch-, Sanierungs- oder Instandhaltungsarbeiten

[151] Deutsche Gesetzliche Unfallversicherung e.V. (DGUV) (10/2014) DGUV-Information: Bearbeitung von CFK Materialien

[152] Ausschuss für Gefahrstoffe (AGS) (09/2011) TRGS 559 - Mineralischer Staub

[153] Lengsfeld et al. (2015) Faserverbundwerkstoffe: Prepregs und ihre Verarbeitung, S. 9

Betonbauteilen eingesetzt. [154] Zukünftig sollen Carbonbewehrungen auch als konstruktive Bewehrung als Ersatz oder in Ergänzung der Betonstahlbewehrung Verbreitung finden. Bedingt durch den weitaus geringeren Baustoffeinsatz und die herausragende Dauerhaftigkeit der Carbonfasern birgt die Carbonbetonbauweise ein großes Ressourceneinsparpotenzial in sich. Zudem wird durch den geringeren Baustoffeinsatz bereits mit der Herstellung von Carbonbetonbauteilen dem obersten Prinzip der Abfallhierarchie – der Abfallvermeidung [155] – gemäß Kreislaufwirtschaftsgesetz Rechnung getragen. Dennoch ist trotz der guten Dauerhaftigkeit davon auszugehen, dass Carbonbetonbauteile auf sich ändernde Nutzungsanforderungen angepasst werden. Die bei diesen Umbau- und Modernisierungsarbeiten freiwerdenden Abfälle sind dem Recycling zuzuführen. Diese faserhaltigen Abfallmengen werden bisher regelmäßig beseitigt oder selten auf einem niedrigen Verwertungslevel aufbereitet. [156] Mit der weiteren Marktetablierung der Carbonbetonbauweise fallen mit den zukünftigen Abbruch-, Umbau- und Instandsetzungsarbeiten an Bauwerken aus Carbonbeton zunehmend mineralische Abbruchmassen mit einem Faseranteil an.

Mit einem Abfallaufkommen von circa 222,8 Mio. Tonnen und einem Anteil von 54 % am Gesamtabfallaufkommen nimmt der Stoffstrom der Bau- und Abbruchabfälle eine Schlüsselrolle in der Kreislaufwirtschaft ein. [157] Ein unkontrollierter Eintrag der Faserfraktion in den Stoffstrom der mineralischen Bau- und Abbruchabfälle ist durch wirksame Aufbereitungstechnologien mit der Separation der Carbonfaserfraktion zu begrenzen. Bezogen auf die mineralische Fraktion stellt die Carbonbewehrung dabei im Abbruchmaterial keine Kontamination im herkömmlichen Sinn dar, da Carbonfasern aus chemischer Sicht keinen Schadstoff darstellen. Das Material aus Carbonbetonabbrüchen ist wie die mineralische Fraktion als inerter Abfall zu bezeichnen, da Carbonfasern chemisch nicht reaktiv sind [158] und Carbonfasern nicht als Gefahrstoff nach der REACH-Verordnung (1907/2006 EG) gelistet sind. Vielmehr sind die Reste der Carbonbewehrung im Abbruchmaterial auch mit bloßem Auge sichtbar, was bei den Verwendern zu einer geringeren Markttoleranz zur Abnahme der mineralischen, aber faserhaltigen Abbruchmassen führen kann. Das Recycling von Baustoffen ist generell stark geprägt von einer effizienten Aufbereitung zu geringen Kosten und der Marktakzeptanz für Recyclingprodukte. Dies stellt einen der bedeutenden Gründe für die Untersuchung wirksamer Aufbereitungsverfahren und anschließender Verwertungsoptionen dar.

---

[154] Ehlig et al. (2012) Textilbeton - Ausgeführte Projekte im Überblick, S. 777
[155] Im KrWG (07/2017) gilt nach § 6 Absatz 1 für das Aufkommen und den Umgang mit Abfällen die Vermeidung als oberste Zielsetzung.
[156] Meiners/Eversmann (2014) Recycling von Carbonfasern, S. 374
[157] Umweltbundesamt (2017)
[158] Schürmann (2007) Konstruieren mit Faser-Kunststoff-Verbunden, S. 39

Zur wirksamen Begrenzung des Faseranteils im Abbruchmaterial und zum Verbleib des wertvollen Carbonfasermaterials im Stoffkreislauf sind die hier gegenständlichen technologieorientierten Forschungsarbeiten notwendig. Das heterogen anfallende Abbruchmaterial ist nach Möglichkeit in die beiden sortenreinen Stoffströme (Faserfraktionen und mineralische Fraktionen) zu fraktionieren. Hierzu erfolgt die Untersuchung und Adaption der Aufbereitungstechniken für die Zerkleinerung, die Sortierung und die Klassierung in teilweise mobilen und stationären Anlagen zur Abscheidung der Carbonfaserfraktion. Die zu erarbeitende Lösung für den optimalen Recyclingprozess für Carbonbeton wird der nachhaltigen Reduktion der Entsorgungskosten und der Rückführung der Stoffe in die Primärrohstoffherstellung dienen. Mit der hochwertigen Aufbereitung kann die abfallwirtschaftlich wertvolle Deponiekapazität geschont werden. Gleichzeitig werden wichtige Ressourcen in Form der Sekundärrohstoffe (Sande, Kiese, Carbonfasermaterial) im Wertstoffkreislauf gehalten. [159]

Die untersuchten Aufbereitungsprozesse wurden durch Emissionsmessungen begleitet, um daraus Gefährdungen auf den Menschen und die Umwelt während der mechanischen Bearbeitungsverfahren ausschließen zu können. Die Ergebnisse dazu können dem vorangegangenen Abschnitt 2.4 entnommen werden. Die positiven Ergebnisse zum Einfluss auf die menschliche Gesundheit erlauben im weiteren Verlauf der Arbeit den alleinigen Fokus auf die Recyclingfähigkeit des Materials und die Sicherstellung des Ressourcenschutzes.

---

[159] Schröder/Pocha (2015) Abbrucharbeiten, S. 556

3 Vorbetrachtungen zur Recyclingfähigkeit

Im vorhergehenden zweiten Kapitel wurden für den neuartigen Baustoff Carbonbeton Markteintrittsbarrieren mit dem Fokus auf die beiden potenziellen Gefährdungspfade Mensch und Umwelt erläutert. Das Gesundheitsgefährdungspotenzial wurde in Abschnitt 2.4 betrachtet, sodass im weiteren Verlauf der Arbeit die Recyclingfähigkeit des Baustoffes Carbonbeton mit der Trennbarkeit der Komponenten und der ressourceneffizienten Verwertung der Fraktionen untersucht werden soll. Mit dem Fokus auf die Recyclingfähigkeit soll allgemein auch die Bedeutung einer umweltschonenden Bauweise mit recyclingfähigen Baustoffen herausgestellt werden.

Das Recycling von Baustoffen findet im optimalen Fall immer dann statt, wenn Baustoffe als Abfälle oder Baustoffrestmassen anfallen. Die größten Massen an Baustoffabfällen entstehen in der Regel im Zuge der Abbrucharbeiten an Bauwerken oder Bauwerksteilen. Mit der Begrifflichkeit Abbruch ist dann häufig der Totalabbruch am Ende der Bauwerksnutzung mit der rückstandslosen Beseitigung aller technischen oder baulichen Anlagen gemeint. [160] Damit wird jedoch der Gesamtumfang der Abbruchleistungen außer Acht gelassen. Abbrucharbeiten beschränken sich nicht nur auf das Entfernen von Bauwerken oder Bauwerksteilen am Ende der Gebäudenutzungsdauer oder während eines Umbaus, sondern schließen auch den Einsatz der Betonbohr- und Trenntechnik zur Herstellung von Bauwerksöffnungen in der Bauphase mit ein. [161] Damit fallen Abbruchmassen bereits in der Herstellphase von Bauwerken und Bauwerksteilen an, was auch auf bisherige und zukünftige Baumaßnahmen mit Carbonbeton zutrifft.

3.1 Begriffsabgrenzung „Recycling"

Um sich dem Recycling von Carbonbeton und der Untersuchung geeigneter Aufbereitungsprozesse inhaltlich zu nähern, ist es notwendig, die Begrifflichkeit *Recycling* zu definieren und als festen Teilprozess von einem Gesamtprozess abzugrenzen. Im weitesten Sinne kann das Recycling von Baustoffen die Teilschritte:

- Sammeln der zu verwertenden Stoffe,
- Durchführung notwendiger Vorbehandlungsmaßnahmen,
- Aufbereitung der Stoffe und
- Verarbeitung dieser Sekundärrohstoffe zu einem neuen Produkt umfassen. [162]

---

[160] Schröder/Pocha (2015) Abbrucharbeiten, S. 24
[161] DIN 18007 (05/2000), Absatz 1
[162] Henning/Moeller (2011) Handbuch Leichtbau, S. 1194

© Der/die Herausgeber bzw. der/die Autor(en), exklusiv lizenziert durch Springer Fachmedien Wiesbaden GmbH, ein Teil von Springer Nature 2020
J. Kortmann, *Verfahrenstechnische Untersuchungen zur Recyclingfähigkeit von Carbonbeton*, Baubetriebswesen und Bauverfahrenstechnik, https://doi.org/10.1007/978-3-658-30125-5_3

In der vorliegenden Arbeit soll das *Recycling* jedoch begrifflich enger gefasst werden und sich an der Definition nach KrWG (07/2017) § 3 (25) orientieren. Recycling ist demnach: „ *... jedes Verwertungsverfahren, durch das Abfälle zu Erzeugnissen, Materialien oder Stoffen entweder für den ursprünglichen Zweck oder für andere Zwecke aufbereitet werden; es schließt die Aufbereitung organischer Materialien ein, nicht aber die energetische Verwertung und die Aufbereitung zu Materialien, die für die Verwendung als Brennstoff oder zur Verfüllung bestimmt sind.* ".

Alle bei Abbrucharbeiten anfallenden Stoffe sollten optimalerweise auf dem gleichen Materialqualitätslevel, das im Zuge der Primärherstellung für die Erstanwendung vorlag, verbleiben. Das gleiche Materialqualitätslevel wird zielsicher durch die direkte Wiederverwendung des beschädigungsfrei demontierten Bauteils in einem anderen Bauwerk in der gleichen Funktion erreicht. Kann ein Bauteil nicht beschädigungsfrei demontiert oder nach der Demontage nicht wiederverwendet werden, so ist die stoffliche Verwertung des Bauteils anzustreben. Für diese stoffliche Verwertung des Materials ist die Zerkleinerung des Bauteils und die Materialaufbereitung mit der sortenreinen Trennung der Fraktionen von großer Bedeutung. [163]

Im Zuge der Prozessschritte sind weitere organisatorische Maßnahmen, wie das Getrennthalten der Abfälle am Entstehungsort notwendig. In der Summe der Maßnahmen soll das Materialqualitätslevel auf einem hohen Niveau gehalten werden und ein sogenanntes Downcycling verhindert werden. Von Downcycling wird explizit dann gesprochen, wenn Baustoffabfälle zu Recyclingmaterial aufbereitet werden, das gegenüber dem ursprünglichen Baustoff eine sehr viel geringere Stoffqualität oder Verarbeitbarkeit aufweist. [164] Ein weiteres Downcyclingszenario ist der Einsatz eines hochwertigen Recyclingmaterials in minderwertigen Anwendungsfeldern, bei denen die stofflichen Eigenschaften des Materials nicht genutzt werden. Für das hochwertige Recycling steht eine leistungsfähige Recyclingtechnik und -technologie zur Verfügung, die sich in den Fachgebieten *Abfallwirtschaft* und *Primärrohstoffgewinnung* entwickelt haben. [165]

In der Abfallwirtschaft stand zu Beginn der Beseitigungsgedanke für das Material im Vordergrund mit dem Ziel, das Volumen des Abfalls [166] durch das mechanische Brechen und Verdichten zu verringern, den Schadstoffeintrag in Böden und Gewässer zu vermeiden und die im Abfall befindlichen verwertbaren Stoffanteile zur Reduktion der Abfallmassen herauszutrennen. Zunehmend gewann die Gestaltung der Materialkreisläufe an

---

[163] Schröder/Pocha (2015) Abbrucharbeiten, S. 534
[164] Günther (2008) Ökologieorientiertes Management, S. 186
[165] Martens/Goldmann (2016) Recyclingtechnik, S. V
[166] Abfälle im Sinne des KrWG (07/2017), § 3 (1) sind alle Stoffe oder Gegenstände, deren sich ihr Besitzer entledigt, entledigen will oder entledigen muss. Abfälle können unterschieden werden in: Abfälle, die verwertet werden oder in Abfälle zur Beseitigung.

Bedeutung mit der Maßgabe, diese so effizient zu gestalten, dass die anfallenden Massen nicht als Abfall behandelt und deponiert werden müssen, sondern als Sekundärrohstoffe genutzt werden können. [167]

In einem parallelen Industriezweig – der Primärrohstoffgewinnung – wurden parallel zur Abfallwirtschaft ebenso Aufbereitungs- und Recyclingtechnologien entwickelt. Gemischte Abfälle und noch unaufbereitete Rohstoffe besitzen die Gemeinsamkeit, dass das Material nur selten für die direkte Weiterbehandlung geeignet ist. Für die Weiterverarbeitung werden an das Material Qualitätsanforderung wie Reinheit, Größe und Form gestellt, die in der Abfallwirtschaft und der Primärrohstoffgewinnung gleiche oder ähnliche Aufbereitungsverfahren erfordern. [168]

3.1.1 Recyclingprozesskette

Entlang der Wertschöpfungskette vom Rohstoff über die Primärrohstoffaufbereitung zur Vorfertigung und Bauteilherstellung fallen bereits bei der Herstellung des Frischbetons, der Produktion stab- und gelegeförmiger Carbonbewehrungen sowie bei der Herstellung von Carbonbetonbauteilen erste Abfälle in Form von Frischbetonrestmengen und Bewehrungsverschnitten an, die zu Sekundärrohstoffen aufbereitet werden müssen. Diese im Produktionsprozess früh anfallenden Abfallströme werden in der Literatur auch als „Post-Production-Abfälle" [169] bezeichnet. Post-Production-Abfälle können in der Regel als sortenreine Stoffe, denen selten kritische Verunreinigungen anhaften und die räumlich begrenzt und kontinuierlich anfallen, charakterisiert werden. Aus diesen Gründen werden diese Sekundärmaterialien noch vor Ort gesammelt und einer stofflichen Verwertung zugeführt. Für die Verwertung von Frischbetonrestmengen wird beispielsweise explizit das Waschen von Frischbeton für die Gesteins-Wiedergewinnung in der DIN EN 206 (01/2017) als Einsatzmöglichkeit bei der Frischbetonherstellung vorgesehen. [170]

Nach der Bauteilherstellung fallen im Verlauf des Lebenszyklus eines Bauteils und Bauwerkes insbesondere bei Umbau-, Instandsetzungs- und Abbrucharbeiten Materialmassen an, die zu verwerten sind. Diese Abfälle können als „Post-Consumer-Abfälle" [171] bezeichnet werden. Die lokal anfallenden, sortenreichen Abfallströme zeigen häufig starke Verunreinigungen und Verwitterungserscheinungen. Auf diesen Post-Consumer-

---

[167] Die Begrifflichkeit *Sekundärrohstoff* bezeichnet das Potenzial zur Substitution natürlicher Ressourcen
[168] Martens/Goldmann (2016) Recyclingtechnik, S. VI
[169] Martens/Goldmann (2016) Recyclingtechnik, S. 4
[170] DIN EN 206 (01/2017), Abschnitt 5.2.3.3
[171] Martens/Goldmann (2016) Recyclingtechnik, S. 5

Abfällen, die in Abbildung 3.1 als Abfallstrom (linker unterer Teil der Abbildung) dargestellt sind, liegt der Untersuchungsschwerpunkt der Arbeit. Für diese Post-Consumer-Abfallströme ist die Separation notwendig.

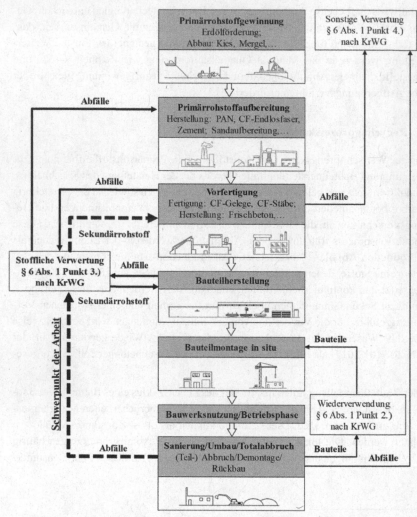

Abbildung 3.1: Lebenszyklus eines Gebäudes mit Abfallbewirtschaftungsoptionen

3.2 Rechtliche Vorgaben zur Recyclingfähigkeit

3.2.1 Kreislaufwirtschaftsgesetz

Das Recycling von Carbonbeton unterliegt einer Vielzahl gesetzlicher Vorgaben, die die Verantwortlichkeiten für den Umgang mit den Abfällen regeln und den Umwelt- und Ressourcenschutz sicherstellen sollen. [172] Für die deutsche Gesetzgebung war die EU-Abfallrahmenrichtlinie AbfRRL (Richtlinie 2008/98/EG) bis Ende 2010 in nationales Recht umzusetzen. Daraufhin trat das KrWG (07/2017) in Kraft. Das KrWG (07/2017) – als zentrales Element der Kreislaufwirtschaft – ist in der nachfolgenden Ausführung bezogen auf Carbonbeton zusammengefasst. Als grundsätzliche Rangfolge für das Aufkommen und den Umgang mit Carbonbetonabbruchmaterial gilt nach dem KrWG: [173]

1) *Vermeidung*
   [zum Beispiel durch eine dauerhafte Bauweise – Anm. d. Verf.],

2) *Vorbereitung zur Wiederverwendung*
   [zum Beispiel durch praktikable Trenn- und Fügetechniken – Anm. d. Verf.],

3) *Recycling*
   [zum Beispiel durch stoffliche Verwertung, wofür bei Verbundbaustoffen die sortenreine Trennung notwendig wird – Anm. d. Verf.],

4) *Sonstige Verwertung*, insbesondere energetische Verwertung und Verfüllung
   [als Verwertungsoption auf niedrigerem Qualitätslevel (Downcycling) – Anm. d. Verf.],

5) *Beseitigung*
   [zum Beispiel durch die Deponierung, was für Abbruchmaterialien von Carbonbetonbauteilen keine Option sein soll – Anm. d. Verf.].

Die Wahl der notwendigen Prozesse und Verfahren ist an folgenden Kriterien zu orientieren: [174]

- den zu erwartenden Emissionen,
- dem Maß der Schonung der natürlichen Ressourcen,
- der einzusetzenden oder zu gewinnenden Energie und
- der Anreicherung von Schadstoffen in Produkten oder daraus hergestellten Erzeugnissen.

---

[172] Martens/Goldmann (2016) Recyclingtechnik, S. 8
[173] KrWG (07/2017), § 6 Absatz 1
[174] KrWG (07/2017), § 6 Absatz 2

Die Notwendigkeit der Untersuchung zum Recycling von Abbruchmaterialien aus gebrochenen Carbonbetonbauteilen ist mit dem KrWG (07/2017) zu begründen. So gilt
nach KrWG (07/2017), dass der Abfallerzeuger (in der Regel der Abbruchunternehmer)
oder der Abfallbesitzer (in der Regel der Gebäudeeigentümer) zur Verwertung oder Beseitigung verpflichtet ist. [175] Das Recycling im Sinne der stofflichen Verwertung hat
nach obengenannter Rangfolge Vorrang vor der sonstigen Verwertung und der Beseitigung, insofern die stoffliche Verwertung technisch möglich ist, Mensch und Umwelt
nicht durch Schadstoffanreicherung gefährdet werden und die Aufbereitungskosten
wirtschaftlich zumutbar sind. Mit diesen Vorgaben gibt das KrWG (07/2017) zudem
wichtige Bewertungskriterien für die Beurteilung der Aufbereitungsversuche in Kapitel 5 vor. Die Berücksichtigung dieser gesetzlichen Vorgaben als Bewertungskriterien
ist zwingend zur Validierung der Aufbereitungsverfahren erforderlich.

Das KrWG (07/2017) setzt die stoffliche Verwertung dann der sonstigen (energetischen)
Verwertung gleich, wenn der Heizwert des unvermischten Abfalls mindestens
11.000 kJ/kg beträgt. Im Fall von Carbonbewehrungsmaterial würde die Gleichsetzung
der beiden Verwertungsoptionen zum Tragen kommen, da der Heizwert von CFK vergleichbar mit dem von Braunkohle ist (circa 21.000 kJ/kg). [176] Dies trifft aber nur für
den Fall zu, dass die Carbonbewehrung sortenrein und getrennt vom inerten, mineralischen Betonrezyklat als potenzieller Ersatzbrennstoff zur Verfügung steht, was die Notwendigkeit effizienter Separierungsverfahren nochmals verdeutlicht. Eine weitere Vorgabe ist im KrWG (07/2017), § 14 Absatz 3 genannt. So gilt für nicht gefährliche Bau-
und Abbruchabfälle ab dem Jahr 2020 eine Quote für den Massenanteil der Wiederverwendung, die stoffliche und die sonstige Verwertung in Höhe von 70 %. Aus den genannten Regelungen ergibt sich, dass Ansätze zur Vorbereitung der Wiederverwendung
ganzer Bauteile verfolgt werden müssen (nicht Gegenstand der Arbeit) oder eine sortenreine Trennung der beiden Stoffe Betonrezyklat und Carbonfaserrezyklat in der Art realisiert werden muss, dass die stoffliche (oder energetische) Verwertung stattfinden
kann. Die Abfallverfüllung als Ersatz für andere Materialien ist derzeit noch Bestandteil
dieser Quote. Dies wird derzeit jedoch durch die Entscheidungsträger geprüft und sollte
für eine nachhaltige Recyclingstrategie kein anzustrebendes Ziel sein.

Zusammenfassend kann postuliert werden, dass die im KrWG (07/2017) geforderte Produktverantwortung für Hersteller von Carbonbetonbauteilen per se gegeben ist, da bei
der dauerhaften und materialreduzierten Carbonbetonbauweise eine lange Nutzungsdauer zu erwarten ist und dem Abfallvermeidungsgrundsatz entsprochen wird. [177] Fallen

---

[175] KrWG (07/2017), § 7 Absätze 2, 3 und 4
[176] Flemming et al. (1996) Faserverbundbauweisen: Halbzeuge und Bauweisen, S. 288
[177] KrWG (07/2017), §6 Absatz 1

bei der Bauwerksherstellung, bei Umbau- und Instandsetzungsarbeiten oder nach dem Ende der Gebäudenutzungsdauer Abbruchmaterialien oder ganze Bauteile an, so sind diese nach den Vorgaben des KrWG (07/2017) und der Gewerbeabfallverordnung (GewAbfV) (07/2017) wieder zu verwenden oder zu verwerten.

3.2.2 Gewerbeabfallverordnung

Die Umsetzung des KrWG (07/2017) erfolgt unter Berücksichtigung der Abfallverzeichnisverordnung (06/2011) [178] durch die Gewerbeabfallverordnung (GewAbfV) (07/2017). Die Verordnung wendet sich an Erzeuger und Besitzer von gewerblichen Siedlungsabfällen sowie Bau- und Abbruchabfällen. Ferner gilt das Regelwerk auch für Betreiber von Vorbehandlungs- und Aufbereitungsanlagen. Dazu werden technische Mindestanforderungen an die Prozessschritte der Aufbereitung genannt. Bezogen auf das Carbonbetonmaterial gilt, dass „...gemischte Bau- und Abbruchabfälle (Abfallschlüssel 170904) unverzüglich entweder einer Vorbehandlungs- oder einer Aufbereitungsanlage zuzuführen sind." [179]

Entsprechend der Anlage zu § 6 Absatz 1 (1) der GewAbfV (07/2017) muss eine Vorbehandlungsanlage über folgende Komponenten verfügen:

- Stationäre oder mobile Aggregate für die Zerkleinerung,
- Aggregate zur Separierung verschiedener Materialien, Korngrößen, Kornformen und Korndichten, wie zum Beispiel Siebe und Sichter,
- Aggregate zur maschinell unterstützten manuellen Sortierung nach dem Stand der Technik, wie zum Beispiel Sortierband mit Sortierkabine.

Die Stoffausbringung der Anlage muss für Eisen- und Nichteisenmetalle 95 % und für Kunststoffe 85 % betragen. An dieser Vorgabe zur Kunststoffausbringung (Carbonfaserausbringung) werden sich die in der Arbeit zu untersuchenden Separationsverfahren orientieren müssen. [180]

---

[178] In der Abfallverzeichnisverordnung werden verschiedenartige Abfälle mit zugeordneten Abfallschlüsseln angegeben. Die einzelnen Fraktionen aus dem Abbruch von Carbonbeton tragen die Abfallschlüssel (170101) „Beton" oder (170904) als gemischter, nicht gefährlicher Bau- und Abbruchabfall. Die Carbonfaserbewehrung oder auch baubranchenfremde CFK besitzen aktuell keinen Schlüssel und zählen auch nicht zum Abfallschlüssel (170203) „Kunststoff".

[179] GewAbfV (07/2017), § 9 Absatz 3 (1)

[180] GewAbfV (07/2017), Anlage zu § 6 Absatz 1 (1)

3.2.3   Mantelverordnung

Um den Herausforderungen in der stofflichen Verwertung mineralischer Abbruchmaterialien zu begegnen und die gesetzlichen Recyclingquoten einhalten zu können, wird seit dem Jahr 2004 über die nationale Mantelverordnung (MantelV) diskutiert. [181] Mit Einführung der darin enthaltenen Ersatzbaustoffverordnung sollen bundeseinheitliche und rechtsverbindliche Anforderungen an die stoffliche Verwertung mineralischer Ersatzbaustoffe (Abfälle) in technischen Bauwerken dokumentiert werden. [182] Damit verbunden sind die Neufassungen der Bundes-Bodenschutz- und Altlastenverordnung (BBodSchV) (09/2017), der Deponieverordnung (DepV) (09/2017) sowie die Änderung der GewAbfV (07/2017). Die Ersatzbaustoffverordnung soll als zentrales Element die Anforderungen an die Herstellung und das Inverkehrbringen von mineralischen Abfällen regeln. Die Herstellung erfolgt in Aufbereitungsanlagen, in denen die mineralischen Stoffe behandelt, sortiert, getrennt oder zerkleinert werden, wofür Regelungen zusammengestellt werden.

3.2.4   LAGA M20 und weitere Regelungen

Die bis dato noch fehlenden bundesweiten Regelungen für standardisierte Verwertungsmöglichkeiten mineralischer Baustoffe führte bereits im Jahr 1997 zur Ausarbeitung länderspezifischer Vorgaben. Die Länderarbeitsgemeinschaft Abfall (LAGA) veröffentlichte als technische Regel dafür mit der Mitteilung M20 die Anforderungen an die stoffliche Verwertung von mineralischen Abfällen. Das als länderübergreifend konzipierte Regelwerk sollte einheitliche Standards für die Verwertung schaffen und die Belange des Wasser- und Bodenschutzes, des Immissionsschutzes sowie des Bergbaus und des Straßenbaus berücksichtigen. Durch Regelanpassungen des Bodenschutzes auf Bundesebene [183] und aufkommende Bedenken hinsichtlich des Grundwasserschutzes wurde die LAGA M20 (11/2003) im Jahr 2003 in den Grenzwerten überarbeitet. [184] Das überarbeitete Regelwerk wird seitdem von einigen Bundesländern abgelehnt. Diese Länder, wie zum Beispiel Baden-Württemberg und Sachsen führten ländereigene Regelungen durch „Vorläufige Hinweise zum Einsatz von Baustoffrecyclingmaterial" ein. Die Gültigkeit der als temporär gedachten Zwischenregelungen wird seitdem regelmäßig verlängert.

---

[181] Anfang 2019 lag der noch nicht verabschiedete Referentenentwurf vor.
[182] Schröder/Pocha (2015) Abbrucharbeiten, S. 551
[183] BBodSchG (09/2017)
[184] LAGA M20 (11/2003), S. 3

Ergänzt werden die LAGA M20 (11/2003), das KrWG (07/2017), die GewAbfV (07/2017) und gegebenenfalls die zukünftige Mantelverordnung durch eine Vielzahl weiterer Gesetze, Verordnungen und technischer Richtlinien, die unter anderem auch den Bau und den Betrieb von Aufbereitungs- und Abfallbehandlungsanlagen regeln. Zu diesen Regelwerken gehören unter anderem das Bundesimmissionsschutzgesetz (BImSchG) (07/2017)) und das Wasserhaushaltsgesetz (WHG) (07/2017) für die Wasser- und Luftreinhaltung. Zusätzlich dazu werden der Schutz des Menschen und der Umwelt vor gefährlichen Stoffen nach dem Chemikaliengesetz (ChemG) (07/2017) und der gefahrlose Abfalltransport durch das Abfallverbringungsgesetz (AbfVerbrG) (11/2016) sichergestellt. Die nationalen Regelungen unterliegen den weiteren EU-Richtlinien.

3.3 Stand der Forschung zum Recycling von Carbonbeton

Das Themenfeld *Recycling* für konventionelle Werkstoffe ist breitgefächert und eine vollumfängliche Darstellung übersteigt den Rahmen der vorliegenden Arbeit. Für einen umfassenden Einstieg in die allgemeine Recyclingtechnik wird auf die einschlägige Literatur verwiesen. [185, 186, 187, 188, 189] Für Abbruch-, Rückbau- und Recyclingarbeiten von Bauteilen aus Beton, Stahlbeton oder Mauerwerk existieren ebenfalls umfassende Kenntnisse zu Verfahren, [190] den Geräte- und Maschinentechnologien, [191] notwendigen Arbeitsschutzmaßnahmen [192] sowie zu Kennwerten von Maschinen- und Arbeitsleistungen. [193]

Das stoffliche Recycling von kohlenstofffaserverstärkten Kunststoffen (CFK) wird bereits in anderen Branchen großtechnisch umgesetzt. Eine Möglichkeit ist, das zerkleinerte CFK-Material als Füllstoff im Sinne eines Partikelrecyclings einzusetzen. [194] Ein hochwertigeres Recycling wird mit energieintensiven Pyrolyse- oder Solvolyseprozessen erreicht, bei denen die Kunststoffmatrix durch Hitze oder Hitze in Kombination mit Druck von der Carbonfaser entfernt wird. [195] Die matrixfreien Carbonfasern können in weiteren Verfahrensschritten verarbeitet werden. Diese Prozesse sind zur Entfernung

---

[185] Martens/Goldmann (2016) Recyclingtechnik
[186] Bilitewski/Härdtle (2013) Abfallwirtschaft: Handbuch für Praxis und Lehre
[187] VDI-Gesellschaft Kunststofftechnik (1998) Schüttguttechnik in der Kunststoffindustrie
[188] Löhr et al. (1995) Aufbereitungstechnik
[189] Dietrich (2017) Hartinger Handbuch Abwasser- und Recyclingtechnik
[190] Schröder/Pocha (2015) Abbrucharbeiten
[191] Hauptverband der Deutschen Bauindustrie e.V. (2015) BGL Baugeräteliste
[192] Ausschuss für Gefahrstoffe (AGS) (06/2018) TRGS 900 - Arbeitsplatzgrenzwerte
[193] Plümecke et al. (Juli 2017) Preisermittlung für Bauarbeiten
[194] Martens/Goldmann (2016) Recyclingtechnik, S. 306
[195] Siebenpfeiffer (2014) Leichtbau-Technologien im Automobilbau, S. 60

der Betonmatrix von der Carbonbewehrung aufgrund des inerten Materialverhaltens von Beton nicht umsetzbar.

Bezogen auf das Recycling von carbonbewehrten Betonbauteilen sind Erkenntnisse bisher noch selten. [196] Derzeit haben nur sehr wenige Forschungsprojekte das Recycling von textilbewehrten Betonen zum Inhalt. Wenn, dann finden häufig orientierende, kleinmaßstäbliche Versuche statt, ohne jedoch gezielt die Separierung der Carbonfasern aus dem inhomogenen Abbruchmaterial in den Vordergrund zu stellen.

Als bedeutendes Vorhaben ist das Forschungsprojekt „Abbruch, Recycling und Rückbau von C^3-Bauteilen" zu nennen. [197] Das Vorhaben wurde durch den Autor in leitender Funktion beantragt und über die Projektlaufzeit von zweieinhalb Jahren durch den Autor koordiniert. Aus den Forschungsarbeiten sind wissenschaftliche Publikationen zum Bearbeitungsverhalten von Carbonbeton mit gängiger Abbruch- und Recyclingtechnik [198, 199, 200, 201, 202] und der medizinischen Betrachtung in diesem Zusammenhang hervorgegangen. [203] Ein sich anschließendes Forschungsvorhaben, welches die Untersuchung zur stofflichen Verwertung der gewonnenen Carbonrovingfragmente zum Ziel hat, wurde durch den Autor initiiert und bearbeitet. [204] Ergebnisse aus diesem Projekt sind in Ansätzen in Kapitel 6 der vorliegenden Arbeit eingeflossen.

Ein weiteres Forschungsprojekt, das sich im weiteren Sinn mit dem Recycling von Carbonbeton beschäftigt, ist das Promovendenkolleg *Ressourceneffizienzsteigerung beim Einsatz von Verbundstoffen im Bauwesen*, in dem elf Nachwuchsforscher Teilfragen zum Recycling aufgreifen und im kleinen Maßstab seit Anfang des Jahres 2017 bearbeiten. Des Weiteren fanden an der RWTH Aachen durch drei Institute – das Institut für Aufbereitung und Recycling (I.A.R.), für Bauforschung (ibac) und für Textiltechnik (ITA) – kleinmaßstäbliche Versuche zum Recycling von textilbewehrten Betonkörpern

---

[196] Kimm et al. (2018) On the separation and recycling behaviour of textile reinforced concrete, S. 122

[197] Projekttitel: C^3 V1.5 „Abbruch, Rückbau und Recycling von C^3-Bauteilen"; Partner: Institute für Baubetriebswesen, Institut für Baustoffe, Lehrstuhl für betriebliche Umweltökonomie und Institut für Massivbau (alle TU Dresden) sowie fünf Praxispartner: Klebl GmbH Gröbzig, Caruso Umweltservice GmbH, steinbeisser GmbH, Müller-BBM GmbH und AIB GmbH; Laufzeit: 03/2016 bis 06/2018, Förderträger Bundesministerium für Bildung und Forschung (BMBF)

[198] Kortmann/Kopf (2016) C^3 – Carbon Concrete Composite: Recyclingfähigkeit von Carbonbeton – Ist-Stand im Forschungsprojekt

[199] Kortmann et al. (2017) C^3-V1.5 Abbruch, Rückbau und Recycling von C^3-Bauteilen

[200] Jehle et al. (06/2017) Demolition and recycling of carbon reinforced concrete

[201] Hantsch et al. (03/2017) Carbonbeton (C^3) - Erste Versuche beim Bohren und Sägen des neuen Baustoffs

[202] Kortmann et al. (2018) Recycling von Carbonbeton - Aufbereitung im großtechnischen Maßstab gelungen!

[203] Bienkowski et al. (2017) Bearbeitung von Carbonbeton - eine bauverfahrenstechnische und medizinische Betrachtung

[204] Projekttitel: C^3 VI.13 „Branchenübergreifender Einsatz von recycelten Carbonfasern aus C^3-Bauteilen"; Partner: Institut für Baubetriebswesen, Institut für Textilmaschinen und Textile Hochleistungswerkstofftechnik (beide TU Dresden) und Leichtbau-Zentrum Sachsen GmbH als Praxispartner, Laufzeit: 04/2018 bis 09/2019, Förderträger Bundesministerium für Bildung und Forschung (BMBF)

statt. [205] In *Kunieda (2014)* [206] wurde die Recyclingfähigkeit von kurzfaserbewehrtem Beton untersucht und wie sich das Betonrezyklat in Form und Geometrie beim Brechen ändert. In dieser Forschungsarbeit steht die Separation nicht im Fokus.

Die offenen Fragen zur Separation der Carbonfasern aus dem gebrochenen Abbruchmaterial haben sich im Zuge der Forschungsarbeit zum Projekt C^3-V1.5 herauskristallisiert. In dieser Frage liegt die wichtige und zu schließende Erkenntnislücke im Recyclingprozess von Carbonbeton. Die durchzuführenden Untersuchungen im Rahmen der Dissertation stellen eine wichtige Chance zur Steigerung der Nachhaltigkeit im Einsatz von Carbonbeton dar, indem unter anderem ein hochwertiger Verwertungsweg aufgezeigt wird und die sortenreinen Materialfraktionen als Sekundärrohstoff für die Substitution primärer Rohstoffe verwertet werden können.

Mit den beschriebenen Separationsverfahren sollen die Carbonfasern als Sekundärrohstoff aus dem Abbruchmaterial gewonnen werden. Liegen die Carbonfasern nach der Separation sortenrein vor, existieren bereits erste Erkenntnisse zur stofflichen Verwertung der Carbonfasern. So wurde das physikalische und mechanische Verhalten von Zementpasten unter Zugabe von recycelten Carbonpulvern aus baubranchenfremden Schneidprozessen untersucht. [207] Das mechanische Bruchverhalten, insbesondere das Energieabsorptionsverhalten von Betonen unter Zugabe aufbereiteter Carbonfaserreste (mit und ohne Imprägnierung) konnte in weiteren Forschungsarbeiten dokumentiert werden. [208, 209] Hinsichtlich der Steigerung der stofflichen Verwertung der Betonfraktion in der Herstellung von Betonen bestehen seit vielen Jahrzehnten Bemühungen. Erfolge zeigen sich diesbezüglich bisher hauptsächlich in der Schweiz. In der Forschung beschäftigen sich unter anderem das Projekt R-Beton [210] und zahlreiche Projekte der Brandenburgischen Technischen Universität Cottbus-Senftenberg mit dem Thema. Im internationalen Umfeld sind zahlreiche Veröffentlichungen zur stofflichen Verwertung des Betonrezyklats erschienen. [211, 212, 213]

---

[205] Koch (2015) Recycling von Carbonbeton, S. 31

[206] Kunieda et al. (2014) Ability of recycling on fiber reinforced concrete

[207] Norambuena-Contreras, José Thomas, Carlos et al. (2016) Influence of recycled carbon powder waste addition on the physical and mechanical properties of cement pastes

[208] Nguyen et al. (2016) Cement mortar reinforced with reclaimed carbon fibres, CFRP waste or prepreg carbon waste

[209] Mastali et al. (2017) The impact resistance and mechanical properties of the reinforced self-compacting concrete incorporating recycled CFRP fiber with different lengths and dosages

[210] TU Kaiserslautern, RWTH Aachen und weitere

[211] Müller et al. (2014) Design and Properties of Sustainable Concrete

[212] Oksri-Nelfia et al. (2016) Reuse of recycled crushed concrete fines as mineral addition in cementitious materials

[213] Kumar/Morawska (2014) Recycling concrete: An undiscovered source of ultrafine particles

3.4 Notwendigkeit und Zielsetzung der Untersuchungen zur Recyclingfähigkeit

Die Substitution von Betonstahl durch textile Carbonfasern stellt eine Zäsur im Bauwesen dar, was unmittelbaren Einfluss auf die Abbruch- und Recyclingarbeiten mit bewehrten Betonbauteilen haben wird. Verfahren zum Abbruch und Recycling von Stahlbetonbauteilen sind hinlänglich bekannt und baupraktisch umgesetzt. Insbesondere die Separation der Stahlbewehrung aus gebrochenen Stahlbetonbauteilen wird mit Magnetabscheidern effizient umgesetzt. [214] Die Carbonfasern in der Carbonbewehrung bestehen hingegen aus graphitartig zusammengesetztem Kohlenstoff [215]. Die textile Carbonbewehrung gehört damit folglich nicht zur Gruppe der ferromagnetischen Metalle und die Sortierung im Magnetfeld kann daher nicht für die Separation von Carbonfasern im Recyclingprozess eingesetzt werden.

Die bereits erfolgreich realisierten Carbonbetonbauwerke [216] und der im Bauwesen jährlich steigende Verbrauch an Carbonfasern deuten darauf hin, dass gegenwärtig und zukünftig größere Carbonfaser-Rohstoffmengen in unseren Bauwerken gebunden sind. [217] Zur Einhaltung der rechtlichen Vorgaben mit den Recyclingquoten von einem 70 %igen Massenanteil für mineralische Abbruchabfälle, 85 % für die Kunststoffausbringung und zur Rohstoffgewinnung muss das Carbonfasermaterial nach dem Abbruch durch geeignete Verfahren innerhalb des Recyclingprozesses von der Betonmatrix gelöst und in einem nachfolgenden Aufbereitungsprozess vom Betonrezyklat separiert werden.

Bezogen auf die stoffliche Verwertung der Materialien spielt bei der Zerkleinerung und der Aufbereitung des gebrochenen Materials die sortenreine Trennung für die weitere stoffliche Verwertung eine entscheidende Rolle. [218] Ohne den folgenden Ausführungen der Arbeit zu den Abbruch- und Separationsversuchen vorwegzugreifen, stellt der Prozessschritt *sortenreine Trennung* der beiden Materialien Betonrezyklat und Carbonrezyklat innerhalb der Prozesskette Abbruch und Recycling die größere Herausforderung dar, als der eigentliche *Abbruch* der Carbonbetonbauteile.

Die konzipierten experimentellen Versuche der Arbeit haben das Ziel, geeignete Aufbereitungsverfahren (insbesondere Separationsverfahren) für den Recyclingprozess carbonbewehrter Betone zu eruieren und in Versuchen zu validieren. Mit den Ergebnissen soll der Lückenschluss zwischen dem Abbruchprozess (kann baupraktisch umgesetzt

---

[214] Martens/Goldmann (2016) Recyclingtechnik, S. 361
[215] Witten (2014) Handbuch Faserverbundkunststoffe/Composites, S. 147
[216] Siehe Bandbreite der Anwendungsfelder (Abschnitt 4.3.2), S. 79
[217] Siehe Branchenübergreifender Einsatz von Carbonfasern (Abschnitt 2.3.3), S. 16
[218] Schröder/Pocha (2015) Abbrucharbeiten, S. 534

werden) [219] und der anschließenden stofflichen Verwertung (baupraktische Ansätze sind vorhanden) [220] realisiert werden, indem vorteilhafte Aufbereitungsverfahren validiert werden.

3.5 Vorversuche zum Abbruch und Recycling von Carbonbeton

Im Zuge des Recyclings von Verbundstoffen und der stofflichen Verwertung der Einzelfraktionen sind Trennprozesse notwendig. Das Ziel von Trennprozessen ist die Abtrennung eines Zielstoffes aus einem mindestens binär zusammengesetzten Aufgabematerial [221] (hier: Carbonbewehrungsfragmente aus Carbonbetonabbruchmaterial). In Vorbereitung auf die (Feld-)Experimente zur Recyclingfähigkeit wurden Tastversuche an Probekörpern mit unterschiedlichen Betondruckfestigkeitsklassen und einer Varianz an Bearbeitungsverfahren durchgeführt. Ziel war dabei der Gewinn erster Erkenntnisse zum Bruchverhalten von Carbonbeton und der Trennbarkeit der Bewehrung von der umgebenden Betonmatrix in Abhängigkeit von der Betongüte und der Art der mechanischen Einwirkung. Dazu wurden folgende Fragestellungen in den Vorversuchen eruiert:

- Bruchverhalten der Carbonbewehrung und Trennverhalten von der Betonmatrix (siehe Abschnitt 3.5.1),
- Trennverhalten bei unterschiedlichen Bewehrungsgehalten (siehe Abschnitt 3.5.2),
- Trennverhalten bei unterschiedlichen Betongüten (siehe Abschnitt 3.5.3).

3.5.1 Vorversuch 1 – Grundsätzliches Trennverhalten

Im ersten Tastversuch wurde zur Betrachtung des grundsätzlichen Trennverhaltens mit dem manuellen Verfahren Einschlagen [222] ein 30 mm dünner Carbonbeton-Probekörper mit einer Masse von circa 50 kg bearbeitet. Es ist im Ergebnis des Vorversuches festzustellen, dass mit der verwendeten Materialkombination aus Feinbeton mit einem Größtkorn von 2 mm und einer epoxidharzbeschichteten Glasfaser- und Carbonfaserbewehrung eine gute Trennung des Textils von der Betonmatrix stattfindet. Der sortenreine Aufschluss der beiden Fraktionen erfolgt ohne größere Restanhaftung. Als kleine und

---

[219] Siehe Abbruch und Zerkleinerung der Carbonbetonbauteile (Abschnitt 5.1), S. 94
[220] Siehe Verwertungsoptionen der aufbereiteten Fraktionen (Kapitel 6), S. 164
[221] Bunge (2012) Mechanische Aufbereitung, S. 4
[222] In der DIN 18007 (05/2000) Absatz 3.9 wird das Abbruchverfahren *Einschlagen* als „Zertrümmern beziehungsweise Lösen einzelner Bauteile durch Einleiten kinetischer Energie" definiert. Dem Anhang A ist zu entnehmen, dass das Einschlagen besonders für bewehrte Betonbauteile geeignet ist.

nur vereinzelt auftretende Rückstände haften der Betonmatrix winzige Aramid-Wirkfäden an, die zuvor die Bewehrungsstränge in der Gitterform fixierten. Die Bruchbilder in den Abbildungen 3.2 bis 3.4 stellen das Ergebnis der Tastversuche dar.

Abbildung 3.2: Intaktes Carbonfaser- und Glasfasertextil nach der Bearbeitung

Abbildung 3.3: Bruchfläche mit Anhaftung von Wirkfäden

Abbildung 3.4: Bruchfläche und Carbonroving ohne Anhaftungen

3.5.2   Vorversuch 2 – Trennverhalten bei einer Varianz an Bewehrungsgehalten

In einer zweiten Stufe wurden Vorversuche mit der Bearbeitung von 140 kg schweren Probekörpern in der einheitlichen Plattengeometrie 100 cm x 100 cm x 6 cm durchgeführt. Die Probekörper wurden mit zwei unterschiedlichen Betongüten (normalfest und hochfest), verschiedenartigen Bewehrungen (stab- und gelegeförmige Carbonbewehrung sowie stabförmige Betonstahlbewehrung) und unterschiedlichen Bewehrungsgehalten hergestellt. Als Bearbeitungsverfahren wurde unter anderem das Stemmen mit einem handgeführten Stemmhammer erprobt (Abbildung 3.5). [223] Bezüglich der Bruchbilder und des Aufschlussgrades ist allgemeingültig festzustellen, dass auch bei hochfesten Betonmatrices und dichten Bewehrungslagen ein guter und fast rückstandsfreier Aufschluss der Bewehrung von der umgebenden Betonmatrix stattfindet (Abbildung 3.6 und Abbildung 3.7).

---

[223] In der DIN 18007 (05/2000) Absatz 3.19 wird das Abbruchverfahren *Stemmen* als „Zerkleinern und Lösen einzelner Bauteile durch einen Meißel" definiert. Dem Anhang A ist zu entnehmen, dass das Stemmen besonders für bewehrte Betonbauteile geeignet ist.

Abbildung 3.5: Bearbeitung Probekörper mit dem Abbruchverfahren „Stemmen"

Abbildung 3.6: Bruchflä-
che mit größtenteils ab-
getrennter normalfester
Betonmatrix

Abbildung 3.7: Bruch-
fläche mit größtenteils
abgetrennter hochfes-
ter Betonmatrix

3.5.3 Vorversuch 3 – Trennverhalten bei einer Varianz an Betongüten

Im dritten Vorversuch fanden abschließende Tastversuche zur Unterscheidung des Aufschlussgrades bei der Verwendung unterschiedlich druckfester Betonmatrices statt. In
den Versuchen wurde ein normalfester Beton der Betondruckfestigkeitsklasse C40/50,
ein hochfester Beton der Betongüte C60/75 und ein hochfester Beton der Güte C90/105
Beton eingesetzt. Die Untersuchung erfolgte an Probekörpern mit einer einheitlichen
Dicke von 60 mm und Einzelmassen von circa 45 kg mit dem maschinellen Abbruchverfahren *Pressschneiden*. Die Art und der Gehalt der Carbonbewehrung wurde bei allen Plattentypen gleich ausgeführt. Die Bruchbilder und die daraus abgeleiteten Erkenntnisse bestätigen die Ergebnisse der beiden vorherigen Tastversuche. In Abschnitt 4.2.2 sind die Erkenntnisse zum Einfluss der Betonmatrix auf die Abbrucharbeiten und die Trennbarkeit der Carbonbewehrung von der Betonmatrix ausführlich dargestellt.

3.6 Methodischer Ansatz zur Beurteilung der Recyclingfähigkeit

Mit Abschluss der Vorversuche können die Versuche zum Abbruch und Recycling von
Carbonbeton an praxisnahen Bauteilen im Maßstab 1 : 1 vorbereitet werden. Zwei baugleiche Bauwerke aus Carbonbeton, die abgebrochen werden sollen, dienen anschließend als Materialquelle für die notwendigen Untersuchungen zur Separation der Carbonfasern aus dem Abbruchmaterial. Die Randbedingungen zur Herstellung der beiden
Bauwerke werden in Kapitel 4 in Form einer Darstellung der gesamten Bandbreite zur
Verfügung stehender Materialien sowie der konkreten Festlegung zur Wahl der Carbonbewehrung, der Carbonbetonmatrix und dem Entwurf der Baukonstruktion hergeleitet.

Im Rahmen der Herleitung soll die Anforderung, dass die Recyclingversuche auf den Großteil aller Carbonbetonbauteile übertragbar sein muss, Berücksichtigung finden.

Carbonbeton als Baustoff mit einer Betonmatrix und einer textilen Carbonfaserbewehrung wird bereits in der Praxis eingesetzt und soll zukünftig die etablierten Baustoffe im wachsenden Maße ergänzen. Mit der Darstellung zum Stand der Forschung für das Recycling von Carbonbeton konnte in Abschnitt 3.3 gezeigt werden, dass bisher keine lückenlose Prozesskette zum Recycling von Carbonbeton existiert und insbesondere die Separation der Carbonfasern aus dem Abbruchmaterial bis dato ungeklärt ist. Für das Carbonbetonmaterial, welches im Herstellprozess eines Bauteils oder Bauwerks, in der Nutzungsphase und mit Ende der Nutzungsphase als Abfall anfällt, sind die rechtlichen Vorgaben zur Recyclingfähigkeit bindend. Bisher wurden am Markt verfügbare Aufbereitungstechnologien noch nicht mit Carbonbetonmaterial beaufschlagt oder gar die großmaßstäbliche Aufbereitung erprobt und ausgewertet. Die Einhaltung der Recyclingquoten ist daher noch mit großen Unsicherheiten verbunden, was Untersuchungsgegenstand der Arbeit ist. Mit der vorliegenden Arbeit soll die Recyclingfähigkeit von Carbonbeton untersucht und nachgewiesen werden. Dieses Ziel impliziert die Hypothese:

> *Carbonbetonbauteile lassen sich mit bestehenden Abbruchtechnologien abbrechen. Das dabei entstehende Abbruchmaterial lässt sich mit marktverfügbaren Verfahren für ein stoffliches Recycling aufbereiten.*

Zur Bestätigung oder Widerlegung der Hypothese werden in den Untersuchungen die nachfolgend genannten Forschungsmethoden genutzt.

- *Fallstudien:* Durchführung von (Feld-)Experimenten,
- *Situationsanalyse:* im Sinne der qualitativen Wiedergabe von Einzelbeobachtungen, [224]
- *Multikriterielle Bewertungsverfahren:* Kosten-Risiko-Analyse, Kosten-Nutzen-Analyse, Nutzwertanalyse oder Kosten-Wirksamkeits-Analyse, [225]
- *Ergänzende Methoden*: ABC-Analyse oder Sensitivitätsanalyse. [226]

Im Optimalfall kann als Ergebnis der Untersuchungen mit dieser Herangehensweise ein konkretes Aufbereitungsverfahren als vorteilhaft für das Recycling von Carbonbeton herausgearbeitet werden. Der Lösungsvorschlag oder die Lösungsvorschläge zur Umsetzung der Recyclingfähigkeit von Carbonbeton sollen mit den systematisch angewandten Methoden nachvollziehbar und reproduzierbar erarbeitet werden. Grundlage

---

[224] Balzert et al. (2017) Wissenschaftliches Arbeiten, S. 282
[225] Schach et al. (2006) Transrapid und Rad-Schiene-Hochgeschwindigkeitsbahn, S. 380
[226] Hoffmeister (2008) Investitionsrechnung und Nutzwertanalyse, S. 189

für die Lösungsvorschläge sind Ergebnisdatensätze, die aus qualitativen Fallstudien in (Feld-)Experimenten gewonnen wurden. Die Experimente und Feldexperimente sind zuvor für jedes einzelne Separierungsverfahren zu konzipieren. Die eingesetzten Separationsverfahren werden mit den zugehörigen Ergebnisdatensätzen mit festgelegten Auswertungsmethoden beurteilt.

Führt die Untersuchung zur Widerlegung der Hypothese, dass ein geeignetes Verfahren zur Separation der Carbonbewehrung aus dem Abbruchmaterial existiert, kann in umgekehrter Herangehensweise vorgegangen werden. Auf den Ergebnissen beruhend ist herauszuarbeiten, auf welchen Wirkprinzipien ein optimales Aufbereitungsverfahren basieren muss, damit die Separation gelingen könnte. Daraus ergibt sich, in welcher Art bestehende Aufbereitungsverfahren adaptiert werden müssen, damit diese dennoch für das Recycling von Carbonbeton eingesetzt werden können. Die adaptierten Verfahren sind anschließend erneut zu untersuchen. Diese gegenläufige Herangehensweise wird als deduktiv oder auch als Top-Down-Prinzip bezeichnet. [227] Das abschließende Ergebnis der Untersuchungen zum Recycling von Carbonbeton ist die Bestätigung und die Negierung der oben aufgestellten Hypothese. Die Bestandteile der wissenschaftlichen Methodik sind in Abbildung 3.8 dargestellt:

---

[227] Balzert et al. (2017) Wissenschaftliches Arbeiten, S. 268

Situationsanalysen für Aufbereitungsverfahren in (Feld-) Laborexperimenten

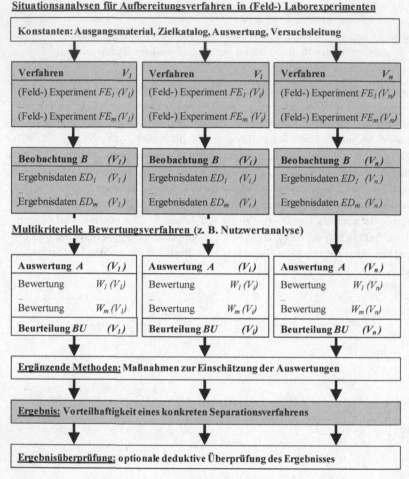

Abbildung 3.8: Wissenschaftliche Methodik zur Beurteilung der Aufbereitungsverfahren

3.7   Multikriterielle Bewertungsverfahren zur Beurteilung von Alternativen

Im Rahmen der Arbeit soll der Abbruch von Carbonbetonbauteilen und die Aufbereitung des Abbruchmaterials bis hin zur stofflichen Verwertung der Einzelfraktionen betrachtet werden. Die dafür zu untersuchenden Separationsverfahren werden in (Feld-
)Experimenten umgesetzt. Im Anschluss werden die Verfahren mit Bewertungsmetho-

den, welche eine Anzahl festgelegter Bewertungskriterien berücksichtigen, auf das Einsatzpotenzial für die Aufbereitung von Carbonbetonabbruchmaterial untersucht. Zur Gruppe der potenziell geeigneten Bewertungsverfahren zählen die Kosten-Nutzen-Analyse, die Kosten-Wirksamkeits-Analyse, die Kosten-Risiko-Analyse und die Nutzwertanalyse. Mit diesen Bewertungsverfahren können allgemeingültig Sachverhalte, wie Investitionen oder technische Verfahren, aus einer definierten Sicht, wie der Nutzen- oder Risikobetrachtung, beurteilt werden. Ziel eines solch multikriteriellen Bewertungsverfahrens ist stets, Verfahren oder Investitionen unter Berücksichtigung festgelegter Bewertungskriterien in eine Rangfolge der jeweiligen Vorteilhaftigkeit zu bringen. [228] Zur Festlegung einer geeigneten Bewertungsmethode wird das Ergebnis aus der Analyse zu Bewertungsverfahren für baubetriebliche Innovationen in *Hentschel (2013)* genutzt. In dieser Literaturquelle wurde die Nutzwertanalyse aus der Vielzahl multikriterieller Bewertungsverfahren als Vorzugsvariante für die Bewertung mehrerer alternativer Bauverfahren herausgestellt. [229]

3.7.1 Ablauf der Nutzwertanalyse

Das Ergebnis einer Nutzwertanalyse basiert im Wesentlichen auf der Beurteilung nicht monetärer Bewertungskriterien. [230] Der Fokus der Bewertung liegt dabei auf Nutzenkomponenten, was insbesondere auf die vorliegende Forschungsfrage zu einem geeigneten Separationsverfahren in der Recyclingprozesskette zutrifft. *Hentschel* stellt fest, dass die Nutzwertanalyse gut mit dem Charakter eines Bauverfahrens kombinierbar ist, indem insbesondere auch qualitative Datensätze einbezogen werden können. [231] Auch eignet sich die Nutzwertanalyse insbesondere dann, wenn unterschiedliche Daten der untersuchten Alternativen vorliegen (zum Beispiel das Fehlen vereinzelter Kennwerte, was bei der Forschungsfrage der Fall sein kann). [232]

Mit einer Nutzwertanalyse werden selten konkrete Zahlenkennwerte beurteilt, sondern vielmehr der zu erwartende Nutzen für den Anwender über nutzerspezifische, qualitative Zielgrößen ermittelt. Etwaige Kosten oder Erlöse werden dabei indirekt in die Betrachtung einbezogen. Im Ergebnis werden keine Aussagen über die absolute Vorteilhaftigkeit eines Separationsverfahrens getroffen. Vielmehr liefert das Ergebnis einen verfahrensspezifischen Nutzwert, der im Vergleich zu den Nutzwerten alternativer Verfahren eine Aussage über die Rangfolge der Separationsverfahren und somit die relative

---

[228] Hoffmeister (2008) Investitionsrechnung und Nutzwertanalyse, S. 277
[229] Hentschel (2013) Innovationsmanagement im Baubetrieb, S. 45
[230] Aberle (2009) Transportwirtschaft, S. 474
[231] Günther (2008) Ökologieorientiertes Management, S. 282
[232] Hentschel (2013) Innovationsmanagement im Baubetrieb, S. 39

Vorteilhaftigkeit des Verfahrens zulässt. Des Weiteren lassen sich Optimierungspotenziale in Teilbereichen der Verfahren (zum Beispiel bei den technischen Anforderungen eines Verfahrens oder der Qualität der Produkte) aufzeigen, indem ein Teilnutzen mit einem geringeren Bewertungswert nochmals gezielt betrachtet wird. Zu beachten ist allerdings, dass die Ergebnisse aus der Nutzwertanalyse hinsichtlich der Beurteilung und der Wichtung der Kriterien stark subjektiv geprägt sind, was zu einer Scheingenauigkeit führt. [233] Die Nutzwertanalyse ist daher mit ergänzenden Methoden, wie der Sensitivitätsanalyse, zu kombinieren, damit die Eingangsparameter auf ihren Einfluss untersucht und auf Werthaltigkeit überprüft werden. [234] Bezogen auf die Suche nach geeigneten Separationsverfahren für das Recycling von Carbonbeton ist der Ablauf zur Durchführung der Nutzwertanalyse wie folgt darzustellen:

Ablauf	Aufgabe
Schritt 1	Vorauswahl und Formulierung möglicher Separationsverfahren
Schritt 2	Festlegung der Bewertungskriterien
Schritt 3	Gewichtung der Bewertungskriterien
Schritt 4	Erstellung der Bewertungsmatrix
Schritt 5	Bewertung der Separationsverfahren
Schritt 6	Berechnung der Teil- und Gesamtnutzwerte
Schritt 7	Durchführung der Sensitivitätsanalyse
Schritt 8	Ergebnisdarstellung, Vergleich der Alternativen

Tabelle 3.1: Ablaufschritte zur Durchführung einer Nutzwertanalyse [235]

Der allgemeingültige Ablauf für eine Nutzwertanalyse nach Tabelle 3.1 ist in den Schritten 1 bis 8 auf die gegenständliche Untersuchung anzupassen. Die Anpassungen können den nachfolgenden Abschnitten 3.7.2 bis 3.7.9 entnommen werden. Die eigentlichen Bewertungen der einzelnen Versuche zur Separation der Carbonfasern sind in Abschnitt 5.7 mit den Ergebnissen dargestellt.

3.7.2　Schritt 1: Vorauswahl und Formulierung möglicher Separationsverfahren

Separationsverfahren beruhen im Allgemeinen auf der Ausnutzung unterschiedlicher physikalischer und chemischer Eigenschaften der Einzelfraktionen und decken eine große Bandbreite ab. Aus dieser Breite ergibt sich der umfangreiche Literaturbestand

---

[233] Zilker (2001) Automatisierung unscharfer Bewertungsverfahren, S. 79
[234] Zangemeister (2014) Nutzwertanalyse in der Systemtechnik, S. 297
[235] Götze (2014) Investitionsrechnung: Modelle und Analysen zur Beurteilung von Investitionsvorhaben, S. 193

zum Thema Aufbereitungstechnik. Die Erläuterungen zur Aufbereitungstechnik in den Fallstudien geben gleichfalls nur einen Auszug der vorhandenen Literatur wieder. Für weiterführende Ausführungen wird auf *Martens/Goldmann (2016)*, [236] *Bilitewski/Härdtle (2013)* [237], *Schubert (2003)* [238], *Schubert (2003)* [239] und *Schubert (1996)* [240] verwiesen.

Der Fakt, dass mit dem Haufwerk aus gebrochenem Carbonbeton eine weniger komplexe Zusammensetzung aus nur drei Stofffraktionen – Betonmatrix, Carbonbewehrung und ein geringer Anteil an Hilfsstoffen (Abstandshalter, Transportanker) – vorliegt, gestaltet sich für die anschließende Separierung vorteilhaft. [241] Die Auswahl zur Verfügung stehender Separationsverfahren ist in Tabelle 3.2 mit den zugrunde liegenden Wirkprinzipien genannt. Die kursiv hervorgehobenen Verfahren eignen sich aufgrund der Materialeigenschaften der Fraktionen grundsätzlich zur Separation der Carbonfasern aus dem Abbruchmaterial und werden in den Fallstudien untersucht.

Trennung nach:	Separationsverfahren
Größe und Geometrie	*Separation durch Siebklassierung*
	Separation durch Manuelle Klaubung (auch nach Farbe)
	Sensorgestützte, fotooptische Sortierung (auch nach Farbe)
Dichte	*Separation durch Querstromsichtung (auch nach Geometrie)*
	Separation durch Wirbelschichtsortierung (auch Geometrie)
	Schwimm-Sink-Sortierung (Dichte und Viskosität)
	Separation durch Setzherde
Oberflächenbenetzbarkeit	Separation durch Flotation (auch nach Dichte)
Ferromagnetismus	Separation mit Magnetabscheidern
Elastizität und Sprödigkeit	Ballistischer Separator
Materialzusammensetzung und elektrisches Feld	*Nahinfrarot-Sortierung (NIR-Sortierung)*
	Elektrostatische Sortierung

Tabelle 3.2: Auflistung verfügbarer Verfahren zur Separation der Carbonfasern

---

[236] Martens/Goldmann (2016) Recyclingtechnik
[237] Bilitewski/Härdtle (2013) Abfallwirtschaft: Handbuch für Praxis und Lehre
[238] Schubert (2003) Handbuch der mechanischen Verfahrenstechnik 1
[239] Schubert (2003) Handbuch der mechanischen Verfahrenstechnik 2
[240] Schubert (1996) Aufbereitung fester Stoffe - Band II: Sortierprozesse
[241] Der metallische Stoffstrom (Schraubanker, Einbauteile zum Fügen von Bauteilen und Bindedraht) als vierte Fraktion wird bereits in der mobilen Brecheranlage mit einem Magnetabscheider aussortiert und als Bauschrott separiert (siehe Abbruch und Zerkleinerung der Carbonbetonbauteile, Abschnitt 5.1).

Die nicht hervorgehobenen Verfahren stehen zur Verfügung, wurden jedoch im Zuge der Vorbetrachtungen zu den Fallstudien ausgeschlossen, da die Wirkprinzipien der Verfahren nicht mit den Materialeigenschaften der zu separierenden Fraktionen in Einklang zu bringen sind.

Das Separieren mit *Magnetabscheidern* funktioniert nur in dem Fall, dass Fraktionen mit ferromagnetischen Eigenschaften zu separieren sind. [242] Weder die Carbonbewehrung noch die Betonfraktion zeigen jedoch ferromagnetische Eigenschaften. In den gegenständlichen Praxisversuchen wird bei der Zerkleinerung der Carbonbetonbauteile und der damit verbundenen Materialaufbereitung dennoch ein Magnetabscheider zur Separation metallischer Störstoffe (beispielsweise in Form der eingebauten Transportanker oder des Rödeldrahts) verwendet. [243]

Das Separieren mittels *ballistischer Separatoren* wird nicht in einem Feldversuch umgesetzt, da das Funktionsprinzip mit dem Aufschlagen der Beton- und Bewehrungsfraktionen auf einer Prallplatte nachteilig für die qualitativ hochwertige stoffliche Verwertung der Stofffraktionen ist. Mit dem Aufprall auf der Prallplatte erhöht sich der unerwünschte Massenanteil an Feinst- und Feinkornanteilen in der Betonfraktion. Zudem entstehen durch den Aufprall an den spröden und querkraftempfindlichen Carbonbewehrungsfragmenten lokale Beschädigungen, die zu einer Schwächung der Carbonbewehrungsfragmente führen können.

Carbonfasern sind grundsätzlich elektrisch leitend, [244] sodass eine *elektrostatische Sortierung* in Betracht gezogen werden könnte. Die umschließende Schlichte und die im Textilherstellungsprozess aufgetragene Beschichtung aus Epoxidharz sind hingegen nichtleitend und wirken als Isolator. Daher können prinzipiell nur unbeschichtete Carbonfasern für eine Separation *elektrostatisch aufgeladen* werden, was bei der verwendeten Carbonbewehrung aber nicht der Fall ist. Zudem werden in einem elektrischen Feld die Feinst- und Feinkornfraktionen des Betons ebenfalls aufgeladen, was dazu führt, dass keine effektive Sortierung beider Fraktionen stattfindet.

Auf der Grundlage der erläuterten Materialeigenschaften und Vorüberlegungen konnten Separationsverfahren zur Untersuchung empfohlen oder ausgeschlossen werden. Zur Beurteilung der Vorteilhaftigkeit der Verfahren für die Separation der Carbonfasern werden die geeigneten Verfahren in Versuchen untersucht. Die Separationsverfahren werden mit grobkörnigem und feinkörnigem Abbruchmaterial aus Carbonbeton beauf-

---

[242] Schubert (1996) Aufbereitung fester Stoffe - Band II: Sortierprozesse, S. 129
[243] Siehe Abbruch und Zerkleinerung der Carbonbetonbauteile (Abschnitt 5.1), S. 94
[244] Arnold et al. (2014) Kapazitive Messtechnik zur RTM-Prozessüberwachung, S. 20

schlagt und alle Einzelbeobachtungen dabei dokumentiert. Die daraus abgeleiteten Ergebnisdatensätze werden mit der Nutzwertmethode bewertet und der Nutzwert als Ergebnis im Rahmen einer Sensitivitätsanalyse validiert. Im Ergebnis der Arbeit können unter Berücksichtigung einer individuellen Wichtung einzelner Bewertungskriterien Empfehlungen zur Wahl geeigneter Separationsverfahren ausgesprochen werden. Die zu untersuchenden Verfahren können der Tabelle 3.3 entnommen werden. Die Separationsverfahren selbst werden in den Abschnitten zu einzelnen (Feld-)Experimenten genauer erläutert.

Verfahrens-Nr.	Separations-/Sortierverfahren	Abschnitt
V_1	Separation durch Siebklassierung	5.4.2
V_2	Separation durch Querstromsichtung	5.4.3
V_3	Separation durch Wirbelschichtsortierung	5.4.4
V_4	Schwimm-Sink-Sortierung (Schwerlösung)	5.5.2
V_5	Schwimm-Sink-Sortierung (Viskose Flüssigkeit)	5.5.3
V_6	Separation durch Manuelle Klaubung	5.6.2
V_7	Nahinfrarot-Sortierung (NIR-Sortierung)	5.6.3
V_8	Kamerabasierte Sortierung	5.6.4

Tabelle 3.3: Vorauswahl der zu untersuchenden Separationsverfahren

Neben den mechanischen Verfahren existieren noch thermische und chemische Aufbereitungsverfahren. [245] Aufgrund der Materialeigenschaften der beiden Fraktionen Beton und Carbonfasern (hohe Schmelztemperaturen, Beständigkeit gegenüber Chemikalien) scheiden Verfahren, die auf Schmelz-, Löse-, Destillations- oder Kristallisationsprozessen basieren, aus oder sind nur unter hohen Energieaufwendungen umsetzbar und damit nicht ökologisch oder ökonomisch vertretbar.

3.7.3   Schritt 2: Festlegung der Bewertungskriterien

Die Separationsverfahren unterscheiden sich hinsichtlich der Wirksamkeit der Trennung, der Qualität der entstehenden Recyclingstoffe, zudem durch einen unterschiedlichen Maschinen- und Energieeinsatz sowie in den Auswirkungen auf den Menschen und die Umwelt. In der Nutzwertanalyse werden diese Sachverhalte aufgegriffen. Mit darauf abgestimmten Bewertungskriterien soll die Eignung der Separationsverfahren für den Recyclingprozess geprüft werden.

---

[245] Martens/Goldmann (2016) Recyclingtechnik, S. 69

Kriterien innerhalb eines Bewertungsverfahrens sind im Allgemeinen Merkmale, deren Ausprägung am Bewertungsobjekt zu ermitteln sind. [246] Kriterien, die für eine Bewertung herangezogen werden können, sind typischerweise in *monetäre* oder *nicht monetäre* Größen zu unterscheiden. [247] Monetäre Größen können zahlenmäßig in Geldwerten angegeben werden. Dazu zählen Kosten, Barwerte und Gewinne. Im Gegensatz dazu sind Bewertungskriterien, die nicht als Geldwerte angegeben werden können, als nicht monetäre Kriterien zu bezeichnen. Eine weitere Beurteilungssystematik differenziert zwischen *quantitativen und qualitativen* Bewertungskriterien. Eine quantitative Beurteilung basiert auf der Angabe eines Zahlenwertes, eine qualitative Bewertung wird verbal in Worten beschrieben. Die Verarbeitung von sowohl qualitativen und quantitativen als auch monetären und nicht monetären Kriterien in einem gemeinsamen Bewertungsverfahren bedarf der besonderen Betrachtung. Die unterschiedlichen Kriterien sind in ihrer Bewertbarkeit vergleichbar zu machen. [248]

Bewertungskriterien im Zuge einer üblichen Beurteilung von Bauverfahren sind vordergründig durch die Einhaltung von Kosten, Terminen und Qualität geprägt. [249]. Für die Bewertung der Separationsverfahren im Rahmen des Recyclings von Carbonbeton werden diese Kriterien adaptiert und durch weitere Einflusskomponenten ergänzt. Die vordergründige technische Zielsetzung für die Fallstudien ist eine möglichst hohe Ausbringquote der Carbonfasern. Einerseits ist die Carbonfaser (derzeit noch) ein kostenintensiver Werkstoff, für den die Gewinnung als Sekundärrohstoff wirtschaftlich sinnvoll sein kann. Andererseits ist die Carbonfaserausbringung für Betreiber einer Vorbehandlungsanlage in der vorliegenden Arbeit mit mindestens 85 % festgelegt.

Die zuvor in Abschnitt 3.2 genannten Ausführungen zu den rechtlichen Randbedingungen machen deutlich, dass das Recycling von Carbonbeton zwar gesetzlich gefordert ist, aber für das Ausbringen der Carbonfasern bisher noch keine konkreten Regelungen bestehen. Für die Bewertung des Prozesses sind Kriterien festzulegen, die zur Bewertung der Separationsversuche herangezogen werden. Dabei ist auch sicherzustellen, dass alle Bewertungskriterien unabhängig von den anderen Kriterien bewertet werden können und keine Kriterien ungewollt mehrfach erfasst werden. Daher kommt der scharfen Abgrenzung der Kriterien eine große Bedeutung zu. [250] Bei komplexen Bewertungssituationen kann es für eine optimale Bewertung und zum Erhalt der Übersichtlichkeit sinnvoll sein, die Bewertungskriterien in einer weiteren Ebene zu gliedern und mit entsprechen-

---

[246] Hoffmeister (2008) Investitionsrechnung und Nutzwertanalyse, S. 276
[247] Hoffmeister (2008) Investitionsrechnung und Nutzwertanalyse, S. 276
[248] Hoffmeister (2008) Investitionsrechnung und Nutzwertanalyse, S. 276
[249] Berner et al. (2013) Grundlagen der Baubetriebslehre 2, S. 141
[250] Götze (2014) Investitionsrechnung: Modelle und Analysen zur Beurteilung von Investitionsvorhaben, S. 201

den Unterkriterien aufzubauen. Je detaillierter die Bewertungskriterien mit Unterkriterien beschrieben sind, desto konkreter lässt sich der Nutzwert bestimmen. [251] Als Kriterien zur Bewertung der Aufbereitungs- und Verwertungsverfahren werden festgelegt:

Bewertungskriterium K_i		Gewichtung g_i
Carbonfaserausbringung K_1		**30 %**
Ausbringquote im (Feld-)Experiment (hoch bis gering)	50 %	
Potenzial zur Einhaltung 85%ige Ausbringquote (hoch bis gering)	50 %	
Technische Umsetzbarkeit K_2		**20 %**
Anforderung an das Aufgabematerial (gering bis hoch)	25 %	
Großtechnische Umsetzbarkeit (gut bis schwierig)	25 %	
Notwendigkeit nachfolgender Aufbereitungsprozesse (gering bis hoch)	25 %	
Anlagenverfügbarkeit/Umsetzbarkeit als mobile Anlage (hoch bis gering)	25 %	
Qualität der Sekundärrohstoffe K_3		**20 %**
Qualität der separierten Carbonfasern (hoch bis gering)	33 %	
Qualität des Betonrezyklats (hoch bis gering)	33 %	
Schadstoffanreicherung in den Sekundärrohstoffen (gering bis hoch)	34 %	
Wirtschaftlichkeit K_4		**20 %**
Einmalige Investitionskosten für die Anlage (gering bis hoch)	33 %	
Leistungsfähigkeit in Tonnen pro Stunde (hoch bis gering)	33 %	
Aufbereitungskosten 50 bis 1.000 Tonnen Abbruchmaterial(gering bis hoch)	34 %	
Arbeits-, Gesundheits- und Umweltschutz K_5		**10 %**
Aufwand für den Arbeits-/Gesundheitsschutz (gering bis hoch)	50 %	
Aufwand für den Umweltschutz (gering bis hoch)	50 %	

Tabelle 3.4: Festlegung der Bewertungskriterien mit Gewichtung

Die Erläuterungen zu den Gewichtungen finden sich in Abschnitt 3.7.4. In dieser Form werden alle Kriterien, bis auf die *Carbonfaserausbringung*, auch von anderen Institutionen als Zielsystem für die Bewertung von Abbruchkonzepten im Zusammenhang mit dem Recycling herangezogen. [252] Das Kriterium der Carbonfaserausbringung wird in der vorliegenden Nutzwertanalyse als *K.-o.-Kriterium* definiert. Für den Fall, dass ein

---

[251] Götze (2014) Investitionsrechnung: Modelle und Analysen zur Beurteilung von Investitionsvorhaben, S. 194
[252] Bracke/Klümpen (1999) Arbeitshilfe zur Entwicklung von Rückbaukonzepten im Zuge des Flächenrecyclings, Kapitel 4

Separationsverfahren im Rahmen der Untersuchung nicht ein Mindestmaß für die Carbonfaserausbringung erbringt, so wird der Gesamtnutzen des Verfahrens – unabhängig von der Bewertung anderer Kriterien – auf den Wert 0 gesetzt. Damit wird das Verfahren in der Rangfolge der geeigneten Verfahren auf den letzten Platz gesetzt.

In der Arbeit werden praxisnahe Verfahren, aber auch Separationsverfahren auf Demonstrationsniveau, für das Recycling von Carbonbeton untersucht, was die Angabe einer quantitativen Beurteilung erschwert. So fußt das Kriterium *Wirtschaftlichkeit* auf den Randbedingungen der Anlagengröße, der Anlagenauslastung, der Menge der Beaufschlagung und den Personal- und Betriebsaufwendungen. Praxisnahe und industriell etablierte Separationsverfahren in Großanlagen sind bereits wirtschaftlich optimiert. Separationsverfahren in Anlagen, die nicht zur Großserientechnik gehören, müssen hingegen erst noch weiterentwickelt werden. Bei der Beurteilung noch nicht optimierter Verfahren wird der Autor explizit darauf hinweisen, dass die Beurteilung auf dem Ist-Stand unter Berücksichtigung einer möglichen zukünftigen Weiterentwicklung basiert.

3.7.4   Schritt 3: Gewichtung der Bewertungskriterien

Die Bewertungskriterien sind in einem weiteren Schritt entsprechend ihrer Bedeutung für den Bewertungsprozess zu wichten. Die Gewichtungen sind bereits in Tabelle 3.4 mit den Werten g_1 bis g_5 angegeben. Die Gewichtungen können Werte zwischen 0 % und theoretisch 100 % annehmen, wobei die Summe aller Gewichtungen 100 % betragen sollte. Die Gewichtung der Kriterien stellt an dieser Stelle einen sensiblen Arbeitsschritt dar, da die Angabe eines konkreten Prozentwertes auf der subjektiven Beurteilung des Beurteilers beruht. Darüber hinaus besteht die Möglichkeit, mit Fachleuten und Entscheidungsträgern Expertenbefragungen zu führen und diese zur Reduktion der Subjektivität in die Gewichtung einfließen zu lassen. [253] Zur weiteren Überprüfung der Festlegungen und des Ergebnisses wird die erstellte Nutzwertanalyse im nachfolgenden Schritt in einer Sensitivitätsanalyse auf Werthaltigkeit überprüft.

Für die Nutzwertanalyse wurde die Gewichtung der Kriterien durch den Autor vorgenommen. Für die erste Beurteilungsebene werden die Kriterien in der Vorbetrachtung ebenfalls gleichrangig mit jeweils 20 % gewichtet. Die *Carbonfaserausbringung* als zentrale Fragestellung der vorliegenden Arbeit wird mit einer höheren Wichtung von 30 % in der Bedeutung hervorgehoben. Im Gegenzug wird der technologische Arbeits-,Gesundheits- und Umweltschutz mit der Wichtung 10 % belegt. In den Versuchen stehen daher die technische Leistungsfähigkeit und die technologische Umsetzbarkeit

---

[253] Diederichs (2005) Führungswissen für Bau- und Immobilienfachleute 1, S. 244

der untersuchten Separationsverfahren im Vordergrund. Grundlage ist der verfahrenstechnische Fokus der Arbeiten am Lehrstuhl für Bauverfahrenstechnik sowie die Ergebnisse der eigenen vorangegangenen Forschungsaktivitäten zum Recycling von Carbonbeton. Bei den Forschungsarbeiten hat sich die großtechnische und zielsichere Separation der Carbonfaserfraktion stets als größte Herausforderung dargestellt. Diese Festlegung soll die Notwendigkeit des Arbeits-, Gesundheits- und Umweltschutzes nicht herabstufen, was die parallelen Untersuchungen zum Gesundheitsschutz in Abschnitt 2.4 belegen sollen.

In der zweiten Beurteilungsebene der Unterkriterien wird bei der Gewichtung von einer gleichrangigen Bedeutung der Unterkriterien im jeweiligen Kriterium ausgegangen. Die Unterkriterien werden daher entsprechend ihrer Anzahl in den Kriterien (vier, drei oder zwei Unterkriterien) mit den Werten 25 %, 33 % oder 50 % gewichtet. Zur Verifizierung der Festlegungen werden die Gewichtungen in der Sensitivitätsanalyse in Abschnitt 5.7.8 in einem weiten Bereich variiert und auf die Werthaltigkeit überprüft.

3.7.5 Schritt 4: Erstellung der Bewertungsmatrix

Die Beurteilung der Separationsverfahren nach ihren Nutzwerten erfolgt anhand einer Bewertungsmatrix. Die Matrix (Tabelle 3.5) dient der zusammenfassenden Darstellung der Kriterien K_1 bis K_5, der Gewichtungen g_1 bis g_5 und der Bewertungen.

Kriterium	Gewichtung	Separationsverfahren V_n	
		Bewertung *)	Teilnutzwert
K_1 : Carbonfaserausbringung	$g_1 = 30\,\%$	w_{1n}	$g_1 \cdot w_{1n}$
K_2 : Technische Umsetzbarkeit	$g_2 = 20\,\%$	w_{2n}	$g_2 \cdot w_{2n}$
K_3 : Qualität der Sekundärrohstoffe	$g_3 = 20\,\%$	w_{3n}	$g_3 \cdot w_{3n}$
K_4 : Wirtschaftlichkeit	$g_4 = 20\,\%$	w_{4n}	$g_4 \cdot w_{4n}$
K_5 : Arbeits-, Gesundheits- und Umweltschutz	$g_5 = 10\,\%$	w_{5n}	$g_5 \cdot w_{5n}$
Summe und Gesamtnutzwert	100 %	$\sum_{i=1}^{5} w_{in}$	$\sum_{i=1}^{5} (g_i \cdot w_{in})$

*).... Die Punktwerte 1 bis 5 können vergeben werden.

Der Punktwert 1 entspricht: geringe Erfüllung des Zielkriteriums.

Der Punktwert 5 entspricht: hohe Erfüllung des Zielkriteriums.

Tabelle 3.5: Bewertungsmatrix zur Beurteilung der Separationsverfahren

3.7.6   Schritt 5: Bewertung der Separationsverfahren

In diesem Schritt ist jedes Verfahren V_1 bis V_8 in den Kriterien K_1 bis K_5 mit der Angabe der Bewertungen w_{11} bis w_{58} zu beurteilen. Jede Bewertung drückt den Grad der Zielerreichung im jeweiligen Kriterium aus, wobei zuvor eine Skalierung der Bewertung stattfinden muss. [254] In der Literatur werden dafür Nominalskalen, Ordinalskalen und Kardinalskalen als Varianten genannt. [255, 256] Für die Skalierung in einer Nutzwertanalyse besteht die Vorgabe, dass die Bewertung in einer einheitlichen Skala erfolgen muss, die für die gesamte Analyse gilt. Üblicherweise werden Skalen im Wertebereich 1 bis 5, 1 bis 10 oder auch 1 bis 100 Punkte verwendet. [257] Für die Beurteilung der Separationsverfahren erfolgt die Bewertung anhand von Punktwerten im Bereich von 1 bis 5, die den Erfüllungsgrad des Zielkriteriums wiedergeben. Demzufolge gibt der Punktwert *5* wieder, dass das Zielkriterium im vollen Umfang erfüllt ist. Demgegenüber verdeutlicht der Punktwert *1*, dass das Kriterium nicht erfüllt ist (siehe Tabelle 3.5).

Die Beurteilung der einzelnen Kriterien mit der Angabe der Punktwerte 1 bis 5 beruht auf der Durchführung belastbarer Experimente, sodass die faktenbasierte und objektive Bewertung gegeben ist. Weitere Grundlagen der Bewertungen sind Gespräche mit Experten der Recyclingindustrie [258, 259] und die vorangegangenen Forschungsaktivitäten zum Recycling von Carbonbeton. [260, 261] Des Weiteren sind die Anforderungen an die Qualität der Sekundärrohstoffe Carbonfasern und Betonrezyklat aus dem wissenschaftlichen Diskurs zahlreicher Fachveranstaltungen, an denen der Autor teilgenommen hat, abgeleitet. Zur Verifizierung werden die Bewertungen in einer Sensitivitätsanalyse auf Werthaltigkeit überprüft.

3.7.7   Schritt 6: Berechnung der Teil- und Gesamtnutzwerte

Im sechsten Schritt wird der Teilnutzwert eines Verfahrens durch die Multiplikation des Bewertungswertes mit der Gewichtung ermittelt. Die Summe der einzelnen Teilnutzwerte bildet den Gesamtnutzwert einer Alternative ab. Mit Hilfe der Gesamtnutzwerte

---

[254] Schach et al. (2006) Transrapid und Rad-Schiene-Hochgeschwindigkeitsbahn, S. 344
[255] Töpfer (2007) Betriebswirtschaftslehre, S. 805 f.
[256] Rinne (2008) Taschenbuch der Statistik, S. 5
[257] Hanusch (2011) Nutzen-Kosten-Analyse, S. 176
[258] TOMRA Sorting GmbH, Otto-Hahn-Straße 6, 56218 Mühlheim-Kärlich, Ansprechpartner: Herr Oliver Lambertz
[259] Nordmineral Recycling GmbH & Co. KG, Hammerweg 35, 01127 Dresden, Ansprechpartner: Herr Knut Seifert
[260] Bienkowski et al. (2017) Bearbeitung von Carbonbeton - eine bauverfahrenstechnische und medizinische Betrachtung
[261] Kortmann et al. (2018) Recycling von Carbonbeton - Aufbereitung im großtechnischen Maßstab gelungen!

kann eine Rangfolge aufsteigend hin zum Separationsverfahren mit dem größten Nutzen aufgestellt werden. [262]

3.7.8 Schritt 7: Durchführung der Sensitivitätsanalyse

Jede Entscheidung und somit auch die Bewertung in einer Nutzwertanalyse ist durch subjektive Einflüsse mit einer Unsicherheit verbunden. Für die Überprüfung der Unsicherheiten sind verschiedene Verfahren geeignet, zu denen insbesondere das Korrekturverfahren, die Risikoanalyse und die Sensitivitätsanalyse gehören. [263] Zur Ergebnisüberprüfung einer Nutzwertanalyse wird in der Literatur die Durchführung einer Sensitivitätsanalyse empfohlen, da diese insbesondere die Eingangsparameter (im vorliegenden Fall die Gewichtungen) untersucht und das Ergebnis auf Werthaltigkeit überprüft. [264] Mit der Sensitivitätsbetrachtung kann die Empfindlichkeit der Ergebnisgrößen auf Veränderung der Eingangsgrößen analysiert werden. Der Anwender erhält eine Information darüber, inwieweit Unsicherheiten im Ergebnis des Gesamtnutzwertes bestehen. [265] Die Anwendung der Sensitivitätsanalyse führt damit nicht zur Lösung, wie mit den Unsicherheiten aus der Subjektivität umzugehen ist. Es wird jedoch eine Hilfestellung zur Interpretation der Ergebnisse gegeben. [266] Weist eine Ergebnisgröße schon bei geringfügiger Veränderung der Eingangsgrößen eine deutliche Abweichung vom Ursprungwert auf, so wird von einer hohen Sensitivität gesprochen. Führt eine große Veränderung der Eingangsgröße im Gegensatz dazu nur zu geringen Auswirkungen der Ergebnisgröße, so ist die Sensitivität gering. [267] Aus der Sensitivitätsanalyse lässt sich der Rückschluss auf den Umgang mit den Eingangskriterien ziehen, indem Eingangsgrößen mit einer hohen Sensitivität herausgestellt werden.

In der konkreten Nutzwertanalyse zu den Separationsverfahren stellen die Festlegungen der Gewichtungen sowie die Beurteilungen der Beobachtungen aus den Versuchen einen sensiblen Schritt in der Nutzwertanalyse dar. Insbesondere die Festlegungen zur Gewichtung der Kriterien beruht auf subjektiven Eindrücken und ist mit einer Unsicher-

---

[262] Schach et al. (2006) Transrapid und Rad-Schiene-Hochgeschwindigkeitsbahn, S. 344
[263] Schmuck (2016) Wirtschaftliche Umsetzbarkeit saisonaler Wärmespeicher, S. 97
[264] Zangemeister (2014) Nutzwertanalyse in der Systemtechnik, S. 297
[265] Hoffmeister (2008) Investitionsrechnung und Nutzwertanalyse, S. 189
[266] Götze (2014) Investitionsrechnung: Modelle und Analysen zur Beurteilung von Investitionsvorhaben, S. 388
[267] Götze (2014) Investitionsrechnung: Modelle und Analysen zur Beurteilung von Investitionsvorhaben, S. 388

heit verbunden. Mit der Sensitivitätsbetrachtung soll daher die Empfindlichkeit der Ergebnisgröße *Gesamtnutzwert* [268] auf die Veränderung der Eingangsgrößen *Gewichtung* g_i einzelner Kriterien analysiert werden.

Der eindimensionale Zusammenhang zwischen der Gewichtung eines Kriteriums, der Bewertung und dem Gesamtnutzwert des Verfahrens ist offensichtlich und trivial. Dem gegenüber sind die Kombinationen von unterschiedlichen Gewichtungen mehrdimensional und somit die Rangfolge der Verfahren nicht offensichtlich. In der Sensitivitätsanalyse werden dafür die Gewichtungen g_i variiert und mit unteren und oberen Grenzwerten belegt. Die Gewichtungsgrößen werden mit den absoluten Prozentaufschlägen und Abschlägen von maximal - 20 % bis maximal + 20 % beaufschlagt und die Gesamtnutzwerte der Separationsverfahren zwischen diesen beiden Grenzen berechnet. Die Varianz der Eingangsparameter Gewichtungen kann Tabelle 3.6 entnommen werden.

Kriterium	Ausgangs-gewichtung	Spektrum der Gewichtungen		
		untere Grenze (absoluter Abschlag – 20 %)	obere Grenze (absoluter Aufschlag + 20 %)	relative Varianz (bezogen auf Ausgangsgewichtung)
K_1 : Carbonfaserausbringung	$g_1 = 30\%$	+ 10 %	+ 50 %	± 67 %
K_2 : Technische Umsetzbarkeit	$g_2 = 20\%$	0 %	+ 40 %	± 100 %
K_3 : Qualität der Sekundärrohstoffe	$g_3 = 20\%$	0 %	+ 40 %	± 100 %
K_4 : Wirtschaftlichkeit	$g_4 = 20\%$	0 %	+ 40 %	± 100 %
K_5 : Arbeits-, Gesundheits- und Umweltschutz	$g_5 = 10\%$	0 % [269]	+ 30 %	– 100 % + 200 %

Tabelle 3.6: Varianz der Gewichtungswerte im Rahmen der Sensitivitätsanalyse

Mit der Varianz des Gewichtungswertes eines Kriteriums ergibt sich die Gesamtgewichtung mit ungleich 100 %. Die negative und positive Differenz wird gleichverteilt auf die jeweils anderen Gewichtungen umgelegt. Die Zielstellung in der Sensitivitätsanalyse besteht darin, den Einfluss von Veränderungen in den Gewichtungswerten auf die Rangfolge der vorteilhaften Separationsverfahren zu untersuchen. Die Auswertung kann in

---

[268] Der Teilnutzwert als Zwischengröße wird nicht in die Sensitivitätsanalyse einbezogen. Die Veränderung der Eingangsgrößen Gewichtung steht im linearen Zusammenhang mit der Bewertung und dem Teilnutzwert und wird daher nicht explizit untersucht.

[269] Der Ausgangswert für die Gewichtung des Arbeits-, Gesundheits- und Umweltschutzes liegt bei 10 %. Ein Abschlag von absolut – 20 % würde einen negativen Wert ergeben, sodass die untere Grenze mit 0 % angeben wird.

Tabellenform und in einem kartesischen Koordinatensystem erfolgen.[270] Das Ergebnis der Sensitivitätsanalyse ist in tabellarischer Form dem Abschnitt 5.7.8 zu entnehmen.

3.7.9 Schritt 8: Ergebnisdarstellung, Vergleich der Alternativen

Die Versuche in Kapitel 5 haben das Ziel, geeignete Verfahren zur Separation der Fraktion im Rahmen des Recyclingprozesses für carbonbewehrten Beton zu eruieren und in Versuchen zu validieren. Mit den Verfahren soll der Lückenschluss zwischen dem Abbruchprozess und der anschließenden stofflichen Verwertung des Materials realisiert werden. Dafür werden die Versuche zum Recycling von Carbonbeton und die Randbedingungen zur Produktion des Versuchsobjektes (Festlegung Bewehrung, Beton und Baukonstruktion) sowie der Totalabbruch des Versuchsobjektes mit der Herstellung des Abbruchmaterials 0/56er und 0/10er beschrieben.

Die zu untersuchenden Separationsverfahren wurden mit den Wirkprinzipien benannt. Eine geeignete Bewertungsmethode ist in Form der Nutzwertanalyse erläutert. Mit diesen Vorarbeiten sind die Grundlagen zur Durchführung der Versuche in Kapitel 5 und der Bewertung der Separationsverfahren zum Recycling von Carbonbeton gelegt. Im Rahmen der Ergebnisdarstellung in Abschnitt 5.8 wird ein optimaler Aufbereitungsprozess für das Recycling von Carbonbeton konzipiert. In diesem Szenario mit der Schwerpunktsetzung auf die Prozessqualität[271] und die großtechnische sowie wirtschaftliche Umsetzbarkeit[272] wird die Prozesskette zum Recycling von Carbonbeton mit dem Separationsverfahren, welches mit dem größten Gesamtnutzwert beurteilt wurde, beschrieben.

---

[270] Götze (2014) Investitionsrechnung: Modelle und Analysen zur Beurteilung von Investitionsvorhaben, S. 392
[271] Ein Separationsverfahren mit einer überdurchschnittlichen Prozessqualität soll eine hohe *Carbonfaserausbringung* bei gleichzeitig hoher *Qualität der Sekundärrohstoffe* aufweisen.
[272] Ein Separationsverfahren, was sich bereits kurzfristig technologisch umsetzen lässt, ist durch eine überdurchschnittliche *Wirtschaftlichkeit* sowie sehr gute *technische Umsetzbarkeit* gekennzeichnet.

Mit den Ausführungen in den nachfolgenden Abschnitten soll die Bandbreite zur Verfügung stehender Materialien für Textilbetonbauteile aufgezeigt werden. Dazu gehören die textile Bewehrung und die umschließende Betonmatrix. Im Zuge der Darstellung werden potenzielle Einflüsse der Materialkomponenten auf die geplanten Versuche zur Recyclingfähigkeit diskutiert. Für die Recyclingversuche soll sich auf die leistungsfähigste Materialkombination mit dem größten Einsatzpotenzial für die Textilbetonbauweise beschränkt werden. Aus der beschriebenen Bandbreite zu den Baustoffen werden das textile Bewehrungsmaterial und die Betonmatrix ausgewählt und die Ausbildung repräsentativer Carbonbetonbauteile herausgearbeitet. Anhand bisher umgesetzter Textilbetonbauanwendungen sollen charakteristische Bauteile festgelegt und bemessen werden. Die Bauteile werden in den Versuchen gebrochen und das entstehende Abbruchmaterial auf seine Recyclingfähigkeit untersuchet.

Textilbetone und konventionelle Stahlbetone sind Verbundwerkstoffe und im generellen Aufbau vergleichbar mit glasfaserverstärkten oder carbonfaserverstärkten Kunststoffen, die als Werkstoffe in vielen anderen Industriebereichen in großen Mengen eingesetzt werden. [273] Die jeweiligen Verstärkungs-(Bewehrungs-)Materialien Stahl, Glasfasern, Carbonfasern übernehmen im Stahlbetonbau, im Textilbetonbau und im Faserverbundwerkstoffbau die Ableitung auftretender Zugkräfte. Das Matrixmaterial Beton leitet im Stahl- oder Textilbetonbau Druckkräfte ab und ist in dieser Funktion vergleichbar mit der Kunststoffmatrix Epoxidharz, Polyesterharz, Polypropylen im Faserverbundwerkstoffbau. Für eine planmäßige Lastabtragung gelten im Verbundwerkstoffbau folgende Anforderungen an das Bewehrungsmaterial [274] und die umgebende Matrix: [275]

- Das Verstärkungsmaterial nimmt, mindestens in Längsrichtung, den größten Teil der eingeleiteten Last auf. Daher muss gelten: Elastizitätsmodul$_{Faser}$ > Elastizitätsmodul$_{Matrix}$.
- Die Zugfestigkeit des Verstärkungsmaterials muss über der Zugfestigkeit des Matrixmaterials liegen. Daher muss gelten: Zugfestigkeit$_{Faser}$ > Zugfestigkeit$_{Matrix}$.

---

[273] Faser-Kunststoff-Verbunde oder Faserverbundwerkstoffe sind im Maschinenwesen und der Textiltechnik häufig eingesetzte Verbundwerkstoffe zur Herstellung verschiedenster Bauteile. Faserverbundwerkstoffe bestehen aus zugfesten Fasern, die von einem druckfesten oder schützenden Material (Matrix) umschlossen sind.

[274] In dieser Arbeit wird vorzugsweise die im Bauwesen gebräuchliche Begrifflichkeit *Bewehrung* gleichbedeutend mit der im Verbundwerkstoffbau gängigen Bezeichnung *Verstärkungsmaterial* verwendet.

[275] Schürmann (2007) Konstruieren mit Faser-Kunststoff-Verbunden, S. 93

© Der/die Herausgeber bzw. der/die Autor(en), exklusiv lizenziert durch
Springer Fachmedien Wiesbaden GmbH, ein Teil von Springer Nature 2020
J. Kortmann, *Verfahrenstechnische Untersuchungen zur Recyclingfähigkeit von Carbonbeton*, Baubetriebswesen und Bauverfahrenstechnik,
https://doi.org/10.1007/978-3-658-30125-5_4

- Damit das Bewehrungsmaterial die Zugkräfte aufnehmen kann, darf das Matrixmaterial nicht vorher versagen. Es muss gelten: Bruchdehnung$_{Matrix}$ > Bruch-
dehnung$_{Faser}$.

Vergleichbar sind bei der Textilbetonbauweise und der Faserverbundbauweise im Maschinenwesen auch einzelne Prozessschritte in der Herstellung. Glas- oder carbonfaser-
verstärkte Kunststoffe werden häufig in einer Schalung – einem tooling [276] – hergestellt,
vergleichbar mit der Herstellung von Betonbauteilen. Ergebnis bei der Herstellung ist
jeweils eine geschalte „glatte" Seite und eine ungeschalte „raue" Seite. [277] Ebenso verhält es sich beim einhäuptigen Schalen von Textil- und Stahlbetonbauteilen. Für den
Aushärtungsprozess werden die biegeschlaffen Bewehrungsmaterialien Stahl, Glasfasern, Carbonfasern in eine vordefinierte Bauteilgeometrie gebracht, wo sie in Verbindung mit der Beton- oder der Kunststoffmatrix aushärten. Generell gilt, dass ein Verbundwerkstoff erst durch die Kombination von Matrixmaterial (Kunststoff oder Beton)
und dem Bewehrungsmaterial (Betonstahl, Carbonfaser oder Glasfaser) und der anschließenden Aushärtung der Matrix tragfähig wird. [278]

4.1   Spezifika der Carbonbewehrung

Faserverbundwerkstoffe mit faserförmigen Verstärkungsmaterialien sind keine Produktentwicklung der heutigen Zeit, sondern seit Jahrmillionen wichtiger Teil der Tier-
und Pflanzenwelt. Natürliche Faserverbundstrukturen finden sich beispielweise bei
Menschen und Tieren in der Muskulatur und im Knochenbau. Auch das älteste Kon-
struktionsmaterial der Menschheit – Holz – ist ein Werkstoff mit faserförmigen Verstärkungsfasern. Die hochfesten Cellulosefasern im Holz sind in eine Matrix aus Lignin
eingebettet und erreichen damit ein Konstruktionsziel: geringe Dichte bei gleichzeitig
hoher Festigkeit. Das Prinzip, Zugkräfte durch zugfeste Fasern aufzunehmen, hat sich
in der Industrie als erfolgreiches Leichtbauprinzip durchgesetzt. [279]

4.1.1   Carbonbewehrungen aus Carbonfasern

Im Anschluss an die Carbonfaserherstellung (siehe Abschnitt 2.3.4) werden die Carbonrovings in der Textilproduktion zu gitterförmigen Gelegen oder Carbonfaserstäben weiterverarbeitet. In einem abschließenden Prozessschritt werden die Carbongelege und

---

[276] deutsch: Werkzeuge zur Formgebung und Aushärtung von flächigen Faserhalbzeugen
[277] Das betrifft insbesondere die Herstellung durch das Laminierverfahren (schichtweiser Auftrag von
    Matrix und Fasermaterial).
[278] Lengsfeld et al. (2015) Faserverbundwerkstoffe: Prepregs und ihre Verarbeitung, S. 150
[279] Schürmann (2007) Konstruieren mit Faser-Kunststoff-Verbunden, S. 1

Carbonstäbe in der Textilherstellung mit einer Kunststoffmatrix beschichtet. Diese Kunststoffmatrix übernimmt an der Carbonbewehrung die Aufgabe der umschließenden Komponente und die Einbindung aller einzelnen Textilfasern. [280] Eine vollständige Beschichtung der Carbonfilamente stellt eine wichtige Grundlage dafür dar, dass alle Einzelfasern im Garn für den Lastabtrag als Gitter oder Stab aktiviert werden. [281] Durch die Beschichtung der Gelege mit der Kunststoffmatrix kommt es zudem zu einer Erhöhung der mechanischen Widerstandsfähigkeit und zur Verbesserung der Verarbeitbarkeit der Textilien. Als Beschichtungsmaterialien werden in der Textiltechnik überwiegend Polymere in Form von Elastomeren, Thermoplasten und Duroplasten verwendet. [282] In Abhängigkeit der Anforderungen an die Bewehrung, wie zum Beispiel Flexibilität oder Steifigkeit, kann durch Auswahl der Matrixmaterialien und der Anzahl der Carbonfasern im Roving ein direkter Einfluss auf die Bewehrungseigenschaften und die Kosten genommen werden.

Mit der Einbettung der Carbonfaser in eine Kunststoffmatrix entsteht der Faserverbundwerkstoff *Carbon* oder korrekt als *kohlenstofffaserstärkter Kunststoff (KFK)* oder *carbonfaserverstärkter Kunststoff (CFK)* [283] bezeichnet. [284] Im Bauwesen wird diese Bezeichnung jedoch nicht verwendet, da die Carbonfasern zwar mit einer Kunststoffmatrix beschichtet werden, jedoch das eigentlich druckableitende Matrixmaterial die Betonmatrix des Carbonbetonbauteils darstellt.

4.1.2 Herstellungsprozess für Carbonbewehrungen

Für den Einsatz von Carbonfaserrovings als Bewehrungsstruktur im Beton ist der Einsatz als flächiges, gitterförmiges Gelege oder als Carbonfaserstäbe technologisch und wirtschaftlich sinnvoll. [285] Diese Vorfertigungsgrade sind vergleichbar mit konventionellen Betonstabstählen und Betonstahlmatten. [286] Textilgelege bestehen aus mindestens zwei Textillagen, die in unterschiedlicher Orientierung zueinander verlaufen (Abbildung 4.1 und Abbildung 4.2). [287] Innerhalb der Textilmaschine (zum Beispiel innerhalb einer Multiaxial-Kettenwirkmaschine) können die Fadenorientierungen in einem

---

[280] Cherif (2011) Textile Werkstoffe für den Leichtbau, S. 41, 110
[281] Henning/Moeller (2011) Handbuch Leichtbau, S. 341
[282] Lässig et al. (2012) Serienproduktion von hochfesten Faserverbundbauteilen: Perspektiven für den deutschen Maschinen- und Anlagenbau, S. 7
[283] In den nachfolgenden Ausführungen wird die Bezeichnung *Carbonfaserverstärkter Kunststoff (CFK)* verwendet.
[284] Lengsfeld et al. (2015) Faserverbundwerkstoffe: Prepregs und ihre Verarbeitung, S. 8
[285] Lässig et al. (2012) Serienproduktion von hochfesten Faserverbundbauteilen: Perspektiven für den deutschen Maschinen- und Anlagenbau, S. 10
[286] Rußwurm/Fabritius (2002) Bewehren von Stahlbetontragwerken: Arbeitsblätter, S. 15
[287] Younes et al. (2015) Innovative textile Bewehrungen für hochbelastbare Betonbauteile, S. 17

Bereich zwischen 0° und 90° eingestellt werden. Bei einem Standardgelege, welches aus zwei orthogonalen (biaxialen) Fadenlagen besteht, verläuft die erste Lage in der 0°-Richtung (Kettrichtung) und die zweite Lage in 90°-Richtung (Schussrichtung), wodurch die gewünschten gitterförmigen Bewehrungsstrukturen entstehen. Die Fäden werden lagefest als Gitter mit Hilfe von Wirkfäden aus Aramid, Glas oder Carbon fixiert und den nächsten Prozessschritten zugeführt. [288] Maßgabe für die Lastabtragung ist, dass die einzelnen Stränge der Bewehrung gestreckt und belastungsorientiert angeordnet sind.

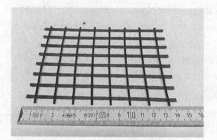

Abbildung 4.1: Carbongelege mit flexibler Matrix für die Anwendungsfälle Verstärkung, Produkt: TUDALIT BZT2 V.FRAAS

Abbildung 4.2: Carbongelege mit steifer Matrix für den Anwendungsfall Neubau, Produkt: solidian GRID Q142/142-CCE-38

Zu diesen komplexen Prozessschritten der Textilfaserherstellung und Verarbeitung existieren eigenständige Wissenschaftszweige, die unter anderem am Institut für Textilmaschinen und Textile Hochleistungswerkstofftechnik (ITM) der TU Dresden erforscht werden. Die Prozessschritte, die im Textilherstellungsprozess für Carbonbewehrungen notwendig sind, können der einschlägigen Literatur, wie *Cherif (2011),* [289] *Offermann (2004),* [290] *Gries (2019)* [291] und *Schürmann (2007)* [292] entnommen werden.

4.1.3 Kunststoffmatrices zur Beschichtung der Carbonbewehrungen

Die Kombinationsmöglichkeiten zwischen Carbonfasern und Matrixwerkstoffen sind vielfältig und bieten eine große Bandbreite in der Verwendung der Bewehrungsstrukturen. So verlangen Anwendungen in „gekrümmten Bauteilen" oder im Rahmen von „Verstärkungsmaßnahmen" biegsame Gelege. Die Bewehrungsgelege können daher

---

[288] Younes et al. (2015) Innovative textile Bewehrungen für hochbelastbare Betonbauteile, S. 18
[289] Cherif (2011) Textile Werkstoffe für den Leichtbau
[290] Offermann et al. (2004) Technische Textilien zur Bewehrung von Betonbauteilen
[291] Gries et al. (2019) Textile Fertigungsverfahren: Eine Einführung
[292] Schürmann (2007) Konstruieren mit Faser-Kunststoff-Verbunden

nicht mit einem steifen Matrixmaterial beschichtet werden. In diesem Fall kommen flexible Beschichtungen zum Einsatz. Steife Kunststoffmatrices eignen sich hingegen besonders zur Herstellung großformatiger Bewehrungsgelege, gerader Stäbe oder mehrfach abgewinkelter, räumlicher Bewehrungskörbe. Die Auswahl geeigneter Ausgangsmaterialien ist daher stark von den gewünschten Bewehrungsprodukten und dem Einsatz in den jeweiligen Carbonbetonbauteilen abhängig.

Die Kunststoffmatrix dient insbesondere der Sicherstellung der Struktur und der Geometrie des Geleges oder des Stabes im gesamten Bauprozess – beginnend mit der Anlieferung der Bewehrung über das eigentliche Bewehren bis hin zur Betonage. Wie bereits beschrieben, sind die Robustheiten und die Verschiebefestigkeit der Textilstränge sowie der innere Verbund zwischen den Filamenten im Roving von essentieller Bedeutung für die Lastaufnahme der Carbonbewehrung. [293] Eine wichtige Zielsetzung bei der Herstellung von Carbonbewehrung mit der umfüllenden Kunststoffmatrix ist die Realisierung eines leistungsfähigen Verbundes zwischen der beschichteten Carbonbewehrung und der späteren Betonmatrix. [294]

Die zahlreichen Untersuchungen in *Dilger (2003)*, [295] *Dilthey (2007)*, [296] *Jesse (2004)* [297] und *Mäder (2003)* [298] konnten zudem aufzeigen, dass der verbesserte innere Verbund zur Traglaststeigerung des Gesamtbauteils führt. Neben der Begrifflichkeit *Beschichtung* für die dünne Polymerschicht am Ende des Textilherstellungsprozesses sind auch die Bezeichnungen *Sekundärbeschichtung* oder *Imprägnierung* in der Literatur zu finden. [299] Für das Bauwesen werden üblicherweise Epoxidharzbeschichtungen (Duromere) oder Beschichtungen aus Styrol-Butadien-Kautschuk (Elastomere) eingesetzt.

Duromere erhalten ihre Festigkeit bei der irreversiblen chemischen Reaktion verschiedener Reaktionsharze. Diese Harze werden auch als Prepolymere bezeichnet und verketten sich unter Zugabe geeigneter Härter sowie durch direkten oder indirekten Energieeintrag. [300] Zu den am häufigsten verwendeten Duromeren zählen die Epoxidharze (EP), die Phenolharze sowie die ungesättigten Polyester- und Vinylesterharze. [301] Im Ergebnis führen die Verkettungsreaktionen zu einem engmaschigen Netzwerk, welches

[293] Jesse/Curbach (2010) Verstärken mit Textilbeton, S. 484
[294] Schürmann (2007) Konstruieren mit Faser-Kunststoff-Verbunden, S. 56
[295] Dilger et al. (2003) Einsatz einer polymeren Phase zur Verbundverbesserung, S. 133 ff.
[296] Dilthey et al. (2007) Textilbeton mit polymergetränkter Bewehrung, S. 92 ff.
[297] Jesse (2004) Tragverhalten von Filamentgarnen in zementgebundener Matrix
[298] Mäder et al. (2003) Coatings for Fibre and Interphase Modifications in a Cementitious Matrix, S. 121 ff.
[299] Jesse/Curbach (2010) Verstärken mit Textilbeton, S. 484
[300] Jäger/Hauke (2010) Carbonfasern und ihre Verbundwerkstoffe, S. 28
[301] Jäger/Hauke (2010) Carbonfasern und ihre Verbundwerkstoffe, S. 31

dazu beiträgt, dass die Matrix eine Hochtemperaturverträglichkeit > 120 °C und eine hohe Wärmeformbeständigkeit besitzt. [302] Des Weiteren zeigen Beschichtungsmatrices aus Duromeren eine geringe Kriechneigung, eine gute Chemikalienbeständigkeit und sehr hohe mechanische Festigkeiten bei einfacher Verarbeitbarkeit. [303] Duromermatrices stellen ein hervorragendes Beschichtungsmaterial für Carbonbewehrungen im Beton dar. Der Nachteil bei Duromeren liegt in den höheren Materialkosten und in der hohen Energieaufwendung für die Aufbereitung der EP-getränkten Carbonfasern im Recyclingprozess. [304] Zudem können Carbonbewehrungen mit einer Duromermatrix im Anschluss an die Beschichtung nicht mehr verformt werden, wie es bei Betonstählen praxisüblich ist.

Die Anforderungen, die sich aus den gegensätzlichen Anwendungsbereichen ergeben, können nicht allein mit einer Beschichtung aus Duromerbasis erfüllt werden, sodass sich neben der steifen Duromermatrix auch wässrige Beschichtungen etabliert haben. Im Rahmen des Sonderforschungsbereiches SFB 528 und im C³-Basisprojekt B1 „Beschichtungen und Bewehrungsstrukturen für den Carbonbetonbau" [305] wurden auch Beschichtungsmittel auf Basis von Polydispersionen eingesetzt, die auf dem Carbonroving einen beständigen Film bilden. [306] Als vorteilhafte Matrix für Carbonbewehrungen ist hier die flexible Styrol-Butadien-Kautschuk-Beschichtung (SBR-Beschichtung) zu nennen, die zugleich als Festlegung in der Allgemein bauaufsichtlichen Zulassung zum *Verstärken mit Textilbeton* aufgeführt ist. [307] Eigenschaften und Zusammensetzung der SBR-Beschichtung des Herstellers Lefatex GmbH und CHT Germany GmbH sind im Deutschen Institut für Bautechnik hinterlegt. [308] Als Eigenschaften von SBR-Beschichtungen gelten die gute Flexibilität im Temperaturbereich von circa - 40 °C bis + 80 °C sowie die Beständigkeit gegenüber Säuren und Laugen. Gegenüber Chlorkohlenwasserstoffen, wie beispielsweise Mineralölen oder Fetten, findet allerdings ein starkes Quellen auf der Oberfläche statt. [309] Als Maßnahme sollten daher Carbongelege nicht mit fettigen/öligen Handschuhen oder Händen berührt werden. [310] Nach dem Trocknungsprozess als Teil der Textilherstellung kann das SBR-beschichtete Gelege auf Rollen gewickelt und gelagert werden.

---

[302] Ilschner/Singer (2016) Werkstoffwissenschaften und Fertigungstechnik, S. 21
[303] Lengsfeld et al. (2015) Faserverbundwerkstoffe: Prepregs und ihre Verarbeitung, S. 17
[304] Neitzel (2014) Handbuch Verbundwerkstoffe, S. 43
[305] Projektleitung: TU Dresden, Institut für Massivbau, Laufzeit 05/2015 bis 01/2017
[306] Mäder et al. (2003) Coatings for Fibre and Interphase Modifications in a Cementitious Matrix, S. 121 ff.
[307] TUDAG AbZ Z-31.10-182 (2016)
[308] TUDAG AbZ Z-31.10-182 (2016), Abschnitt 2.1.2
[309] Menges et al. (2015) Werkstoffkunde Kunststoffe, S. 17
[310] Radmann (2016) Basiswissen der Faserverbundfertigung, S. 75

In aktuellen Forschungsvorhaben werden alternative Beschichtungsmaterialien, wie Thermoplaste, mineralische Tränkungen, [311, 312] Kohlenstoffanhaftungen [313] oder Rovingoberflächenbehandlungsverfahren, wie die Plasmabehandlung [314] entwickelt. Auch Vorhaben, die sich mit neuen Bindemittelkonzepten beschäftigen, haben den Verbund zwischen Carbonbewehrung und Betonmatrix als zentrale Fragestellung aufgenommen. [315] Derzeit sind lediglich Carbonbewehrungen, die mit den Beschichtungen Epoxidharz und SBR versehen sind, erhältlich.

4.1.4 Lieferformen von Carbonbewehrungen

Die Belieferung von Baustellen und Fertigteilwerken mit konventionellen Betonstählen erfolgt in der Regel durch mittelständische Betonstahlzulieferer. [316] Im Allgemeinen lassen sich Standardbewehrungselemente, wie Stabstähle und Lagermatten, innerhalb weniger Stunden liefern. Bewehrungsbügel und Bewehrungskörbe (Formbewehrungen) sind in wenigen Tagen beziehbar. Der kurzfristige Bezug durch ein dichtes Zulieferernetz mit kurzen Transportwegen sowie die Flexibilität sind Vorteile der Betonstahlbewehrung. Zudem können die gelieferten Betonstabstähle und -matten in situ gerichtet und zu räumlichen Bewehrungen geformt werden.

Für die Carbonbewehrungsindustrie treffen die genannten Sachverhalte nur in Teilen zu. Das Zuliefernetz ist derzeit weitmaschig – in Deutschland sitzen Lieferanten in Albstadt (solidian GmbH), Hof (WILHELM KNEITZ Solutions in Textile GmbH ehemals V. FRAAS GmbH), Dresden (TUDATEX GmbH) und in der Nähe von Dresden (thyssenkrupp Carbon Components GmbH). Europaweit sitzen weitere Bewehrungshersteller beispielsweise in Italien. Die Lieferzeiten und Kapazitäten für Carbonbewehrungen befinden sich aufgrund bisher vereinzelter Praxisanwendungen ebenfalls noch in einem Aufbauprozess – das trifft insbesondere auf die Versorgung mit gerippten Carbonbewehrungsstäben zu. Carbonbewehrungen lassen sich am Einbauort ablängen, jedoch in Verbindung mit einer EP-Beschichtung nicht in der Form richten. Die Carbonbewehrung wird daher vorkonfektioniert in der entsprechenden Formgebung zum Einbauort geliefert. In Tabelle 4.1 ist eine Auswahl an SBR-beschichteten Carbongelege, die derzeit von den beiden Herstellern WILHELM KNEITZ Solutions in Textile GmbH

---

[311] Bösche et al. (2017) Carbonbetonstab, S. 161
[312] Bösche et al. (2017) Anforderungen an marktreife anorganisch gebundene Carbonbewehrungselemente, S. 171
[313] Koch/Butler (2017) Carbonstrukturen zur Betonbewehrung, S. 151
[314] Liebscher (2017) Anorganisch gebundene Bewehrung, S. 103
[315] Müller (2017) Alternative Bindemittel, S. 115
[316] Großmann (2017) Textile Bewehrungskonstruktionen, S. 19

(ehemals V. FRAAS GmbH und TUDATEX GmbH hergestellt werden und freiverkäuf-
lich sind, aufgezeigt. Die beiden Gelege BZT1 und BZT2 sind integraler Bestandteil der
Zulassung für das Verfahren Verstärkungen mit Textilbeton und werden auch als Zulas-
sungstextil bezeichnet.

Eigenschaft	Maß-einheit	TUDALIT-BZT1-TUDATEX	TUDALIT-BZT2-V.FRAAS	SITgrid017-V.FRAAS [317]
Achsabstand Rovings in 0°/90°-Richtung	mm	10,7/14,3	12,7/16,0	12,7/12,7
Rovingquerschnittfläche in 0°/90°-Richtung	mm²	1,81/0,45	1,80/0,45	1,77/1,77
Bewehrungsfläche in 0°/90°-Richtung	mm²/m	168/31	141/28	141/141
Flächengewicht	g/m²	440	346	578
Bruchspannung (charakteristischer Wert) in 0°/90°-Richtung	N/mm²	1.890/2.760	1.700/1.700	1.700/1.700

Tabelle 4.1: Eigenschaften verfügbarer SBR-beschichteter Carbonbewehrungsgelege [318]

Als Hersteller für epoxidharzbeschichtete Carbonbewehrungsgelege und Bezugsquelle
für zahlreiche Carbonbeton-Forschungsprojekte ist die Firma solidian GmbH in
Albstadt zu nennen. Lieferbar sind Gelege entsprechend der Tabelle 4.2 bis zu einer
Mattengröße von 1,20 m x 5,00 m.

---

[317] Das Gelege ist eine Weiterentwicklung der Zulassungsgelege, die im Rahmen von C3-B1 entstanden, sind. Die
angegebenen Kennwerte sind aus Datenblatt SITgrid 041 KK (2019) entnommen.
[318] In Anlehnungen an TUDAG AbZ Z-31.10-182 (2016); Abschnitt 2.1.1

Eigenschaft	Maß-einheit	GRID Q85/85-CCE-21	GRID Q95/95-CCE-38	GRID Q142/142-CCE-25	GRID Q142/142-CCE-38
Achsabstand Roving in 0°/90°-Richtung	mm	21,0/21,0	38,0/38,0	25,0/25,0	38,0/38,0
Rovingquerschnittfläche in 0°/90°-Richtung	mm²	1,81/1,81	3,62/3,62	3,62/3,62	5,42/5,42
Bewehrungsfläche in 0°/90°-Richtung	mm²/m	85/85	95/95	142/142	142/142
Flächengewicht	g/m²	570	625	805	810
Bruchspannung (charakteristischer Wert) in 0°/90°-Richtung	N/mm²	2.500/2.500	2.300/2.000	2.200/2.200	2.200/2.200

Tabelle 4.2: Eigenschaften verfügbarer EP-beschichteter Carbonbewehrungsgelege [319]

Der für die Bemessung von Carbonbeton-Neubauteilen entscheidende Elastizitätsmodul (E-Modul) bewegt sich für die EP-beschichteten Gelege im Bereich von 180.000 N/mm² (für GRID Q142/142-CCE-38) bis 220.000 N/mm² (für GRID Q85/85-CCE-21).

Mit maximal 1,20 m Breite sind Carbonbewehrungsgelege aus Tabelle 4.2 nur etwa halb so breit wie übliche Betonstahl-Lagermatten, was bei großflächigen Bauteilen eine größere Anzahl an Mattenübergreifungsstößen nach sich zieht. Die im Bauwesen ebenfalls häufig verwendeten Bewehrungskörbe (Formbewehrungen) sind mit den lieferbaren Mattengeometrien in jeglichen Formen und Abwinklungen im Textilwerk herstellbar. Gelege mit flexibler SBR-Beschichtung stellt der Hersteller solidian GmbH standardmäßig nur mit AR-Glas-Gelegen her. Ein Vorteil in der Verwendung von textilen Mischbewehrungen aus Carbon- und AR-Glasfasern liegt hierbei aber im Kostenreduktionspotenzial, indem kostengünstigere AR-Glasfasern das tragende Grundgerüst der Bewehrung bilden und Carbonfasern gezielt in Bereichen höherer Beanspruchung eingesetzt werden. [320] Dieses Prinzip wurde bereits bei Praxisanwendungen von Fassadenelementen erfolgreich und wirtschaftlich umgesetzt, [321] jedoch in der vorliegenden Arbeit nicht weiter betrachtet.

Im Stahlbetonbau stellt der Einsatz von stabförmigen Bewehrungsstrukturen die „Urform" des Bewehrens dar und Matten sind eine daraus abgeleitete Weiterentwicklung. [322] Stabförmige Bewehrungen kommen häufig bei komplexen oder kompakten

---

[319] In Anlehnung an Solidian (2018)
[320] Henning/Moeller (2011) Handbuch Leichtbau, S. 377
[321] Shams (2017) Verkleidung der höchsten Brückenpfeiler der Welt mit Textilbeton, S. 75
[322] Kämpfe (2010) Bewehrungstechnik: Grundlagen, Praxis, Beispiele, Wirtschaftlichkeit, S .72

Bauteilgeometrien zum Einsatz oder wenn große Bewehrungsquerschnittsflächen in kleinen Betonquerschnitten notwendig werden. Dies betrifft insbesondere biegebeanspruchte Bauteile wie Träger, Stützen oder Decken. Für diese Anwendungsfälle bieten sich Carbonstäbe ebenfalls an. Besonderheit ist, dass im Textilbetonbau, durch die Textiltechnik historisch gewachsen, zuerst Gelege und anschließend Stäbe entwickelt wurden. Carbonstäbe wurden in jüngster Vergangenheit vom Bauwesen nachgefragt, sodass sich Hersteller vermehrt der Produktion von CFK-Stäben annehmen (Eigenschaften siehe Tabelle 4.3). Größte Herausforderung beim Einsatz von Carbonstäben ist der Verbund zwischen der sehr leistungsfähigen Carbonstabbewehrung mit Querschnittsflächen bis zum 60-fachen der Rovingdurchmesser von Gelegen und der umgebenden Betonmatrix. Glatte und unbeschichtete Staboberflächen können die Verbundspannungen nur bedingt aufnehmen, woraus sich eine Vielzahl von Staboberflächenstrukturierungen oder Beschichtungen entwickelt hat. [323, 324]

Eigenschaft	Maß-einheit	Carbon4ReBAR (C4R) [325] *	CARBOPREE [326] **	Carbon-veneta [327] ***
Oberfläche	-	Nut-Helix-Fräsung	gesandet oder zusätzl. Kunststoffspiralumwicklung	glatt oder tapegewickelt
Durchmesser außen	mm	8,0 bis 16,0	6,3 bis 13,3	3,0 bis 20,0
Durchmesser innen	mm	6,5 bis 14,5	5,5 bis 12,5	3,0 bis 20,0
Stabgewicht	g/m	77 bis 310	43 bis 221	13 bis 565
Bruchspannung	N/mm²	1.650	2.300	keine Angaben

*   Hersteller: thyssenkrupp Carbon Components GmbH, Kesselsdorf bei Dresden
**   Hersteller: Sireg SpA – Geotechnics & Civil Engineering, Arcore (Italien)
*** Hersteller: Carbonveneta Tecnoligia nei Compositi Srl, Valdastico (Italien)

Tabelle 4.3: Eigenschaften der aktuell lieferbaren epoxidharzbeschichteten Carbonstäbe

Der E-Modul bewegt sich für diese Carbonstäbe im Bereich von 130.000 N/mm² (für CARBOPREE) bis 151.000 N/mm² (für Carbon4ReBAR). Im Vergleich zur Stahlbewehrung sind Carbonstäbe mit einer Länge von maximal 600 cm (Carbon4ReBAR) nur

---

[323] Henke/Fischer (2014) Formoptimierte filigrane Stäbe aus UHPC und korrosionsfreier CFK-Bewehrung für variable räumliche Stabtragwerke, S. 54
[324] Liebscher (2017) Anorganisch gebundene Bewehrung, S. 103
[325] Produktdatenblatt thyssenkrupp Carbon Components (2017)
[326] Produktdatenblätter Sireg (2017)
[327] Produktdatenblätter Carbonveneta (2017)

halb so lang wie übliche Betonstähle. Die im Bauwesen verwendete Bügelbewehrung (Formbewehrung) ist mit den lieferbaren geraden Stäben nicht realisierbar. Die Carbonstäbe werden derzeit ausschließlich gerade, mit einer steifen Epoxidharzbeschichtung, hergestellt.

4.1.5 Festlegung der Carbonbewehrung

Mit den Grundlagen zu textilen Bewehrungen ist auch die Bandbreite textiler Bewehrungen aufgezeigt. Damit können in diesem Abschnitt maßgebliche Einflüsse selektiert und die Festlegung der repräsentativen Faser-Matrix-Kombination getroffen werden. Carbonfasern sind in Ihren Zugfestigkeitseigenschaften um ein Vielfaches leistungsfähiger als alternative Textilbewehrungen oder Betonstähle (siehe Tabelle 2.2). Zudem können durch den Verzicht der für den Korrosionsschutz notwendigen Betondeckung schlankere Bauteilgeometrien ausgeführt werden, was eine ressourceneffiziente Bauweise unterstützt. Aufgrund des großen Potenzials zur Ressourceneinsparung werden Carbonfasern als textile Bewehrung für die weiteren Versuche festgelegt.

Gegenstand der Bewehrungsarbeiten sind üblicherweise stab- und mattenförmige Bewehrungen, die in dieser Form auch bereits als Carbonbewehrung lieferbar sind. Die Art der Carbonbewehrung – Gelege oder Stäbe – wird aufgrund der bestehenden großen Unterschiede in den Bewehrungsquerschnittsflächen Einfluss auf die Abbruch- und Recyclingversuche haben, sodass beide Bewehrungstypen in den Versuchsbauteilen verbaut werden. Bei Carbongelegen haben die Rovingabstände, respektive die Zwischenräume zwischen den Rovings, direkten Einfluss auf das Größtkorn des Betons. In Forschungsversuchen und Pilotanwendungen haben sich Öffnungsweiten zwischen den Bewehrungssträngen als günstig erwiesen, die mindestens dem 3-fachen bis 4-fachen des Größtkorndurchmessers entsprechen.[328] Damit ist sichergestellt, dass der Frischbeton die Bewehrung vollständig umfließt und alle Bauteilbereiche vollständig ausbetoniert werden. Für die Gelege mit den derzeit größten Rovingzwischenräumen von 30 mm (solidian GRID Q95/95-CCE-38 und GRID Q142/142-CCE-38) gilt demnach ein Größtkorn im Frischbeton von maximal 8 mm als obere Grenze. Ein Größtkorn von 8 mm ermöglicht den Einsatz üblicher Frischbetone, wie sie in Transportbetonwerken bezogen werden können oder in Fertigteilwerken eingesetzt werden. Daher wird ein Rovingabstand von 38 mm für das Carbongelege festgelegt.

---

[328] Younes et al. (2015) Innovative textile Bewehrungen für hochbelastbare Betonbauteile, S. 17

Ein weiteres Einflusskriterium ist die Oberflächenbeschichtung der Carbonbewehrungs-strukturen, wovon das Bruchverhalten der Carbonstränge und der Verbund mit der Betonmatrix abhängen. Die Beschichtung reicht von der steifen, spröden und querkraft-empfindlichen Duromerbeschichtung (EP-Beschichtung) bis zur weichen, flexiblen Kautschuk-Beschichtung (SBR-Beschichtung). Die Festlegung zur Beschichtungs-matrix ergibt sich aus der Art der Anwendung in einem Carbonbeton-Neubauteil oder als Carbonbetonverstärkung sowie der Form der Bauteile (konventionell stabförmig, flächige oder gekrümmte Bauteile). Für die Versuche zur Recyclingfähigkeit sollen neue Carbonbetonbauteile hergestellt werden. Die Bauteile sollen eine möglichst große Bandbreite zukünftiger Bauteile abbilden, sodass von ebenen und flächigen Bauteilen ausgegangen wird. Für die Produktion der Bauteile wird eine EP-beschichtete Bewehrung verwendet. Zudem ergibt sich damit im Aufbereitungsprozess die Herausforderung, die thermostabile EP-Beschichtung durch geeignete Faseraufbereitungsverfahren von der Carbonfaser zu entfernen.

Die Festlegungen zur Bewehrung, die im Zuge der Arbeit einbetoniert, abgebrochen, von der Betonmatrix getrennt und sortenrein separiert werden sollten, beziehen sich auf EP-beschichtete Carbonbewehrungen für die Herstellung von Carbonbeton-Neubauteilen. Die Festlegungen ergeben sich aus den Erläuterungen zu den Carbonbewehrungen und den hier beschriebenen Einflüssen der Bewehrungstechnik auf das Recycling. Für die Herstellung der Versuchsbauteile wurden als repräsentative Bewehrungen und Beschichtung gewählt:

- Carbonstäbe: Carbon4ReBAR vom Hersteller thyssenkrupp Carbon Components GmbH, Durchmesser 10 mm (außen) 8,5 mm (Kern), EP-beschichtet, (Abbildung 4.3),
- Carbongelege solidian GRID Q95/95-CCE-38, EP-beschichtet, (Abbildung 4.4).

Abbildung 4.3: Carbonstab „Carbon4ReBAR"

Abbildung 4.4: Carbongelege und Bewehrungskorb „solidian GRID Q95/95-CCE-38"

Die schlanken Bauteilgeometrien und die zugfeste Carbonbewehrung führen dazu, dass Bauteile aus Carbonbeton eine in Summe geringe Bewehrungsmenge [329] enthalten. Dass Carbonbewehrungen bereits Anwendung im Bauwesen finden und entsprechende Carbonbetonmassen mittel- und langfristig recycelt werden müssen, wird mit den im Jahr 2017 verbauten CFK-Massen von 7.740 Tonnen und den zahlreichen Anwendungsbereichen in Abschnitt 4.3.2 deutlich.

Die nachträgliche Verstärkung von biegebeanspruchten Stahlbetonbauteilen mit Carbonbeton wird in der Untersuchung nicht miteinbezogen. Für eine mögliche Untersuchung dazu sind die baustofflichen Festlegungen in der Zulassung [330] genannt und damit materialseitig geregelt.

4.2   Spezifika der Betonmatrix

In diesem Abschnitt soll der Einfluss der Betontechnologie auf die Abbruch- und Recyclingversuche betrachtet werden. Mit den folgenden Erläuterungen zur Betontechnologie soll kompakt die Bandbreite potenzieller Betonmatrices wiedergegeben und die Betonrezeptur festgelegt werden. Schwerpunkt in der Arbeit sind Betone nach DIN EN 206 (01/2017), wobei explizit zu erwähnen ist, dass der *Feinbeton* für das Verfahren *Verstärkung von Stahlbetonbauteilen mit TUDALIT* eine Sonderrolle einnimmt. [331] Die verschiedenen Betone werden nachfolgend in den normativen Regelungen, den Ausgangsstoffen und den Materialeigenschaften dargestellt. Mit den Erläuterungen zu den baustofflichen Grundlagen findet, unterstützt durch die Untersuchung zur Abhängigkeit zwischen der Betondruckfestigkeitsklasse und dem Bruchverhalten in Abbruchprozessen, die Festlegung der allgemeingültigen Betonmatrix für die Herstellung der Versuchsbauteile statt. Da die Untersuchung der Recyclingfähigkeit von Stahlbetonbauteilen, die mit einer Verstärkung aus Carbonbeton (TUDALIT) versehen sind, nicht Gegenstand der Arbeit ist, werden Feinbetone mit einem Größtkorn von 2 mm oder Mörtel nicht in die Erläuterung einbezogen.

4.2.1   Bandbreite mineralischer Betonmatrices

Die aktuell gültige Definition für Beton findet sich in der DIN EN 206 (01/2017): [Beton ist ein] *„Baustoff, der durch Mischen von Zement, grober und feiner Gesteinskör-*

---

[329] hier im Sinne von Bewehrungsmasse [kg] oder [t]
[330] TUDAG AbZ Z-31.10-182 (2016)
[331] Siehe Betonzuschlagsstoffe – Gesteinskörnungen (Abschnitt 4.2.1.2), S. 70

nung und Wasser, mit oder ohne Zugabe von Zusatzmitteln und Zusatzstoffen oder Fasern, hergestellt wird und seine Eigenschaften durch Hydratation des Zements erhält." [332]. Bemessungs- und Konstruktionsregeln für Stahlbeton- und Spannbetontragwerke sind der DIN EN 1992-1-1 (01/2011) zu entnehmen. Voraussetzungen für das Erreichen der Verbundwirkung zwischen Beton und Bewehrung und den daraus resultierenden Anwendungen von bisher stahlbewehrten Betonen bilden die Eigenschaften der Baustoffe Beton und Stahl:

- gute Verbundeigenschaften zwischen Stahl und Beton,
- annähernd gleiche Wärmeausdehnungskoeffizienten von Stahl und Beton, [333]
- hohe Beton-Druckfestigkeit bei hoher Zugfestigkeit und Duktilität des Stahls,
- Korrosionsschutz des verwendeten Stahls durch den umhüllenden Beton. [334]

Diese Grundsätze können auch auf die Carbonbetonbauweise übertragen werden und decken sich mit den Anforderungen an eine effiziente Verbundbauweise. Der heutige Werkstoff Beton stellt ein Fünf-Stoff-System dar. Neben den seit vielen Jahrhunderten verwendeten Ausgangsstoffen Zement als Bindemittel, Wasser und Gesteinskörnungen werden heute in der Regel Zusatzmittel und Zusatzstoffe beigemischt. Ziel der Zugabe ist stets die Verbesserung der Frisch- und/oder Festbetoneigenschaften. Bei der Auswahl der verwendeten Stoffe und Mittel muss darauf geachtet werden, dass es zu keiner Beeinträchtigung des Verbundes zwischen Bewehrung und Beton kommt. [335] In den folgenden Abschnitten 4.2.1.1 bis 4.2.1.4 sind die fünf Komponenten zur Herstellung einer Betonmatrix beschrieben. Die umfangreiche Theorie und Praxis zur Herstellung von Frischbeton und die damit verbundene Herstellung von (Stahl-)Betonbauteilen ist nicht Schwerpunkt der Arbeit, sodass die folgenden Abschnitte nur einen groben Überblick über die Betontechnologie geben sollen. Für ergänzende Erläuterungen sei auf die einschlägige Literatur [336, 337, 338] verwiesen.

4.2.1.1 Betonbindemittel – Zement

Seit jeher gilt, dass Zement sprichwörtlich das zentrale Bindeglied im Beton darstellt und so beschreibt *SALIGER*: „Im Zement ruht die tätige Kraft, welche die Verbindung

---

[332] DIN EN 206 (01/2017), Abschnitt 3.1.1.1
[333] Wärmeausdehnungskoeffizient   Stahl = $1{,}0 \cdot 10^{-5}$/K, Beton = $1{,}0 \cdot 10^{-5}$/K nach DIN EN 1992-1-1 (01/2011), Abschnitt 3.1.3
[334] Springenschmid (2007) Betontechnologie für die Praxis, S. 19 ff.
[335] Röhling et al. (2012) Betonbau 1: Zusammensetzung - Dauerhaftigkeit - Frischbeton, S. 17
[336] Springenschmid (2007) Betontechnologie für die Praxis
[337] Basalla (1980) Baupraktische Betontechnologie
[338] Bergmeister et al. (2017) Beton Kalender 2017

der Zuschlagstoffe bewirkt. Von ihm hängt in erster Linie die Güte und Festigkeit des Betons ab."[339] Die Zusammensetzung, Anforderungen und Konformitätskriterien von Normalzementen sind in der DIN EN 197-1 (11/2011) geregelt. Zement wird als hydraulisches Bindemittel verstanden, welches als fein gemahlener anorganischer Stoff mit Wasser gemischt wird und Zementleim ergibt. Durch nachfolgende Prozesse erstarrt und erhärtet der Zementleim zu Zementstein. Zement nach DIN EN 197-1 (11/2011) wird als CEM-Zement bezeichnet und muss bei entsprechender Dosierung unter Beimischung von Zuschlagsstoffen (Gesteinskörnungen) und Zugabewasser einen Beton oder Mörtel ergeben, der eine ausreichende Verarbeitungszeit aufweist und nach vorgegebener Zeit seine Festigkeitseigenschaften erreicht. Der so hergestellte Beton ist nach dem Erhärten langfristig raumbeständig und auch unter Wasser stabil. [340]

Zement enthält als Hauptbestandteile Portlandzementklinker, Hüttensand, Puzzolane, Flugaschen, gebrannten Schiefer, Kalkstein und Silikastaub. [341] Die DIN EN 197-1 (11/2011) nimmt auf die unterschiedlichen Zusammensetzungen Bezug und klassifiziert Zemente in fünf Arten. Eine weitere Unterscheidung findet mit drei Zementfestigkeitsklassen statt, die mit den Normfestigkeiten 32,5 N/mm², 42,5 N/mm² und 52,5 N/mm² (bezogen auf eine Erhärtung über 28 Tage) angegeben werden.

Für die Transformation von Zementleim zu Zementstein sind zwei Vorgänge verantwortlich: Die Verfestigung des Zementleims wird als Erstarren bezeichnet. Die danach andauernde Verfestigung wird als Erhärten bezeichnet. [342] Infolge chemischer Reaktionen zwischen den Zementbestandteilen und dem Zugabewasser beginnt unmittelbar nach der Wasserzugabe das Erstarren des Zementleims. Anfangs noch mit geringer Reaktionsgeschwindigkeit, beschleunigt sich der Prozess mit der Zeit. Grundlegend für das Erstarren des Zementes bei Wasserzugabe ist die Bildung mehr oder weniger starrer Gefüge aus Hydratationsprodukten, die den bis dato wassergefüllten Zwischenraum zwischen den Feststoffpartikeln in den ersten ein bis drei Stunden auszufüllen beginnen. [343] Nach Beendigung einer Ruheperiode findet eine erneute intensive Hydratation der Klinkerphasen statt. Diese dritte Periode wird als Beschleunigungsperiode bezeichnet. Sie beginnt circa vier Stunden nach Zugabe des Wassers und endet nach 12 bis 24 Stunden. Dabei baut sich ein Grundgefüge auf, das aus Calciumsilikathydrate-Pha-

---

[339] Saliger (1949) Der Stahlbetonbau: Werkstoff, Berechnung und Gestaltung, S. 7
[340] DIN EN 197-1 (11/2011), Absatz 4
[341] VDZ e. V. (01/2012) Zement-Merkblatt Betontechnik B2, S. 1
[342] Locher (2000) Zement, S. 219
[343] Weber (2013) Betoninstandsetzung, S. 12

sen, in die Länge wachsenden Ettringitkristallen und plattigem Calciumhydroxid besteht. [344] Durch die sich vergrößerten Kristallstrukturen werden die Porenzwischenräume zwischen den Zementpartikeln geschlossen. [345] Der zeitliche Verlauf der Erstarrung und der Erhärtung hängt daher insbesondere von den Zwischenraumgrößen ab, die indirekt mit dem Massenverhältnis Wasser zu Zement (W/Z-Wert – meist im Bereich 0,3 bis 0,6) angegeben werden können. Es gilt bei fachgerechter Betonherstellung und Betoneinbau, dass ein niedriger W/Z-Wert zu einem dichteren Gefüge führt. [346]

4.2.1.2 Betonzuschlagsstoffe – Gesteinskörnungen

Der Begriff *Gesteinskörnung* ist in der DIN EN 12620 (07/2008) „Gesteinskörnungen für Beton" definiert als: „körniges Material für die Verwendung im Bauwesen. Gesteinskörnungen können natürlich, industriell hergestellt oder rezykliert sein." [347] Natürliche Gesteinskörnungen werden aus mineralischen Vorkommen gewonnen und ausschließlich mechanisch aufbereitet. Dagegen entstehen industriell hergestellte Gesteinskörnungen unter Einfluss thermischer oder sonstiger Veränderungen. Rezyklierte Gesteinskörnungen sind aufbereitete anorganische Materialien, die zuvor als Baustoff eingesetzt waren. Nach Korndichte kann in leichte Gesteinskörnung (Korndichte < 2.000 kg/m³), in normale (Korndichte 2.000 bis 3.000 kg/m³) und schwere Gesteinskörnung (Korndichte > 3.000 kg/m³) unterschieden werden. Gesteinskörnungen werden in feine Gesteinskörnungen (Sand), grobe Gesteinskörnungen und Korngemische unterschieden (hervorgehoben sind die gebräuchlichen Korngruppen): [348]

- feine Gesteinskörnung (Sand)   Korngruppen: 0/1; **0/2; 0/4**
- grobe Gesteinskörnung (enggestuft)   Korngruppen: **2/8**; 4/8; **8/16, 16/32**
- grobe Gesteinskörnung (weitgestuft)   Korngruppen: 4/32; 8/22
- Korngemische   Korngruppen: 0/22; 0/32; **0/56**

Für die Herstellung von typischen Massenbetonen bis zu einer Betonfestigkeit von C50/60 ist die Gesteinsfestigkeit nicht entscheidend. Die Druckfestigkeiten trockener Gesteine liegen nach DIN EN 1926 (03/2007) größtenteils in den Bereichen > 150 N/mm² bis 250 N/mm², selten bis 400 N/mm². Geringere Festigkeiten zeigen lediglich einige poröse Sandsteine oder Kalksteine. Für die Herstellung von Betonen mit

---

[344] Springenschmid (2007) Betontechnologie für die Praxis, S. 76
[345] Locher (2000) Zement, S. 236
[346] Locher (2000) Zement, S. 220
[347] DIN EN 12620 (07/2008), Absatz 3
[348] VDZ e. V. (01/2012) Zement-Merkblatt Betontechnik B2, Tafel 1

der Festigkeitsklasse > C50/60 oder einem hohen Elastizitätsmodul werden oftmals gebrochene Körnungen (Splitt) aus sogenannten Hartgesteinen wie Gabbro, Granit, Gneis oder Basalt, verwendet. [349] Gebrochene Gesteinskörnungen werden auch in der Carbonbetonmatrix eingesetzt, um die hochzugfeste Carbonbewehrung mit einer hochdruckfesten Betonmatrix zu kombinieren.

Gesteinskörnungen als Zuschlagsstoffe im Beton erfüllen die Funktion des Stützgerüstes. Dabei ergeben sich Anforderungen an das Größtkorn, die Sieblinie sowie den Mehlkornanteil. [350] Für eine optimale Förderung und Verarbeitung des Frischbetons ist die Nenngröße des *Größtkorns* so zu wählen, dass ⅓ (oder besser ¼) der geringsten Bauteilabmessung, wie der Abstand der Bewehrungsstäbe, nicht überschritten wird. [351]. Die „Betonmatrix" für das Verfahren zur Verstärkung von Stahlbetonbauteilen mit TUDALIT ist mit dem verwendeten Größtkorn von 0 mm bis1 mm per Definition ein Mörtel, da nach DIN EN 206 (01/2017) für Beton mit einem Größtkorn von ≤ 4 mm gilt, dass dieser als Mörtel zu bezeichnen ist. [352] Die Verwendung spricht aber per se für die Bezeichnung „Beton". Daher wird in der AbZ [353] als besonderer Begriff die Bezeichnung *Feinbeton* eingeführt. *Feinbeton* ist „Beton mit Größtkorn zwischen 1 mm bis 5 mm".

Für das Erreichen der geforderten Betonqualität ist die möglichst vollständige Verdichtung des Frischbetons obligat. Dafür ist die Abstufung der Korngrößen (Kornfraktionen) und deren Massenanteile vom Zuschlag so zu wählen und mit der *Sieblinie* anzugeben, dass das freie Porenvolumen minimiert wird. Die Bedeutung des *Mehlkornanteils* im Beton mit Korngrößen ≤ 0,125 mm ist in diesem Zusammenhang zu betonen. Der Mehlkornanteil hat mit weiteren mehlfeinen Stoffen, wie Zementen oder Flugaschen, großen Einfluss auf die Verarbeitbarkeit, die Betonfestigkeit, die Dichtigkeit des erhärteten Betons und auf den Wasseranspruch. [354]

4.2.1.3 Zugabewasser

In der DIN EN 1008 (10/2002) [355] werden Arten von Zugabewasser klassifiziert. Je nach Art ist die Eignung für die Betonherstellung definiert und die Notwendigkeit einer Eignungsprüfung angegeben. Dem grundsätzlichen Einsatz von Zugabewasser liegt, wie

---

[349] Springenschmid (2007) Betontechnologie für die Praxis, S. 47
[350] VDZ e. V. (01/2012) Zement-Merkblatt Betontechnik B2, S. 8
[351] Bei Betonstahlmatten aus dem Lagermattenprogramm sind die kleinsten Stababstände in der Regel zwischen 100 mm (Q 513 A = 92 mm Zwischenraum) und 150 mm (Q 188 A = 144 mm Zwischenraum). Dies kann sich durch weitere Zulageeisen verringern.
[352] DIN EN 206 (01/2017), Kapitel 1, Absatz 6
[353] TUDAG AbZ Z-31.10-182 (2016), Anlage 5, S. 10
[354] VDZ e. V. (01/2012) Zement-Merkblatt Betontechnik B2, S. 10
[355] DIN EN 1008 (10/2002)

auch die Bewertung von Zusatzmitteln und Zusatzstoffen, die Berücksichtigung der Betonverträglichkeit zugrunde. [356]

4.2.1.4 Betonzusatzmittel und Betonzusatzstoffe

In der Betontechnologie ist in Betonzusatz*mittel* und Betonzusatz*stoffe* zu unterscheiden. Betonzusatzmittel sind in der DIN EN 934 (08/2012) Teil 1 bis 6 geregelt. So regelt beispielsweise Teil 2 der DIN EN 934 die Begrifflichkeiten und die Wirkungsgruppen. [357] *Betonzusatzmittel* können bei der Herstellung des Frischbetons zugegeben werden, um die Eigenschaften des Frisch- oder Festbetons durch chemische oder physikalische Wirkungsprinzipien zu verändern. Die Mittel werden hauptsächlich in flüssiger Form, pulverförmig oder als Granulat in geringen Mengen (< 5 % Massenanteil bezogen auf die Zementmasse) zugeführt. [358] Ab einem Zusatzmittelanteil von > 3 l/m³ wird die darin enthaltene Wassermenge auf den W/Z-Wert des Zugabewassers angerechnet. Häufig eingesetzte Wirkungsgruppen sind: Betonverflüssiger/Fließmittel, Luftporenbildner/Mikrohohlkugeln, Verzögerer und Erstarrungs-/Erhärtungsbeschleuniger. [359] Unter der Begrifflichkeit *Betonzusatzstoffe* werden in der Betontechnologie mehlfeine Stoffe verstanden. [360] Der Massenanteil der Zusatzstoffe liegt im Bereich > 2 % bis über 30 % (bezogen auf die Zementmasse) und ist damit so groß, dass die Zugabe Berücksichtigung in der Stoffraumrechnung findet. Als Zusatzstoffe werden Quarz- und Kalksteinmehle, Pigmente, Flugaschen oder Silikastäube, Hüttensande sowie Polymerdispersionen oder Bitumenemulsionen eingesetzt. [361]

4.2.2 Festlegung der Carbonbetonmatrix

Die Betonmatrix stellt eine wichtige Materialkomponente dar und wurde in Form der Betonzusammensetzung in Abschnitt 4.2.1 erläutert. Ziel des Abschnitts ist die Festlegung einer Betonrezeptur, die für die Herstellung repräsentativer Carbonbetonbauteile verwendet werden kann. Zweifelsohne hat die Betontechnologie entscheidenden Einfluss auf das Tragverhalten von Carbonbetonbauteilen, was bisherige Untersuchungen zeigen konnten. [362, 363] Auf Grundlage verschiedener Vorüberlegungen wird es aber für

---

[356] Springenschmid (2007) Betontechnologie für die Praxis, S. 74
[357] DIN EN 934-2 (08/2012), Absatz 3
[358] InformationsZentrum Beton GmbH (02/2014) Zement-Merkblatt Betontechnik B3, S. 1
[359] Springenschmid (2007) Betontechnologie für die Praxis, S. 68 ff.
[360] Siehe Definition *Mehlkornanteil* in Betonzuschlagsstoffe – Gesteinskörnungen (Abschnitt 4.2.1.2), S. 70
[361] InformationsZentrum Beton GmbH (02/2014) Zement-Merkblatt Betontechnik B3, S. 4 f.
[362] Bentur/Mindess (1990) Fibre reinforced cementitious composites
[363] Jesse (2004) Tragverhalten von Filamentgarnen in zementgebundener Matrix

wahrscheinlich angesehen, dass die Betonzusammensetzung und damit die Wahl der Betondruckfestigkeitsklasse nur einen geringeren Einfluss auf die Ergebnisse zum Abbruch und Recycling von Carbonbeton haben wird als der Einfluss der Carbonbewehrung. Diese These trifft insbesondere auf den Einfluss zum generellen Bruchverhalten von Carbonbeton in den Teilprozessen *Vorzerkleinerung* und *Aufbereitung* zu. Wird aus bauverfahrenstechnischer Sicht der Maschinenverschleiß in den Abbruch- und Aufbereitungsprozessen betrachtet, so hängt dieser wiederum maßgeblich von der Betondruckfestigkeit ab.

In *Richter (2005)* [364] wird das Versagensverhalten von Textilbeton an einem entwickelten Modell analytisch beschrieben. Mit den darin dokumentierten Ergebnissen und den Vorgängen im Brechprozess kann die vorgetragene These, dass das Resultat der Recyclingfähigkeit im Zusammenhang mit der eingesetzten Maschinentechnik nicht maßgeblich von der gewählten Betonzusammensetzung abhängt, manifestiert werden:

- Im Betonpulverisierer (Abbruchprozess) und in der Brecheranlage (Aufbereitungsprozess) treten die Einwirkungen auf den Carbonbeton sowohl in Form von Normalkräften als auch in Form von Querkräften auf.
- Sobald die einwirkenden Kräfte nicht parallel zur Faserrichtung auftreten (Kombination aus Normal- und Querkräften), sondern schiefwinklig dazu, ist der Verlust der makroskopischen Steifigkeit bedingt durch das Vorhandensein der Carbonbewehrung größer als bei Betonbauteilen ohne einbetonierte Carbonbewehrung. Die Carbonbewehrung wirkt in diesem Fall als eine Art Trennschicht innerhalb der Betonmatrix. [365]
- Mit aufgebrochenem Betonmatrix-Carbonbewehrung-Verbund ist die Biegezugfestigkeit des Betons $f_{ctm,fl}$ der maßgebende Materialwiderstand für das Brechen. [366] Die Biegezugfestigkeit ist abhängig von der zentrischen Betonzugfestigkeit f_{ctm} sowie der Bauteilhöhe und entspricht circa dem 1,5-fachen der zentrischen Betonzugfestigkeit f_{ctm}. [367] Der charakteristische 5 %-Quantil-Wert der zentrischen Betonzugfestigkeit $f_{ctk,0,05}$ liegt bei Betonen nach DIN EN 206 (01/2017) zwischen 1,1 N/mm² (C12/15-Betone) und 3,5 N/mm² (C90/105-Betone). [368]

---

[364] Richter (2005) Entwicklung mechanischer Modelle zur analytischen Beschreibung der Materialeigenschaften von textilbewehrtem Feinbeton

[365] Richter (2005) Entwicklung mechanischer Modelle zur analytischen Beschreibung der Materialeigenschaften von textilbewehrtem Feinbeton, S. 182

[366] Richter (2005) Entwicklung mechanischer Modelle zur analytischen Beschreibung der Materialeigenschaften von textilbewehrtem Feinbeton, S. 39

[367] DIN EN 1992-1-1 (01/2011), Abschnitt 3.1.8

[368] DIN EN 1992-1-1 (01/2011), Tabelle 3.1

- Biegezugfestigkeiten von 1,1 N/mm² bis > 3,5 N/mm² lassen sich mit der eingesetzten Abbruch- und Aufbereitungstechnik ohne Weiteres überwinden, sodass
mit Verlust des Betonmatrix-Carbonbewehrung-Verbundes das Bauteil leicht gebrochen werden kann.

Wird dieser Argumentation gefolgt, ist selbst bei der Wahl hochfester Betone, wie zum
Beispiel bei der Wahl einer Betongüte C90/105, der Einfluss der Betonzusammensetzung auf das Ergebnis der Abbruch- und Recyclingprozesse nicht entscheidend. Zur Verifizierung der These „Bruchverhalten normalfester Carbonbetonmatrix" entspricht dem
„Bruchverhalten hochfester Carbonbetonmatrix" wird in Tastversuchen überprüft, welche Masse an Carbonbewehrung beim Brechen in Abhängigkeit von der Betondruckfestigkeitsklasse freigelegt wird.

Die Tastversuche zur Trennbarkeit von Carbonbewehrungsstrukturen unter Verwendung unterschiedlicher Betonmatrices wurden an jeweils zwei dafür hergestellten Platten in der Geometrie 50 cm x 50 cm x 6 cm durchgeführt. Bewehrt wurden die Platten
mit je zwei Lagen solidian GRID Q142/142-CCE-38, Mindestbetondeckung 20 mm,
Gelegeabstand 20 mm, Gelegeformat 45 cm x 45 cm.

Folgende Betongüten kommen zur Anwendung:

- zwei Platten mit hochfestem Beton C90/105, entwickelt im C³-Basisprojekt B2,
- zwei Platten mit hochfestem Beton C60/75, Rezeptur Klebl GmbH Gröbzig,
- zwei Platten mit normalfestem Beton C40/50, entwickelt im C³-Basisprojekt B2.

Mit Abschluss der Herstellung der sechs Probekörper und einer trockenen Lagerung unter Raumtemperatur von mehr als 28 Tagen wurde ein Verfahren zum Brechen gewählt,
welches die beiden Prozesse „Vorzerkleinerung" und „Aufbereitung" widerspiegelt.
Ziel der Tastversuche ist die Untersuchung, inwieweit Allgemeingültigkeiten im Recyc-
lingverhalten von Carbonbeton im Zusammenhang mit der Betondruckfestigkeitsklasse
bestehen. Für das Brechen wurde ein Abbruch-Anbaugerät Betonpulverisierer Typ CAT
MP 324 an einem Trägergerät Bagger Typ CAT 329E eingesetzt (Abbildung 4.5). Das
Brechen der Betonplatten erfolgte im Rahmen des C³-V1.5-Projektes in Zusammenarbeit mit dem Praxispartner Caruso Umweltservice GmbH. Mit dem Schließen der Backen (Kontaktfläche der Backen auf den Platten je 350 mm x 170 mm) wurde das Material gebrochen und die Carbonfasern im Kontaktbereich freigelegt (Abbildung 4.6).

Abbildung 4.5: Durchführung der Tastversuche   Abbildung 4.6: Ergebnisse der Tastversuche

Im Ergebnis der Durchführung wurde das Bruchmaterial getrennt für jede der sechs Probekörper gesammelt und ausgewertet. Das Material wurde in der Auswertung für jede der Platten in drei Fraktionen getrennt:

- gebrochenes, reines Betonrezyklat ohne anhaftende Carbonbewehrung,
- freigelegte, reine Carbonbewehrung ohne anhaftende Betonmatrix,
- teilweise ungebrochene Betonreststücke mit anhaftender Carbonbewehrung (ungetrennter Materialmix).

Zur Auswertung ist die Masse an Carbonfasern $M_{CF;Kontaktfläche}$, die im Bereich der Backenkontaktfläche in der Betonmatrix vor dem Brechen gebunden waren, zu bestimmen. Bei vollständiger Verbundauflösung zwischen Beton und Carbonbewehrung muss mindestens diese Masse $M_{CF;Kontaktfläche}$ an Carbonfasern freigelegt werden.

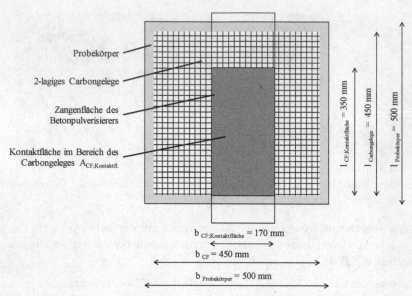

Abbildung 4.7: Grundriss Probekörper aus Carbonbeton im Betonpulverisierer

$$M_{CF;Kontaktfläche} = A_{CF;Kontaktfl.} \cdot n_{Gelege} \cdot Flächengewicht_{CF}$$ Formel 1

Anhand der Abbildung 4.7 gilt:

$$A_{CF;Kontaktfläche} = b_{CF;Kontaktfläche} \cdot l_{CF;Kontaktfläche}$$ Formel 2

Formel 1 in Formel 2 eingesetzt:

$$M_{CF;Kontaktfl.}$$ Formel 3
$$= b_{CF;Kontaktfläche} \cdot l_{CF;Kontaktfläche} \cdot n_{Gelege} \cdot Flächengewicht_{CF}$$

$$M_{CF;Kontaktfl.} = 170\ mm \cdot 350\ mm \cdot 2 \cdot 810\ \frac{g}{m^2}$$

$$M_{CF;Kontaktfl.} = 70.000\ mm^2 \cdot 2 \cdot 810\ \frac{g}{1.000.000\ mm^2}$$

$$M_{CF;Kontaktfl.} = \mathbf{96,4\ g}$$

Mit dem Ergebnis aus Formel 3 folgt, dass bei einer Masse an freigelegter Carbonbewehrung von mehr als 96,4 g sämtliche Carbonfasern im Bereich der Kontaktfläche des Betonpulverisierers separiert und der Verbund zwischen Betonmatrix und Carbonfaser vollständig aufgebrochen wurde. Für diese Auswertung wurde die Fraktion der freigelegten, reinen Carbonbewehrung gewogen und die Ergebnisse in nachstehender Tabelle 4.4 angegeben:

Betonmatrix	Betondruck-festigkeitsklasse	Masse der freigelegten Carbonbewehrung [g]
hochfester C^3-Beton C90/105	C90/105	106
hochfester C^3-Beton C90/105	C90/105	92
Standardrezeptur Fertigteilwerk C60/75	C60/75	125
Standardrezeptur Fertigteilwerk C60/75	C60/75	97
normalfester C^3-Beton C40/50	C40/50	118
normalfester C^3-Beton C40/50	C40/50	141

Tabelle 4.4: Auswertung der Tastversuche, Masse der freigelegten Carbonbewehrung

Das Ziel der Tastversuche war die praktische Unterlegung der These zum Einfluss der Betondruckfestigkeitsklasse auf das Ergebnis der Vorzerkleinerung und der Aufbereitung. Mit Hilfe der Ergebnisse aus nur wenigen Versuchen konnte gezeigt werden, dass der Verbund zwischen Carbonbewehrung und Betonmatrix im Kontaktbereich vollständig aufgebrochen werden kann. Die Massen der freigelegten Carbonbewehrung ohne anhaftende Betonmatrix (92 g bis 141 g) liegen nah an der Masse $M_{CF;Kontaktfläche}$ (96 g) oder darüber.

Mit einiger Sicherheit kann ergänzend die Schlussfolgerung gezogen werden, dass das Bruchverhalten zwischen Betonmatrix und Carbonbewehrung in Teilen auch von der Betondruckfestigkeitsklasse abhängt. Ursache dafür ist, dass sich die hochfeste Betonmatrix (beispielsweise Betongüte C90/105) in den Plattenrandbereichen, in denen die Betonmatrix nicht direkt von den Backen des Betonpulverisierers kontaktiert wurde, stabiler verhält und in diesen Bereichen in geringerem Maße aufbricht. Das Trennverhalten unterscheidet sich bezüglich der Betongüte demnach vor allem in Bereichen, die nicht direkt mit dem Abbruchwerkzeug angegriffen wurden, sondern von denen tangiert werden. In der Aufbereitung mit einem mobilen oder stationären Backen- oder Prallbrecher wird jedoch der gesamte Bereich eines vorzerkleinerten Bauteils durch die Backenflächen oder Prallböcke kontaktiert. Sämtliches Aufgabematerial wird demnach direkt mechanisch angegriffen und aufgebrochen.

Im Brecher ist das Materialverhalten gültig, welches sich in den Tastversuchen innerhalb der Kontaktfläche des Betonpulverisierers gezeigt hat. Die erläuterte indirekte Abhängigkeit von Betongüte und Bruchverhalten ist demnach für die Durchführung der
Recyclingversuche nicht ausschlaggebend, sondern vielmehr die Tatsache, dass der
Verbund zwischen Carbonbewehrung und Betonmatrix sehr gut aufgebrochen werden
kann. Die Massenwerte der freigelegten Carbonfasern liegen für die Standardrezeptur
für die Betonklasse C60/75 aus dem Fertigteilwerk nahe an den Werten des hochfesten
Betons C90/105. Insgesamt liegen die Werte für den C60/75-Beton genau zwischen den
Werten des normalfesten C40/50-Betons (etwas größere freigelegte Carbonfasermenge)
und des hochfesten C90/105-Betons (etwas kleinere freigelegte Carbonfasermenge). Zu
berücksichtigen ist dabei auch eine statistische Unschärfe aufgrund der geringen Ver-
suchsanzahl.

Die Festlegung des Betons erfolgt für die hochfeste Betondruckfestigkeitsklasse
C60/75, da baukonstruktiv zur Auslastung der leistungsfähigen Carbonbewehrung eine
höherfeste Betonfestigkeitsklasse zu wählen ist. Das selbstverdichtende Fließverhalten
wird aufgrund der engen Maschenzwischenräume von 30 mm und einer Mindestbetondeckung von 20 mm gewählt. Die C60/75-Rezeptur weist für gewöhnlich ein Größtkorn
von 16 mm auf und wird für die Betonage der Carbonbetonbauteile auf 8 mm modifiziert. Die Festlegung des Größtkorns auf maximal 8 mm folgt aus der Festlegung des
Geleges GRID Q95/95-CCE-38. In Tabelle 4.5 findet sich nachfolgend die festgelegte
Betonrezeptur.

Betonbestandteil	Bezugsquelle	Masseanteil [kg/m³]
Kies 2/8 Wörbzig	Mitteldeutsche Baustoffe GmbH	867,0 (trocken)
Sand 0/2 Wörbzig	Mitteldeutsche Baustoffe GmbH	877,0 (trocken)
CEM I 52,5 R ft	Opterra Karsdorf GmbH	430,0
Kalksteinmehl	sh minerals GmbH	20,0
Gesamt-Wassermenge	Zugabewasser für Beton nach DIN EN 1008	180,0
Zugabewasser	Zugabewasser für Beton nach DIN EN 1008	110,0
Fließmittel	BT3 Betontechnik GmbH	6,3
Verzögerer	MC-Bauchemie Müller GmbH & Co. KG	1,3

Tabelle 4.5: Betonrezeptur für die Herstellung der Carbonbetonbauteile [369]

---

[369] Darstellung nach Informationen der KLEBL GmbH Gröbzig, erhalten von Frau Martina Wenzel, Leiterin Be-
tonlabor.

4.3   Spezifika der Bauteilgeometrie

In diesem Abschnitt soll der Einfluss der Baukonstruktion auf die Abbruch- und Recyclingverfahren erörtert werden. Dazu werden allgemeingültige Konstruktionsregelungen
aus dem Stahlbeton auf die Bauweise mit Carbonbeton übertragen. Aufgrund der bestehenden Vorteile der Carbonbetonbauweise wurden in jüngster Vergangenheit bereits
vereinzelt neue Bauteile und Verstärkungsmaßnahmen aus Carbonbeton als Leuchtturmprojekte baupraktisch umgesetzt. Dazu spiegeln die Anwendungsbeispiele in Abschnitt 4.3.2 die Bandbreite einer möglichen Anwendung wider. Für die zentrale Fragestellung, ob sich Carbonbeton recyceln lässt, sollen im nächsten Kapitel Bauteilgruppen
und die konstruktive Durchbildung der herzustellenden Carbonbetonbauteile festgelegt
werden. Diese repräsentativen Bauteile werden für die Untersuchung eigens hergestellt
und in Versuchen zum Abbruch und Recycling von Carbonbeton bearbeitet. Die Bemessung und Herstellung der Bauteile erfolgte als Teil der Forschungsarbeiten im Rahmen des Forschungsprojektes C³-V1.5 „Abbruch, Rückbau und Recycling von Carbonbetonbauteilen". Die statische Bemessung und die Schal- und Bewehrungsplanung erfolgte maßgeblich durch das Institut für Massivbau der TU Dresden. Die eigentliche
Fertigteilproduktion erfolgte durch den Praxispartner Klebl GmbH im Fertigteilwerk in
Gröbzig unter der Projektkoordination des Autors der vorliegenden Arbeit.

4.3.1   Konstruktionsgrundsätze

Die nachfolgenden Konstruktionsgrundsätze sind aus der Stahlbetonbauweise abgeleitet
und können auf die Carbonbetonbauweise übertragen werden. Die Festlegung der Festbetoneigenschaften erfolgt gewöhnlich anhand der statischen und dynamischen Lastein-
wirkungen sowie aufgrund äußerer Umwelteinwirkungen. Die höchstmögliche Beanspruchung wird als Minimalwert angesetzt. [370] Die Einteilung der Umgebungsbedingungen erfolgt in Expositionsklassen auf Grundlage der berücksichtigten Einwirkungen und
der resultierenden Beanspruchung des Betons.

Dazu regelt die DIN EN 206 (01/2017) Anforderungen an das Betonbauteil, welche den
(Korrosions-) Angriff auf die Betonstahlbewehrung berücksichtigen. In Abhängigkeit
der Anforderungen müssen spezifische betontechnologische und baukonstruktive Maßnahmen umgesetzt werden (Tabelle 4.6).

---

[370] Springenschmid (2007) Betontechnologie für die Praxis, S. 117 ff.

betontechnologische Maßnahmen	baukonstruktive Maßnahmen
maximaler W/Z-Wert	Mindestbetondeckung c_{min} [mm]
minimale Zementmenge [kg/m³]	nominelle Betondeckung c_{nom} [mm]
minimale Betondruckfestigkeit [N/m³]	

Tabelle 4.6: Technologische und baukonstruktive Anforderung für den Korrosionsschutz [371]

Dennoch kann es bei Konstruktionen aus bewehrtem Beton mit Betonstahl nach DIN 488-1 (08/2009) unter Umständen zur Minderung der Gebrauchstauglichkeit oder zu optischen Beeinträchtigungen kommen. [372] Diese Erscheinungen treten häufig im Zusammenhang mit Ausführungsfehlern, systembedingten Imperfektionen oder chemischen Prozessen auf. Als unerwünschter Mechanismus, der bereits genannt wurde, ist die Bewehrungskorrosion zu nennen. Mit beginnender Korrosion sind Stahlbetonbauteile nicht mehr uneingeschränkt dauerhaft und bedürfen eines Unterhaltungsaufwands. Zur Vermeidung von umfangreichen Instandsetzungsmaßnahmen kann es technisch und wirtschaftlich sinnvoll sein, zusätzliche Korrosionsschutzmaßnahmen zu realisieren.

In Vergleichen zwischen der Betonstahlbewehrung und der Carbonbewehrung wird oft das Kriterium *Korrosionsbeständigkeit* der beiden Materialien und die damit verbundene Dauerhaftigkeit herangezogen. [373] Eine Voraussetzung zur Sicherstellung der Dauerhaftigkeit ist die Einhaltung der Mindestbetondeckung. Diese richtet sich nach den Vorgaben aus der DIN EN 1992-1-1 (01/2011) und dem zugehörigen nationalen Anhang DIN EN 1992-1-1/NA (04/2013). Als Betondeckung wird der minimale Abstand zwischen Bewehrungsoberfläche und Betonoberfläche bezeichnet – einschließlich sämtlicher Bewehrungsbestandteile, wie Bügel und Haken. [374] Das Nennmaß c_{nom} ist auf den Schal- und Bewehrungsplänen anzugeben und auszuführen. Es gilt:

$$c_{nom} = c_{min} + \triangle c_{dev} \qquad \text{Formel 4}$$

Für die Bestimmung von c_{min} sind drei Faktoren zu berücksichtigen: Sicherstellung des Verbundes zwischen Bewehrung und Betonmatrix, Korrosionsschutz der Betonstahlbewehrung und Schutz der Bewehrung vor Brandeinwirkung. Die Mindestbetondeckung hat immer mindestens 10 mm zu betragen. [375] Bei der Ermittlung des Nennmaßes der Betondeckung c_{nom} müssen unplanmäßige Abweichungen durch zulässige negative Ab-

---

[371] Nürnberger (2011) Merkblatt 866 - Nichtrostender Betonstahl, S. 14
[372] DIN 488-1 (08/2009), Absatz 6, Tabelle 2
[373] Rempel et al. (2015) Filigrane Bauwerke aus Textilbeton, S. 83
[374] DIN EN 1992-1-1 (01/2011), Abschnitt 4.4.1.1
[375] DIN EN 1992-1-1 (01/2011), Abschnitt 4.4.1.2, Formel 4.2

weichungen in der Bauausführung mit dem Vorhaltemaß Δc_{dev} berücksichtigt werden. [376] Der empfohlene Wert ist in der DIN EN 1992-1-1 (01/2011) mit Δc_{dev} = 10 mm angegeben. Wird das Bauteil in einem Fertigteilwerk produziert, kann unter Berücksichtigung des DBV-Merkblattes „Betondeckung und Bewehrung" Δc_{dev} um 5 mm reduziert werden. [377]

Die Bauteilherstellung steht immer unter der Maßgabe einer möglichst dauerhaften und wirtschaftlichen Nutzung. [378] Daher muss in der Planung und Bauausführung auch immer die Gewährleistung der Dauerhaftigkeit von Bauwerken und Bauteilen über Jahrzehnte berücksichtigt werden. Eine große Motivation für die Entwicklung nichtmetallischer Bewehrungsstrukturen, wie Carbonfaserbewehrung, ist der Fakt, dass Betonstähle korrodieren und für mangelhafte Stahlbetonbauteile mit korrodierter Bewehrung eine deutlich verkürzte Lebensdauer zu erwarten ist. Der größte Teil der Schäden an Betonbauwerken tritt infolge einer fehlerhaften Betontechnologie oder einer mangelhaften Bauausführung auf, [379] die die Voraussetzungen für eine beginnende Bewehrungskorrosion schaffen. Das wirksamste Mittel gegen Korrosion ist die Sicherstellung der Mindestbetondeckung und die Herstellung einer dichten Betonmatrix. Die Mindestbetondeckung bewegt sich in der Regel in Bereichen zwischen 20 mm bis 30 mm, in Bereichen mit Meerwasserkontakt bis 70 mm. [380] Der Einsatz nichtrostender Bewehrung verringert die Mindestbetondeckung $c_{min,dur}$ (zur Sicherstellung der Dauerhaftigkeit). Für alle Expositionsklassen gilt bei der Verwendung einer nichtrostenden Bewehrung die für XC1 angegebene Mindestbetondeckung von 10 mm. [381] Im Ergebnis kann eine nicht metallische Bewehrung die Mindestbetondeckung im Küstenbereich um circa 40 mm bis 50 mm verringern. In weniger exponierten Lagen ist der Effekt geringer. Einen weiteren Einfluss auf die Mindestbetonbedeckung hat das gewählte Größtkorn in der Gesteinskörnung (diese Beziehung gilt wechselseitig). Ein Größtkorn von 16 mm bedingt eine Mindestbetondeckung von > 35 mm oder das Größtkorn ist zu reduzieren.

---

[376] DIN EN 1992-1-1 (01/2011), Abschnitt 4.4.1.3
[377] DIN EN 1992-1-1 (01/2011), Abschnitt 4.4.1.3 (3)
[378] Weber (2013) Betoninstandsetzung, S. 15
[379] Weber (2013) Betoninstandsetzung, S. 23
[380] DIN EN 1992-1-1 (01/2011), Tabelle 4.4N
[381] An dieser Stelle wird sich auf die Angaben aus den Allgemeinen bauaufsichtlichen Zulassungen bezogen. Angaben aus „Zustimmungen im Einzelfall" werden nicht berücksichtigt.

4.3.2 Bandbreite der Anwendungsfelder

In Abschnitt 2.2 sind die Vorteile des Baustoffs Carbonbeton aufgezeigt. Aus den Vorteilen ergibt sich eine große Bandbreite von möglichen Anwendungen. Durch die Korrosionsbeständigkeit der textilen Bewehrung und der dadurch geringeren erforderlichen Betondeckung bei Carbonbetonbauteilen können Bauteile gegenüber der konventionellen Stahlbetonbauweise schlanker, ressourcensparender und in einigen Fällen auch wirtschaftlicher [382] produziert werden. Derzeit werden Neubauteile aus Carbonbeton ausschließlich in Fertigteilbauweise produziert, sodass die Vorteile der Fertigbauweise mit einbezogen werden. Dazu zählen die Verkürzung der reinen Bauzeit auf der Baustelle gegenüber der Ortbetonbauweise, das Erreichen einer höheren Qualität sowie die häufig optisch ansprechendere Betonoberfläche durch die Sicherstellung der Maßgenauigkeit und die kontrollierte und wetterunabhängige Herstellung. [383]

Mit Carbonbeton können sowohl tragende als auch nicht tragende Bauteile mit geringen Bauteildicken konzeptioniert und hergestellt werden. Die Reduktion der Bauteilgewichte bringt weitere wirtschaftliche Vorteile, wie zum Beispiel geringere Transportkosten pro Element und die Möglichkeit zur Verwendung weniger leistungsstarker Hebezeuge. Die folgenden Abschnitte zeigen die Vielzahl möglicher Anwendungen von Carbonbeton. Für einen kleinen Kreis der Textilbeton-Anwendungen liegen bereits allgemein bauaufsichtliche Zulassungen vor (zum Beispiel für Schubgitter aus einem Glasfasergitter für Sandwichwände [384] und das Verstärken von Stahlbeton mit Carbonbeton der Marke TUDALIT [385]). Der überwiegende Teil der umgesetzten Projekte wurde im Rahmen von Pilotprojekten mit der Erteilung von Zustimmungen im Einzelfall (ZiE) umgesetzt. Zur Herstellung von Neubaubauteilen aus Textilbeton wurden auf nationaler Ebene bisher vorrangig Bewehrungsstrukturen aus alkaliresistenten Glasfasern (AR-Glas) genutzt. Der bis dato größere Kenntnisstand im Vergleich zu Carbonbewehrungsstrukturen begründet sich auf längere Forschungsaktivitäten zum AR-Glas. International gibt es aber auch bereits eine Vielzahl von Objekten, die mit Carbonbeton ausgeführt

---

[382] Nicht für jedes im Nachfolgenden aufgezeigte Bauprodukt oder Bauteil gilt, dass die Herstellung aus dem Baumaterial Carbonbeton die kostengünstige Variante ist. Alternative Baumaterialien, wie Stahlbeton, Spannbeton, Naturstein und weitere, sind teils kostengünstiger. Jedoch ist der grundsätzliche Tenor der „Carbonbeton-Fachwelt" auf den bisher zehn Veranstaltungen der Reihe „Carbon- und Textilbetontage" (ehemals TUDALIT-Anwendertagung), dass mit weiterer Marktetablierung des Carbonbetons eine wirtschaftliche Alternative zur Verfügung steht. Das gilt insbesondere dann, wenn die längere Bauteilnutzungsdauer hinzugerechnet wird.

[383] Bachmann et al. (2010) Bauen mit Betonfertigteilen im Hochbau, S. 5

[384] Solidian AbZ Z-71.3-39 (2017)

[385] TUDAG AbZ Z-31.10-182 (2016)

wurden. Bereits in den 1990er Jahren wurden in Japan und Kanada Brücken mit Carbonbewehrungen errichtet. [386] Auch in den Vereinigten Staaten von Amerika finden sich Brücken aus Carbonbeton. [387] Die folgenden Anwendungsbeispiele für den Baustoff Carbonbeton sind in dieser großen Bandbreite aus zwei Gründen wiedergegeben:

- Bezogen auf die vorliegende Arbeit: die Untersuchung der Recyclingfähigkeit von Carbonbeton basiert auf Versuchen zu Zerkleinerungs- und Separationstechnologien. Dafür wurden eigens Carbonbetonbauteile hergestellt, die die gesamte Bandbreite möglicher Bauteile abbilden und den Ausgangspunkt verifizierbarer Ergebnisse darstellen sollen.

- Bezogen auf die Abbruch- und Recyclingindustrie: Für zukünftige Arbeiten mit Carbonbeton soll die gesamte Varianz und die Relevanz späterer Abbruch- und Recyclingaufgaben eingeschätzt werden können.

4.3.2.1 Fassadenplatten und Fassadenbekleidungen

Der Einsatz von Carbonbeton ermöglicht die Realisierung sehr dünnwandiger Fassadenbekleidungen. So können 70 mm bis 100 mm starke konventionelle Stahlbetonfassadenplatten [388] durch nur 30 mm dünne carbonbewehrte Fassadenplatten substituiert werden. Dabei wird circa 70 % des Materials gespart. [389] Beispielsweise wurden bis zu 9 m² große Fassadenelemente für das Stadtquartier „Neuer Markt" von der Firma Max Bögl entwickelt und gefertigt. Für diese Fassadenplatten wurde eine ZiE erteilt. Nach Zusammenarbeit zwischen der TU Dresden, der RWTH Aachen und der Firma Hering Bau GmbH & Co. KG produziert die Firma Hering Bau seit Jahren Fassadenplatten mit Carbonbewehrung mit der Beantragung einer ZiE (das Bewehren mit AR-Glas ist bereits bauaufsichtlich zugelassen) [390]. Die Fassadenelemente aus Carbonbeton (Abbildung 4.8) bestehen aus ebenen Textilgelegen bei Elementabmessungen von maximal 120 cm × 60 cm (20 mm Plattenstärke) bis maximal 240 cm × 120 cm (40 mm Plattenstärke). Am Neubau des Wirtschaftsgebäudes „SchieferErlebnis" in Dormettingen sind Fassadenplatten (Abbildung 4.9) mit einer Fassadenfläche von 150 cm × 410 cm (50 mm Plattenstärke) montiert. [391] Das geringere Eigengewicht gegenüber betonstahlbewehrten

---

[386] Rizalla/Tadros (2000) FRP for prestressing of concrete bridges in Canada, S. 75 ff.
[387] Ushima et al. Field deployment of carbon-fiber-reinforced polymer in bridge applications, S. 29 ff.
[388] Fachvereinigung Deutscher Betonfertigteilbau e. V. (2009) Betonfertigteile im Geschoss- und Hallenbau, S. 42
[389] Rempel et al. (2015) Filigrane großformatige Fassadenplatten mit Carbonbewehrung für das Bauvorhaben "Neuer Markt", S. 11
[390] Hering Bau AbZ Z-33.1-577 (2013)
[391] Rempel et al. (2015) Filigrane Bauwerke aus Textilbeton, S. 85

Fassadenplatten verringert die Aufwendungen für Transport, Montage und Aufhänge-
konstruktionen. [392]

Als weitere Umsetzung des Carbonbetons in der Fassadengestaltung ist die Verkleidung
der oberen Pylonenspitzen der dritten Bosporusbrücke am Schwarzen Meer mit Fassadenplatten der Firma solidian GmbH, entwickelt in Zusammenarbeit mit der Firma Fib-
robeton, zu nennen (Abbildung 4.10). Die bis zu 14,5 m² großen und nur 30 mm dünnen
Fassadenplatten sind auf der Plattenrückseite im hochbelasteten Stegbereich mit Carbongelegen bewehrt. [393]

Abbildung 4.8: Fassadenplatten am Hubert-Engels-Labor der TU Dresden

Abbildung 4.9: Fassadenplatte am Gebäude „SchieferErlebnis" [394]

Abbildung 4.10: Fassadenplatten an der dritten Bosporusbrücke [395]

4.3.2.2 Sandwichelemente und Elementwände

Sandwichelemente für Industrie- und Geschossbauten werden vorrangig mit Deck-
schichten aus Metall (bspw. Stahltrapezblechen) oder in Stahlbeton ausgeführt. [396] In
der Textilbetonbauweise wurden bisher nur Sandwichelemente mit AR-Glasbewehrung
in der Forschung und Praxis hergestellt. Aufgrund der vielversprechenden Anwen-
dungsmöglichkeit für den Einsatz von Carbonbewehrungsstrukturen werden die bishe-
rigen AR-Glas-Projekte dennoch vorgestellt.

Grundsätzlich gilt, dass sich mit der Verringerung der Dicke für die Außenschale die
Nutzfläche bei gleichbleibender Gebäudekubator im Vergleich zu betonstahlbewehrten

---

[392] Curbach et al. (2003) Entwicklung einer großformatigen, dünnwandigen, textilbewehrten Fassadenplatte, S. 349

[393] Shams (2017) Verkleidung der höchsten Brückenpfeiler der Welt mit Textilbeton, S. 75

[394] Bildquelle: solidian GmbH

[395] Bildquelle: solidian GmbH

[396] Fachvereinigung Deutscher Betonfertigteilbau e. V. (2009) Betonfertigteile im Geschoss- und Hallenbau, S. 44

Sandwichelementen vergrößert. [397] Alternativ kann die Dämmstärke im Kern des Sandwichelements erhöht und somit der Wärmedurchgang der Wand reduziert werden. So hergestellte Sandwichelemente können als selbsttragende Sandwichfassaden von Hallen- und Geschossbauten oder als tragende Bauteile modularer Bauten eingesetzt werden. [398] Die selbsttragenden Fassadenelemente wurden auch bei einem Institutsneubau der RWTH Aachen montiert (Abbildung 4.11). Die Abmessungen der Platten sind 345 cm x 100 cm x 18 cm (L × H × T). [399]

Abbildung 4.11: Fassadenansicht des Institutsneubaus INNOTEX an der RWTH Aachen [400]

Abbildung 4.12: Detail des AR-Glas-Schubgitters in einer Sandwichwand [401]

Abbildung 4.13: Sandwichelement, Bauvorhaben „Eastsite VIII" in Mannheim [402]

Die dünnen Schalen aus glasfaserbewehrtem Beton sind mittels Verbundnadeln und Diagonalankern aus Edelstahl gekoppelt. Das Eigengewicht der Außenschale und die auftretenden Windlasten werden über die Verbundnadeln und Diagonalanker auf die Innenschale und auf die Pfosten-Riegel-Konstruktion mit verschweißten Konsolen übertragen. Verbundnadeln und Diagonalanker aus Edelstahl sind dauerbeständig, aber teuer und stellen eine Kältebrücke dar. [403] Aus diesen Gründen liegt der Einsatz von textilen Ankern oder Gittern zwischen den Schalen nahe. Der Firma solidian GmbH wurde die erste allgemeine bauaufsichtliche Zulassung (AbZ Z-71.3-39) für ein Sandwich-Fassadenwand-System aus glasfaserbewehrtem Beton mit einem textilen Schubgitter erteilt (siehe Abbildung 4.12 und Abbildung 4.13). In der Zulassung sind Wärmedämmstärken bis zu 250 mm – ungeachtet der Dämmstoffart – vorgesehen. Die einzelnen Schubgitter sind solidian GRID-Gelege Q121/121-AAE-38, [404] welche als abgewinkelte T-Profile

[397] Hegger et al. (2007) Textilbewehrter Beton, S. 367
[398] Rempel et al. (2015) Filigrane Bauwerke aus Textilbeton, S. 86
[399] Rempel et al. (2015) Filigrane Bauwerke aus Textilbeton, S. 86
[400] Rempel et al. (2015) Filigrane Bauwerke aus Textilbeton, S. 86
[401] Bildquelle: solidian GmbH
[402] Bildquelle: solidian GmbH
[403] Kulas (2017) Allgemeine bauaufsichtliche Zulassung für Sandwichwände und Modulbauten, S. 23
[404] Solidian AbZ Z-71.3-39 (2017), S. 16

in beiden Schalen einbetoniert werden. Die nichttragende Wärmedämmung wird zwischen die horizontal und vertikal verlaufenden Schubgitter geklemmt. [405] Aus Sicht einer später notwendigen sortenreinen Trennung und der Aufbereitung der Wertstoffe ist dies vorteilhaft. Eine weitere Möglichkeit ist die Herstellung von Elementwänden, die nur aus einer Innen- und einer Außenschale (jeweils 30 mm stark) mit Carbonbewehrungsgelegen ohne Dämmstoffkern bestehen. Der Zwischenbereich würde, wie bei konventionellen Elementwänden, in situ mit Ortbeton verfüllt werden und als tragende Wandscheibe wirken. [406] Sinnvolle Einsätze ergeben sich im Bereich weißer Wannen zur Beschränkung der Rissbreiten oder im Infrastruktur- und Tiefbau.

4.3.2.3 Schalentragwerke

Mit den hervorragenden Materialeigenschaften ist Carbonbeton prädestiniert für den Bau filigraner Flächentragwerke. Insbesondere die freie Formgebung durch flexible Bewehrungsgelege (zum Beispiel mit ungeschlichteten Fasern oder Fasern mit SBR-Beschichtung), [407] ist Grundlage für das hohe Anwendungspotenzial. [408] Gewölbte Dächer in Form von Schalentragwerken, wie die zahlreichen doppelt gekrümmten Betonschalentragwerke von Ulrich Müther, sind realisierbar. [409] Die effiziente Lastabtragung begründet sich auf der Strukturform einer gewölbten Fläche oder eines gewölbten Bauteils. Im Membranspannungszustand verlaufen die Normalspannungen hauptsächlich parallel zur Bauteiloberfläche. [410] Diese Druckkräfte können optimal von dem flächigen Bauteil abgetragen werden, sodass die statisch notwendige Bauteildicke auf ein Minimum reduziert werden kann.

Auf dem Gelände der RWTH Aachen wurde für die Nutzung als Seminar- und Veranstaltungsgebäude ein Schalentragwerk mit einer doppelt gekrümmten Dachfläche errichtet. Die Fläche setzt sich aus vier gleichen symmetrischen Schalen mit den jeweiligen Abmessungen von 7 m x 7 m zusammen (Abbildung 4.14). Die vier Carbonbetonschalen, die mit ungeschlichteten Carbongelegen bewehrt sind, messen nur 60 mm in der Dicke. [411]

Ein weiteres Schalentragwerk setzt sich aus zweifach gekrümmten, dreieckigen Carbonbetonelementen zusammen (Abbildung 4.15). Die Schalen entstanden in Kooperation

[405] Kulas (2017) Allgemeine bauaufsichtliche Zulassung für Sandwichwände und Modulbauten, S. 23
[406] Fachvereinigung Deutscher Betonfertigteilbau e. V. (2009) Betonfertigteile im Geschoss- und Hallenbau, S. 44
[407] Cherif (2011) Textile Werkstoffe für den Leichtbau, S. 82
[408] Schätzke et al. (2011) Doppelt gekrümmte Schalen und Gitterschalen aus Textilbeton, S. 315 ff.
[409] Stiglat (2004) Bauingenieure und ihr Werk, S. 259
[410] Franz et al. (1988) Konstruktionslehre des Stahlbetons: Band 2, Tragwerke A, Typische Tragwerke
[411] Rempel et al. (2015) Filigrane Bauwerke aus Textilbeton, S. 89

zwischen der TU Dresden und den beteiligten Projektpartnern. [412] Zur Sicherstellung der beiderseitigen Sichtbetonqualität erfolgte die Betonage in einer bauteilumschließenden Schalung. Die Schalenelemente lassen sich demontieren und beliebig oft wieder montieren. [413] Der gezeigte Pavillon steht zur Demonstration und als Dauerstandversuch in Kahla (Thüringen). [414]

Abbildung 4.14: Ansicht des Pavillons, RWTH Aachen, Rohbaufertigstellung [415]

Abbildung 4.15: Carbonbetonschale als Pavillon, Kahla [416]

Aufgrund der filigranen Bauweise und der effizienten Traglastausnutzung sind Schalentragwerke auch als leichte Deckenelemente für das Bauen im Bestand interessant. In einem Forschungsprojekt des STFI Chemnitz wurden Halbfertigteile entwickelt, die händisch transportiert und im eingebauten Zustand mit einem Aufbeton ergänzt werden können.

4.3.2.4 Decken und Balkonplatten

In Zusammenarbeit zwischen dem Institut für Massivbau der TU Dresden und Partnern der Industrie wurde eine Balkonplatte für den Wohnungsbau entwickelt (Abbildung 4.16). Mit einer Grundfläche von 375 cm × 175 cm ist die Platte zweiachsig gespannt und an den vier Ecken punktgelagert, was der typischen Ausbildung bei vorgeständerten Balkonanlagen entspricht. [417] Die Platte ist eine Hybridkonstruktion aus Stahlbeton und Carbonbeton und beinhaltet als tragenden Oberzug einen umlaufenden Stahlbetonrandbalken. Der Plattenspiegel aus Carbonbeton ist mit einem Gefälle ausgebildet. [418] Die

---

[412] Ehlig et al. (2012) Textilbeton - Ausgeführte Projekte im Überblick, S. 777 ff.
[413] Kupke/Rupp (2011) Schalenförmiges Fertigteil als Hüllfläche und Tragkonstruktion eines Gebäudes, S. 13
[414] Ehlig et al. (2012) Textilbeton - Ausgeführte Projekte im Überblick, S. 777 ff.
[415] Rempel et al. (2015) Filigrane Bauwerke aus Textilbeton, S. 89
[416] Bildquelle: Ulrich van Stipriaan, TU Dresden
[417] Frenzel et al. (2014) Leicht Bauen mit Beton: Balkonplatten mit Carbonbewehrung, S. 716
[418] Frenzel (2015) Balkonplatte aus Textilbeton: Leicht und materialeffizient, S. 13

Plattenstärke liegt in diesem Bereich zwischen 110 mm (am Hochpunkt) und 45 mm (am Tiefpunkt). Mit der Substitution der Stahlbewehrung durch ein Carbongelege in der Spiegelfläche konnte das Bauteilgewicht auf die Hälfte einer üblichen Stahlbetonbalkonplatte reduziert werden. Die Wirtschaftlichkeitsbetrachtung schließt die gewichtsbedingten Kostenersparnisse beim Transport, der Montage und bei der Stahlständerkonstruktion mit ein und konnte aufzeigen, dass die textilbewehrte Balkonplatte gegenüber einer Stahlbetonplatte wirtschaftlich konkurrenzfähig sein kann. [419]

Am Institut für Massivbau der Technischen Universität Dresden werden zudem praxisgerechte Konstruktionsprinzipien entwickelt, die das Steifigkeitsdefizit gegenüber massiveren Stahlbetonbauteilen egalisieren sollen. [420] Das bei einer Deckenschale angewendete Konstruktionsprinzip besteht aus einer einfach gekrümmten Schale, die als Druckbogen belastet wird. Die im Bauteil entstehenden Zugkräfte werden in zwei unterhalb verlaufenden geraden Zugbändern mit Hilfe von Carbonstäben aufgenommen (Abbildung 4.17). Die Überhöhung des flachen Bogens wird mit Aufbeton in situ ausgeglichen. Das 62,5 cm breite Deckenelement wiegt bei 500 cm Spannweite circa 400 kg und ist damit circa 1.000 kg leichter als ein vergleichbares Stahlbetondeckenelement. Die Bewehrung in der Bogenfläche besteht aus Carbonfasergelegen.

Abbildung 4.16: Hybridbewehrte Balkonplatte im Prüfstand OML der TU Dresden [421]

Abbildung 4.17: Untersicht Deckenelement im OML der TU Dresden [422]

4.3.2.5 Brücken

Ein weiteres Anwendungsgebiet stellt die Herstellung von Fuß- und Radwegbrücken dar. Durch die geringe Mindestbetondeckung und die hohe Zugfestigkeit der Carbonbewehrung im Zusammenspiel mit leistungsfähigen Betonen können schlanke Bauteile

---

[419] Frenzel (2015) Balkonplatte aus Textilbeton: Leicht und materialeffizient, S. 13
[420] May (2017) Materialeffiziente Deckenelemente aus Carbonbeton, S. 59
[421] Bildquelle: Michael Frenzel, TU Dresden
[422] Bildquelle: Sebastian May, TU Dresden

mit einer hohen Tragfähigkeit hergestellt werden. [423] Aufgrund der Bildung eines fein verteilten Rissbildes mit kleinsten Rissbreiten bei einer lokalen Überschreitung der Betonzugfestigkeit erfüllt der Verbundwerkstoff die Kriterien der Dauerhaftigkeit – insbesondere gegen Tausalzangriff. [424] In gleicher Weise wie bei den bereits vorgestellten Anwendungsfeldern sind auch bei Brücken die Dauerhaftigkeit und die Reduktion der Kosten für den Transport und die Montage die wesentlichen Vorteile. [425] Textilbetonbrücken als Geh- und Radwegüberführung wurden unter anderem bereits in Oschatz (Sachsen), Kempten (Allgäu) und Albstadt-Lautlingen (Baden-Württemberg) hergestellt. [426]

Eine Textilbetonbrücke (AR-Glasgelege in Verbindung mit Spannstahl-Monolitzen) wurde 2005 in Oschatz errichtet. Mit einer Länge von 8,6 m und einer Bauteildicke von nur 30 mm wurde die Brücke in Segmentbauweise im Fertigteilwerk errichtet. Durch die Segmentierung und die geringfügige Modifikation konnte eine weitere Anwendung im Jahr 2007 als Fuß- und Radwegbrücke in Kempten mit einer Spannweite von 15,95 m realisiert werden (Abbildung 4.18). [427] Bei der letztgenannten Brücke ist trotz der größeren Stützweite eine zeitweilige Befahrung mit Fahrzeugen bis 3,5 t Gesamtmasse möglich. Die U-förmigen Textilbetonsegmente sind flächig mit jeweils vier bis fünf Lagen AR-Glasgelege bewehrt [428] und im Betonspritzverfahren hergestellt. Die Haupttragbewehrung über die gesamte Brückenlänge ist durch sechs Spannstahlmonolitzen [429] sichergestellt. Für beide Brücken war je eine Zustimmung im Einzelfall notwendig.

Als weiteres Pilotprojekt ist die Carbonbetonbrücke in Albstadt-Ebingen zu nennen (Abbildung 4.19). Die ausschließlich carbonbewehrte Betonbrücke wurde im Oktober 2015 als Fertigteilsegment hergestellt und montiert. [430] Der Trogquerschnitt besteht aus einer nur 90 mm dünnen Platte und zwei aufgehenden, jeweils 70 mm starken Seitenwangen. Als Biegezug- und Querkraftbewehrung wurde ein Carbongelege verwendet. [431]. Bei einer Stützweite von 15 m wiegt das Brückenelement circa 14.000 kg und damit nur die Hälfte einer vergleichbaren Brücke in der Stahlbetonbauweise. [432]

[423] Helbig et al. (2016) Fuß- und Radwegbrücke aus Carbonbeton in Albstadt-Ebingen, S. 676
[424] Rempel et al. (2015) Filigrane Bauwerke aus Textilbeton, S. 91
[425] Helbig et al. (2016) Fuß- und Radwegbrücke aus Carbonbeton in Albstadt-Ebingen, S. 676
[426] Scheerer et al. (2014) Brücken aus Textilbeton
[427] Michler (2013) Segmentbrücke aus textilbewehrtem Beton - Rottachsteg Kempten im Allgäu, S. 326
[428] Michler (2013) Segmentbrücke aus textilbewehrtem Beton - Rottachsteg Kempten im Allgäu, S. 329
[429] Ehlig et al. (2012) Textilbeton - Ausgeführte Projekte im Überblick, S. 779
[430] Helbig et al. (2016) Fuß- und Radwegbrücke aus Carbonbeton in Albstadt-Ebingen, S. 684
[431] Siehe Lieferformen von Carbonbewehrungen (Abschnitt 4.1.4), S. 63
[432] Helbig et al. (2016) Fuß- und Radwegbrücke aus Carbonbeton in Albstadt-Ebingen, S. 676

Abbildung 4.18: Segmentbrücke in Kempten aus AR-Glasbewehrtem Textilbeton[433]

Abbildung 4.19: Carbonbetonbrücke in Albstadt-Ebingen[434]

Als weitere Textilbetonbrücke wurde 2010 in Albstadt-Lautlingen eine Fuß- und Radwegbrücke freigegeben, die derzeit mit 97,0 m die längste Brücke aus Textilbeton darstellt (Abbildung 4.20).[435] Die Konstruktion besteht aus sechs Fertigteilelementen mit Segmentlängen zwischen 11,8 m und 17,2 m. Die Bewehrung in den Segmenten besteht aus vorgeformten AR-Glasgelegen. Die Segmente sind mit Spannstahlmonolitzen ohne Verbund vorgespannt (Abbildung 4.21).[436]

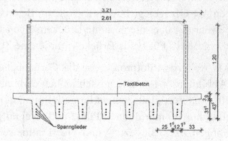

Abbildung 4.20: Ansicht Textilbetonbrücke Albstadt-Lautlingen[437]

Abbildung 4.21: Plattenbalkenquerschnitt Textilbetonbrücke in Albstadt-Lautlingen[438]

[433] Rempel et al. (2015) Filigrane Bauwerke aus Textilbeton, S. 91
[434] Bildquelle: solidian GmbH
[435] Rempel et al. (2015) Filigrane Bauwerke aus Textilbeton, S. 90
[436] Ehlig et al. (2012) Textilbeton - Ausgeführte Projekte im Überblick, S. 780
[437] Bildquelle: solidian GmbH
[438] Ehlig et al. (2012) Textilbeton - Ausgeführte Projekte im Überblick, S. 780

4.3.2.6 Fertiggaragen als Moduleinheiten

Fertigteilgaragen aus Stahlbeton werden von vielen Herstellern angeboten und erfolgreich vertrieben. Fertigteilgaragen können als einzelne Module im Fertigteilwerk hergestellt werden und zu Einzel-, Doppel- oder Mehrfeldgaragen montiert werden. [439] Betonfertiggaragen sind nach DIN EN 1992-1-1 (01/2011) unter Berücksichtigung von Sonderregelungen zur Betondeckung zu bemessen. So hergestellte Garagenkonstruktionen haben inklusive der Bodenplatte ein Modulgewicht von > 15 t. [440] Bisher konnten mit einer Sondergenehmigung für den Transport von Garagen stets zwei Garagenmodule pro Spezialfahrzeug transportiert werden, auch wenn das Transportgewicht mit zwei Modulen > 23 t betrug. Bei zwei zu transportierenden Garagen handelt es sich jedoch um eine teilbare Ladung, die nach aktueller Regelung mit zwei Transporten zu realisieren ist. Mit dem Erlöschen der Sondergenehmigung ist das Transportgewicht auf 23 t begrenzt und die mindestens 15 t schweren Stahlbetonfertigteilgaragen sind einzeln zu transportieren. [441]

Durch die Verringerung der Betondeckung können die Garagenmodule mit Glas- oder Carbonbewehrung im Vergleich zu Fertigteilgaragen aus Stahlbeton deutlich dünnwandiger und mit geringerem Gewicht hergestellt werden. [442] Eine Einzelgarage wiegt mit einer Wandstärke von 40 mm bis 50 mm inklusive Bodenplatte nur circa 11 t. Durch die Gewichtsreduktion lassen sich die Kosten für den Transport auf die Hälfte reduzieren. Die Firma solidian GmbH erhielt dafür im Mai 2018 die allgemeine bauaufsichtliche Zulassung für Fertigteilgaragen mit textiler Glasfaserbewehrung. [443]

4.3.2.7 Verstärkung und Instandsetzung

Im Bauwesen werden Carbonfasern bereits seit einigen Jahren zur statischen Ertüchtigung bestehender Bauteile mit dem Aufkleben von Laminaten und Lamellen verwendet (Abbildung 4.22). [444] Ein weiterer Einsatz im Bauwesen stellt das Einbringen von Carbonfaserstäben dar, welche in eingefräste Schlitze in situ eingelegt und anschließend

---

[439] Bachmann et al. (2010) Bauen mit Betonfertigteilen im Hochbau, S. 1
[440] Kulas (2015) Fertigteilgaragen aus Textilbeton, S. 3
[441] Kulas (2017) Allgemeine bauaufsichtliche Zulassung für Sandwichwände und Modulbauten, S. 23
[442] Scholzen et al. (2012) Dünnwandiges Schalentragwerk aus textilbewehrtem Beton; Entwurf, Bemessung und baupraktische Umsetzung, S. 767
[443] Solidian AbZ Z-71.3-40
[444] Jesse/Curbach (2010) Verstärken mit Textilbeton, S. 463

vergossen werden. [445] Darüber hinaus finden sich Anwendungsfelder textiler Bewehrungen für stahlbewehrte Betonbauteile als Biegeverstärkungen, [446] Querkraftverstärkungen, [447] Normalkraftverstärkungen, [448] Torsionsverstärkungen [449] oder als Umschnürungen von Stützen mit Carbonfaserverstärkungen für eine Erhöhung der Lastaufnahme und zur Erhöhung des Erdbebenwiderstandes.

Ein wichtiger Schritt für die Anwendung von Carbonfasern als Verstärkung war die bauaufsichtliche Zulassung im Jahr 2015 für das „Verfahren zur Verstärkung von Stahlbetonbauteilen mit TUDALIT (Textilbeton)" (Abbildung 4.23). [450] Die Verstärkung kann örtlich begrenzt in Bauteilbereichen (zum Beispiel im Bereich des größten Biegemomentes) oder als Verstärkung ganzer Flächen ausgeführt werden. [451]

Abbildung 4.22: CFK-Lamellen zur Verstärkung eines Stahlbetonunterzuges

Abbildung 4.23: Aufbringen des textilen Carbonfasergeleges [452]

Die Realisierung hoher Tragfähigkeiten bei gleichzeitig geringer Verstärkungsschichtdicke in Verbindung mit der Möglichkeit, sehr gute Oberflächenqualitäten umzusetzen, führt zu vielversprechenden Anwendungen von Textilbeton zur Verstärkung und Instandsetzung im Bereich denkmalgeschützter oder ingenieurtechnisch bedeutender Bauwerke. [453] Gerade im Hinblick auf die verschiedenen Phasen des Lebenszyklus eines Bauwerkes kann die Notwendigkeit bestehen, Verstärkungsmaßnahmen durchzuführen.

[445] Kulas (2014) Zum Tragverhalten getränkter textiler Bewehrungselemente für Betonbauteile, S. 11
[446] Schladitz et al. (2011) Biegetragfähigkeit von textilbetonverstärkten Stahlbetonplatten, S. 377 ff.
[447] Brückner et al. (2013) Plattenbalken mit Querkraftverstärkung aus Textilbeton unter nicht vorwiegend ruhender Belastung, S. 169 ff.
[448] Ortlepp et al. (2011) Textilbetonverstärkte Stahlbetonstützen, S. 640 ff.
[449] Schladitz/Curbach (2009) Torsionsversuche an textilbetonverstärkten Stahlbetonbauteilen, S. 835 ff.
[450] TUDAG AbZ Z-31.10-182 (2016)
[451] Lorenz et al. (2015) Textilbeton - Eigenschaften des Verbundwerkstoffes, S. 29
[452] Scheerer (2015) Was ist Textilbeton?, S. 6
[453] Erhard et al. (2015) Anwendungsbeispiele für Textilbetonverstärkung, S. 74

Dies begründet sich mit häufig wechselnden Nutzungsanforderungen und den daraus resultierenden Umbauten, Umnutzungen oder Veränderungen der ursprünglich bestehenden Tragstrukturen. [454]

Zur Sicherstellung der Qualität der verwendeten Bauprodukte (Feinbeton und textiles Gelege) sowie die Qualität der Ausführung muss ein weitreichendes Prüf-, Überwachungs- und Zertifizierungssystem (PÜZ-System) unterhalten werden. [455] So ist festgelegt, dass Arbeiten zur Verstärkung von Stahlbeton mit TUDALIT nur von Unternehmen ausgeführt werden dürfen, die ihre fachliche Eignung gegenüber der TUDAG oder einer anerkannten Prüfstelle nachgewiesen haben. [456] Im Rahmen der thematischen Vertiefung in das Stoffgebiet hat der Autor das Seminar zum Verstärkungsverfahren besucht und die abschließende Fachprüfung erfolgreich abgeschlossen. [457] Durch das Vorhandensein der bauaufsichtlichen Zulassung für das Verstärken mit Carbonbeton sind eindeutige Regelungen für die Planung, Bemessung, Ausführung und die fachliche Eignung zertifizierter Ausführungsbetriebe gegeben. Dies stellt gegenüber dem Einsatz von Carbonfasern bei der Herstellung von neuen Carbonbetonbauteilen einen Vorsprung dar.

Bereits im Jahr 2006 wurde in Schweinfurt eine hyperbolische Dachkonstruktion in zwei auskragenden Eckbereichen verstärkt. In eine nur 15 mm dicke Textilbetonschicht wurden 450 m² Carbongelege eingebettet, mit der eine erhebliche Tragfähigkeitssteigerung realisiert werden konnte. [458] Im Jahr 2008 konnte in Zwickau durch die Verstärkung des circa 7 m × 16 m großen Tonnendachs eines denkmalgeschützten Gebäudekomplexes eine Umnutzung realisiert werden. Unter die nur 8 cm dicke Stahlbetondachkonstruktion wurden in drei Lagen in Summe 800 m² Carbongelege appliziert. [459] Als erstes Wohngebäude wurde 2009 ein Wohn- und Geschäftshaus in Prag bereits zeitnah nach der Fertigstellung verstärkt. Zur Verstärkung wurden an der Deckenunterseite circa 3.000 m² Carbongelege in bis zu vier Lagen aufgebracht. [460]

Ein weiteres Projekt konnte im Jahr 2012 umgesetzt werden. In diesem Projekt wurde in Uelzen ein circa 50 Jahre altes zylindrisches Zuckersilo mit dem Fassungsvermögen für 20.000 t Zucker (Durchmesser 30 m, Höhe 45 m,) instandgesetzt und verstärkt. Bei

---

[454] Erhard et al. (2015) Anwendungsbeispiele für Textilbetonverstärkung, S. 74

[455] Sauerborn/Hampel (2015) Das Prüf-, Überwachungs- und Zertifizierungssystem bei Verstärkungen mit Textilbeton, S. 101

[456] Sauerborn/Hampel (2015) Das Prüf-, Überwachungs- und Zertifizierungssystem bei Verstärkungen mit Textilbeton, S. 103

[457] Teilnahme am Seminar „Verfahren zur Verstärkung von Stahlbetonbauteilen mit TUDALIT (textilbewehrter Beton) mit Abschluss der Theoretischen Prüfung als Multiple-Choice-Test am 21.03.2016

[458] Erhard et al. (2015) Anwendungsbeispiele für Textilbetonverstärkung, S. 76

[459] Ehlig et al. (2012) Textilbeton - Ausgeführte Projekte im Überblick, S. 778

[460] Erhard et al. (2015) Anwendungsbeispiele für Textilbetonverstärkung, S. 79

diesem Stahlbetonsilo waren die grundlegende Rissinstandsetzung sowie die Wieder-
herstellung einer dauerhaft dichten und lebensmittelverträglichen Oberfläche erforderlich. Es wurden in die 20 mm dünne Verstärkungsschicht insgesamt 14.000 m² Carbongelege in vier Lagen aufgebracht. [461] Ein 80.000 t fassendes Zuckersilo konnte im Jahr
2015 nach einem Brandschaden auf die gleiche Weise instandgesetzt werden. [462] Als
Anwendungsbeispiel im Brückenbau ist ein erfolgreich umgesetztes Projekt aus dem
Jahr 2016 zu nennen. Dabei wurde die über 100 Jahre alte Eisenbahnbrücke in Naila
(Oberfranken) mit carbonbewehrtem Feinbeton saniert. Die Risse an der Untersicht der
19 m weit gespannten Bögen wurden mit 800 m² Carbonbewehrung ertüchtigt.

4.3.3   Festlegung der Bauteilgeometrie

Die vorgestellte Bandbreite der Anwendungen macht deutlich, dass bereits zahlreiche
Anwendungen für den Werkstoff Carbonbeton existieren. Die Art und Ausbildung carbonbewehrter Betonbauteile haben voraussichtlich einen Einfluss auf die Versuche zum
Abbruch und Recycling von Carbonbeton. Baukonstruktiv wird nur mit materialgerech-
ter Ausbildung der Hochleistungswerkstoff Carbonbeton ausgeschöpft. Dabei können
die Bauteile nicht nur schlankere Bauteil-geometrien und leichtere Bauteilmassen aufweisen, sondern teilweise auch gänzlich neue Formgestaltungen. Andererseits unterliegen nahezu alle Bauteile des Hoch- und Industriebaus sowie des Infrastrukturbaus vordergründig Nutzungsanforderungen und ökonomischen Zwängen, sodass kaum vorstell-
bar ist, dass kurz- und mittelfristig von flächigen orthogonalen Wand- und Deckenbau-
teilen sowie von stabförmigen Stützen und Bindern abgewichen werden wird.

Ziel des Abschnitts ist die Festlegung von Bauteilgeometrien, die sowohl den baustofflichen Besonderheiten der Carbonbetonkomponenten Genüge leisten und zugleich so
praxisnah sind, dass sie den heutigen Nutzungsanforderungen entsprechen. In der vorliegenden Arbeit ist eine Abgrenzung zu den Baukonstruktionen in der Art getroffen,
dass insbesondere das Abbrechen und Recyceln von Carbonbeton-Neubauteilen untersucht wird. Dies ist bereits bei der Wahl der Bewehrung (Gelege und Stäbe mit steifer
EP-Beschichtung) [463] und der Festlegung der Betonrezeptur (C60/75, selbstverdichtend,
Größtkorn 8 mm) [464] berücksichtigt. Bei der Festlegung repräsentativer Carbonbetonbauteile haben die Vorteile von Carbonbeton, bisherige erfolgreiche Anwendungsbeispiele sowie die Bewehrungstechnik und die Betontechnologie entscheidenden Einfluss
auf die Bauteilgeometrie. Bewusst wird sich auf Bauteile des Hochbaus beschränkt, da

---

[461] Erhard et al. (2015) Anwendungsbeispiele für Textilbetonverstärkung, S. 80
[462] TUDALIT e. V. (2015) TUDALIT Magazin: Leichter bauen - Zukunft formen, S. 1
[463] Siehe Festlegung der Carbonbewehrung (Abschnitt 4.1.5), S. 66
[464] Siehe Festlegung der Carbonbetonmatrix (Abschnitt 4.2.2), S. 72

diese in der Regel für eine kürzere Nutzungsdauer ausgelegt sind und im Rahmen von Umbauten häufiger teilabgebrochen werden als Infrastrukturbauteile.

Als abschließendes Ergebnis für die für Abbruch- und Recyclingversuche notwendigen Bauteile ist eine Pi-Platte als Deckenbauteil und schlanke Fertigteilelemente als tragende und nicht tragende Wände festgelegt. [465] Die Elemente wurden im Rahmen des C³-V1.5 Projektes durch das Institut für Massivbau der TU Dresden bemessen. Die Fertigung der Carbonbetonbauteile fand im Fertigteilwerk der Klebl GmbH in Gröbzig statt.

Der Querschnitt der Pi-Platten (Abbildung 4.24) ist auf das im Bauwesen übliche Systemmaß von 62,5 cm oder ein Vielfaches dessen abgestellt. Mit 125 cm entspricht die Deckenbreite genau dem doppelten Wert dessen. Die zwei unter dem Deckenspiegel verlaufenden Rippen wurden im Bereich der Viertelspunkte der Deckenbreite angeordnet, damit das Achsmaß der Rippen zueinander etwa dem Systemmaß von 62,5 cm entspricht (Abbildung 4.25). Die Bauteillänge ist auf die zum Zeitpunkt der Herstellung maximal lieferbare CFK-Stablänge von 500 cm festgelegt, was sich mit der maximalen Lieferlänge von 500 cm für die verwendeten Carbongelege deckt.

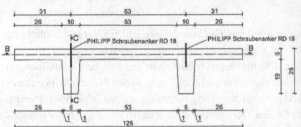

Abbildung 4.24: Querschnitt der Pi-Platte als Deckenelement [466]

Abbildung 4.25: Pi-Platte vor der Montage, im Hallenbereich gelagert

Die Abbrucharbeiten und die anschließenden Recyclingversuche finden an zwei baugleichen Demonstratorbauwerken statt, die aus jeweils zwei 5,00 m langen, nichttragenden Wandscheiben und zwei tragenden, kurzen Wandscheiben bestehen. Die Wandelemente sind mit Durchsteckhülsen und Schraubankern versehen, sodass die Wandelemente miteinander sichtbar verschraubt werden können. Den oberen Bauwerksabschluss bilden jeweils zwei aufgelagerte Deckenplatten, die mit Schubdornen lagefest

---

[465] Die Festlegung deckt sich auch mit einer Stakeholderbefragung aus dem C³-Basisvorhaben B3, mit dem Ergebnis, dass für Carbonbeton in Wand- und Deckenelementen das größte Potenzial gesehen wird.

[466] Die Schal- und Bewehrungsplanung wurde im Zuge der Bearbeitung des C³ V1.5-Projektes von Herrn Sebastian May, Institut für Massivbau der TU Dresden erstellt (Plandatum: 13.12.2016)

auf den kurzen, tragenden Wänden aufgelagert sind. Abbildung 4.26 zeigt den Grundriss eines Demonstrators mit den Außen- und Bauteilmaßen. Die Abbildung 4.27 zeigt fertig hergestellte Wandscheiben nach dem Ausschalungsprozess.

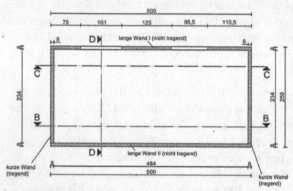

Abbildung 4.26: Grundriss der Demonstratorbauwerke [467]

Abbildung 4.27: Wandelemente vor der Montage, im Hallenbereich gelagert

Die Wände besitzen eine Höhe von 264 cm. Die Wandstärke war zur Veranschaulichung der Carbonbetonbauweise auf das Minimum der benötigten Querschnittsfläche zu reduzieren und ist für alle Wände auf 80 mm festgelegt. Neben der üblichen Bauteilbemessung hinsichtlich auftretender Normalkräfte und Biegungen in den Wandscheiben durch Windkräfte oder beim Abheben aus der Schalung waren auch der Einbau kraftübertragender Verbindungselemente für den Transport und die spätere Montage in der Bauteilbemessung zu berücksichtigen.

4.4   Herstellung repräsentativer Versuchsbauteile für die Untersuchungen

Die Planung und Herstellung der Bauteile erfolgte als Teil der Forschungsarbeiten im Rahmen des Forschungsprojektes C^3-V1.5 „Abbruch, Rückbau und Recycling von Carbonbetonbauteilen". Die Produktionsschritte orientierten sich an den Arbeitsschritten bei der Produktion von konventionellen Stahlbetonbauteilen. Die Bauteile wurden liegend geschalt, bewehrt und im Gießverfahren betoniert. Die folgende Tabelle 4.7 stellt

---

[467] Die Schal- und Bewehrungsplanung wurde im Zuge der Bearbeitung des C^3 V1.5-Projektes von Herrn Sebastian May, Institut für Massivbau der TU Dresden erstellt (Plandatum: 13.12.2016)

die Geometrien und Massen der Versuchsbauteile für die Versuche zusammen. Die Herstellung der aufgeführten Bauteile fand im Zeitraum vom 10.04.2017 bis 26.04.2017 im Fertigteilwerk Klebl GmbH in Gröbzig statt.

	Wandelement (tragend)	Wandelement (nicht tragend)	Deckenelement
Stückzahl	4 Stück	4 Stück (davon 2 ** + 2 ***)	4 Stück
Einzelgeometrie (L x B x D)	234 cm x 264 cm x 8cm	500 cm x 264 cm x 8 cm	500 cm x 125 cm x 6 (25) cm
Einzelgewicht *	1.134 kg	2.465 kg ** 1.860 kg ***	1.284 kg
Produkt Carbongelege	GRID Q95/95-CCE-38, EP-beschichtet		
Produkt Carbonstäbe	-	-	Carbon4ReBAR mit 10 mm (8 mm)
Massenanteil der Carbonbewehrung je Element	9,2 kg (0,8 %)	23,9 kg (1,0 %) ** 19,9 kg (1,1 %) ***	14,5 kg (1,1 %)
Betongüte	C60/75 mit Größtkorn 8 mm; $c_{min} = 20$ mm		

* ...	die Einzelgewichte der Bauteile sind berechnet mit dem Mittelwert der Betondichte in Höhe von 2.334 kg/m³, gemessen anhand von drei Betonprüfwürfeln
** ...	gültig für die nichttragenden Wände ohne Tür- und Fensterausschnitt
*** ...	gültig für die nichttragenden Wände mit Tür- und Fensterausschnitt

Tabelle 4.7: Zusammenfassung festgelegter Carbonbetonbauteile mit Bauteilkennwerten

Mit den Werten aus Tabelle 4.7 ergibt sich eine Gesamtmasse der Carbonbetonbauteile in Höhe von 18.322 kg mit einer Gesamtmasse der verbauten Bewehrung in Höhe von 182,4 kg. Der über alle Bauteile gemittelte Massenanteil der Carbonbewehrung liegt bei circa 1,0 %. Wird der querschnittsbezogene Bewehrungsgehalt unter Berücksichtigung der 4-fach höheren Zugfestigkeit betrachtet,[468] so ergibt sich für die Wandbauteile mit einem Bewehrungsquerschnitt von 0,24 % und die Rippendecken mit 0,27 % im Vergleich zur konventionellen Stahlbetonbauweise ein hoher Bewehrungsgrad.

---

[468] Zilch et al. (2010) Bemessung im konstruktiven Betonbau

Abbruchmassen sind oft komplexe Gemische verschiedener Einzelstoffe mit unterschiedlichen Eigenschaften. Diese Stoffe können auch stoffliche Gemeinsamkeiten besitzen, die eine effiziente Separation erschweren und anspruchsvolle Verwertungsverfahren verlangen. [469] Ohne ausführliche Kenntnisse zur Materialzusammensetzung und der Materialcharakteristik der Ausgangsstoffe ist die optimale Festlegung und Dimensionierung der Aufbereitungstechnik zum Erreichen der geforderten Qualität der Recyclingstoffe unter ökologischen und ökonomischen Randbedingungen nicht möglich. [470] Diese Tatsache begründet, weshalb die baustofflichen Grundlagen und die Materialeigenschaften von Carbonfasern und Beton im vorherigen Kapitel in der gesamten Bandbreite ausführlich dargestellt wurden. Im Ergebnis von Kapitel 4 wurden repräsentative Festlegungen für die Carbonbewehrung, die Betonmatrix und die Bauteilausbildung getroffen.

Für das Anforderungsprofil an die Separationsverfahren und die Durchführung der Versuche zum Recycling von Carbonbeton muss bei der angestrebten stofflichen Verwertung des Abbruchmaterials zwischen zwei Recyclingszenarien unterschieden werden:

- Szenario 1: Aufbereitung des Abbruchmaterials durch das Brechen **und** das Separieren der Fraktionen; anschließende Verwertung der sortenreinen, aus dem Verbundmaterial separierten Materialienfraktionen Carbonrovingfragmente und Betonfragmente;
- Szenario 2: Aufbereitung durch das Brechen des Abbruchmaterials **ohne** die Separation der Fraktionen; anschließende Verwertung des heterogenen und nicht sortenreinen Materials.

Die Begriffsdefinition „Recycling im engeren Sinne" spiegelt sich im ersten Szenario wider und beinhaltet die Notwendigkeit von Prozessen zur Separation der Fraktionen. Die Separation der einzelnen sortenreinen Fraktionen **„aufbereitetes Betonrezyklat"** und **„aufbereitete Carbonfaser"** verspricht die hochwertigsten Einsatzbereiche für die Sekundärrohstoffe.

5.1   Abbruch und Zerkleinerung der Carbonbetonbauteile

Für das Recycling von mineralischen Baustoffabfällen kommen mobile und stationäre Aufbereitungsanlagen zum Einsatz. Das Material wird zu Sekundärrohstoffen mit einer

---

[469] Martens/Goldmann (2016) Recyclingtechnik, S. VI
[470] Martens/Goldmann (2016) Recyclingtechnik, S. VI

© Der/die Herausgeber bzw. der/die Autor(en), exklusiv lizenziert durch
Springer Fachmedien Wiesbaden GmbH, ein Teil von Springer Nature 2020
J. Kortmann, *Verfahrenstechnische Untersuchungen zur Recyclingfähigkeit von Carbonbeton*, Baubetriebswesen und Bauverfahrenstechnik,
https://doi.org/10.1007/978-3-658-30125-5_5

definierten Korngrößenverteilung und stofflichen Zusammensetzung verarbeitet. Die Anforderungen an die Sekundärrohstoffe resultieren aus den späteren Verwertungsbereichen. Die notwendigen Prozessschritte umfassen das Zerkleinern, das Klassieren und das Abscheiden des Aufgabeguts. Die Prozesse können der Tabelle 5.1 entnommen werden. Die Verfahrenstechniken für das Zerkleinern und Klassieren (Schritte 1 und 3) wurden anfangs aus der Rohstoffgewinnung übernommen und für das Bauwesen leicht modifiziert. Für das Abscheiden von Störstoffen und Wertstoffen im Rahmen der Sortierung/Separierung von Baustellenabfällen (Schritt 2) mussten jedoch baustoffspezifische Maschinen konzipiert werden. Die Verfahrenstechnik für das Separieren reicht von einfachen Sieben über Magnetabscheider bis hin zur Kamerabasierten Einzelkornsortierung. Im Fall der Separierung des hochwertigen Sekundärrohstoffes „Carbonbewehrung" ist der Aufbereitungsprozess der Sortierung und Separierung zu untersuchen.

Aufbereitungs-prozess	Definition	Ziele
Zerkleinern (1)	Zerteilung eines Festkörpers durch mechanische Einwirkungen bis zum Materialbruch	- Verringerung der Größe des Aufgabegutes - Aufbruch von Verbundstoffen und Freilegung der Einzelkomponenten - Erzeugung definierter, abgestufter Materialgrößen mit geringen Größenabweichungen - Erzeugung einer möglichst kompakten Materialform ohne weitere Beschädigungen
Sortieren/ Separieren (2)	Trennung eines Materialgemisches nach Stoffarten unter Ausnutzung physikalischer Merkmale	- Elimination von Bewehrungen, Stör- und Fremdstoffen - Trennung der Recyclingbaustoffe in ihre mineralischen Bestandteile nach der Dichte
Klassieren (3)	Trennung körnigen Haufwerks nach geometrischen Abmessungen in Fraktionen	- Abtrennung von Über- und Unterkorn [471] - Herstellung definierter Größenfraktionen entsprechend der Verwertungsanforderung

Tabelle 5.1: Überblick über die Grundprozesse in der Materialaufbereitung [472]

Voraussetzung für die Durchführung der Versuche zu einem potenziell geeigneten Separationsverfahren ist das Vorliegen einer ausreichenden Menge an Carbonbetonab-

---

[471] Das Überkorn ist die Gesamtheit der mineralischen Stoffe, die in ihren Einzelgrößen über der gewünschten Kornfraktion liegt und zum Schutz der Aufbereitungsanlage vorab ausgesiebt werden. Das Unterkorn liegt unterhalb der geforderten Kornfraktion und wird zur Reduktion des Verschleißes ausgesiebt.
[472] Verein Deutscher Ingenieure e. V. (03/2011) VDI 2095: Blatt 1: Emissionsminderung - Behandlung von mineralischen Bau- und Abbruchabfällen, Tabelle 1

bruchmaterial. Das Abbruchmaterial wurde, wie bereits beschrieben, eigens für die Versuche in Form von Carbonbetonbauteilen in einem Fertigteilwerk hergestellt und im Zuge von Abbrucharbeiten gewonnen. Für den eigentlichen Abbruch der Carbonbetonbauteile standen eine Vielzahl gängiger Abbruchverfahren zur Auswahl, die der DIN 18007 (05/2000) entnommen werden konnten. Die „Arbeitshilfe zur Entwicklung von Rückbaukonzepten im Zuge des Flächenrecyclings", herausgegeben vom Landesumweltamt Nordrhein-Westfalen, gibt Kriterien für die Auswahl von Abbruchverfahren vor. [473] Darüber hinaus sind im Endbericht eines Forschungsprojektes zur „Kostenplanung beim Abbruch und Bauen im Bestand" projektabhängige Parameter zur Auswahl eines geeigneten Abbruchverfahrens aufgeführt. [474] Kriterien für die Auswahl eines geeigneten Abbruchverfahrens und zur Beurteilung der technischen Machbarkeit sind:

- Gebäudeart und -konstruktion,
- bautechnische Randbedingungen,
- Platzverhältnisse um und in den Gebäuden,
- Art und Grad der Kontaminationen und
- Notwendigkeit der Einschaltung von Sonderfachleuten.

Ausgangspunkt für die (Feld-)Experimente sind zwei baugleiche Demonstratorgebäude, wie in Abbildung 5.1 dargestellt. Außerhalb des rechten Bildrandes befindet sich im Abstand von 20 m das zweite baugleiche Bauwerk. Beide Bauwerke sind aus den in Kapitel 4 beschriebenen Carbonbetonbauteilen zusammengefügt und werden im Zuge der Abbrucharbeiten mittels gängiger Großmaschinentechnik abgebrochen (Abbildung 5.2).

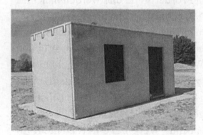

Abbildung 5.1: Demonstratorgebäude

Abbildung 5.2: Abbruch von Demonstratorgebäude 2 mittels Betonpulverisierer

---

[473] Bracke/Klümpen (1999) Arbeitshilfe zur Entwicklung von Rückbaukonzepten im Zuge des Flächenrecyclings, Kapitel 3.1
[474] Motzko et al. (2016) Bewertungsmatrix für die Kostenplanung beim Abbruch und Bauen im Bestand, S. 70 f.

Werden beide Demonstratorgebäude hinsichtlich des Kriteriums der Gebäudeart und der Gebäudekonstruktion analysiert, so liegen zwei Bauwerke mit einfacher Verbindung von Decken- und Wandelementen in Bauart eines eingeschossigen Flachbaus vor. Besondere bautechnische Randbedingungen, wie zum Beispiel strengere Anforderungen an einen staub-, lärm- oder erschütterungsarmen Abbruch, bestehen nicht. Der Abbruch findet auf einem privaten Werksgelände statt, ohne dass sich in unmittelbarer Nähe eine besonders sensible Nachbarbebauung befindet. Bezüglich der Platzverhältnisse bestehen auf dem Werksgelände keine Einschränkungen. Eine Kontamination benachbarter baulicher Anlagen oder des Baugrundes durch Schadstoffe besteht nicht. [475] Ein Hinzuziehen von Sonderfachleuten (Abbruchstatiker, Bodengrund- und Schadstoffgutachter) wird aufgrund der einfachen Konstruktion und der Schadstofffreiheit nicht in Anspruch genommen. Der Rückbauleitfaden empfiehlt die Aufstellung eines Zielsystems zur Beurteilung der geeigneten Abbruchtechnik. [476]

Dabei werden die Hauptziele:

- technische Machbarkeit,
- Abfallwirtschaftliches Verwertungspotenzial,
- Vermeidung von verfahrensbegleitenden negativen Umweltauswirkungen und Risiken für Beschäftigte und Anwohner und
- Wirtschaftlichkeit unterschieden.

Im Zuge der Überprüfung des Recyclings von Carbonbeton stehen die technische Machbarkeit und die Vermeidung von verfahrensbegleitenden negativen Umweltauswirkungen und Risiken für Beschäftigte und Anwohner im Vordergrund und werden daher als vorrangige Hauptziele definiert. Für das Hauptziel „Technische Machbarkeit" sind Bewertungstabellen der möglichen Abbruchverfahren in Bezug auf die verwendeten Baustoffe, die Bauwerkshöhe, die Bauteilart und -dimension sowie die Art der Konstruktion vorgegeben. [477] Im Ergebnis ist das Abtragen mit Werkzeugen an einem Trägergerät als „vorzugsweise angewendetes Abbruchverfahren" zu nennen. In Ergänzung der Bewertungstabellen ist festzustellen, dass die im zitierten Leitfaden als geeignet identifizierten Abbruchverfahren grundsätzlich auch in der Anlage A der DIN 18007 (05/2000) als dafür geeignete Verfahren genannt sind. Als anzuwendende Werkzeuge werden die Hydraulikpressschere, der Tieflöffel und der Abbruchhammer genannt. Mit diesen Werk-

---

[475] Bienkowski et al. (2017) Bearbeitung von Carbonbeton - eine bauverfahrenstechnische und medizinische Betrachtung, S. 112

[476] Bracke/Klümpen (1999) Arbeitshilfe zur Entwicklung von Rückbaukonzepten im Zuge des Flächenrecyclings, Kapitel 4

[477] Bracke/Klümpen (1999) Arbeitshilfe zur Entwicklung von Rückbaukonzepten im Zuge des Flächenrecyclings, Abschnitt 5.2.2

zeugen können die Abbruchverfahren Einschlagen, Stemmen, Pressschneiden und Spalten durchgeführt werden. Als Trägergerät wird für die Abbrucharbeiten ein Hydraulikbagger CAT 329E verwendet. Zur Durchführung der Abbrucharbeiten werden die Werkzeuge Universalschere CAT MP 324 P (Pulverisierer), Tieflöffel sowie Abbruch-/Sortiergreifer eingesetzt.

Mit dem Hydraulikbagger und dem Betonpulverisierer als Anbauwerkzeug werden die Demonstratorbauwerke abgebrochen. Als Ergebnis des Abbruchs und der Vorzerkleinerung der Bauteile mit dem Betonpulverisierer (1. Aufbereitungsschritt) entstehen auf der Baustelle (in situ) vorzerkleinerte Carbonbetonbruchstücke und bereits teilaufgeschlossene Carbonbewehrungsfragmente. Die Bruchstücke werden bis zu einer definierten Größe zerkleinert, damit die Bruchstücke in einer mobilen oder stationären Aufbereitungsanlage aufgegeben werden können.[478] Dazu werden die Carbonbetonbruchstücke mittels Greifer der Aufbereitungsanlage zugeführt.

Die generell zur Verfügung stehenden Zerkleinerungsverfahren lassen sich hinsichtlich ihrer Mobilität, der Art der Zerkleinerung, der Kornstufigkeit, der Überkornrückführung und des Verfahrenskonzeptes zur Aussortierung von Fremdstoffen unterscheiden.[479] Im vorliegenden Fall werden die Bruchstücke in situ mit einem mobilen Brecher (2. Aufbereitungsschritt) auf ein maximales Größtkorn von 56 mm zerkleinert.[480]

Üblicherweise werden für die Zerkleinerung des Bauschutts Prallbrecher, Backenbrecher und Schlagwalzenbrecher verwendet.[481] Bei zweistufigen Aufbereitungsprozessen, die meist in stationären Anlagen stattfinden, kommen Backenbrecher oder Schlagwalzenbrecher für die Vorzerkleinerung zum Einsatz. Die Hauptzerkleinerung erfolgt anschließend mit Hilfe von Prallbrechern als Nachbrecher. Mobile einstufige Anlagen nutzen vorwiegend Prallbrecher oder Backenbrecher als alleinigen Brechertyp.[482, 483] Für den an dieser Stelle beschriebenen zweiten Aufbereitungsprozess wurde ein mobiler Backenbrecher *Kleemann Mobicat MC 100 R EVO* mit integriertem Magnetabscheider ausgewählt, der in dieser Ausführung auch bei der Aufbereitung von Stahlbetonabbruch zum Einsatz kommt. Als Vorstufe vor der Zerkleinerung erfolgt im Aufgabetrichter die Vorabsiebung mit dem Ziel, das Abbruchmaterial, welches bereits im Abbruchprozess auf eine Größe < 56 mm zerkleinert wurde, abzusieben. Dieses Material wird für die

---

[478] Springenschmid (2007) Betontechnologie für die Praxis, S. 47
[479] Gewiese et al. (1994) Recycling von Baureststoffen, S. 41
[480] Die Spaltweite beim verwendeten Backenbrecher misst 20 mm - 130 mm. Festgelegt wurde die Spaltweite 56 mm, bei der eine Brechleistung von circa 100 t/h zu realisieren ist. Mit dem entstehenden Schotter 0/56 lassen sich Schottertragschichten 0/56 und Frostschutzschichten 0/56 herstellen.
[481] Gewiese et al. (1994) Recycling von Baureststoffen, S. 41
[482] Nickel (1996) Recycling-Handbuch, S. 497
[483] Gewiese et al. (1994) Recycling von Baureststoffen, S. 44

Verschleißreduktion dem Zerkleinerungsprozess entzogen. Andererseits verhindert die Vorabsiebung großer Bruchstücke ein Blockieren des Brechers. In Abbildung 5.3 sind die beiden ersten Aufbereitungsprozesse schematisch dargestellt:

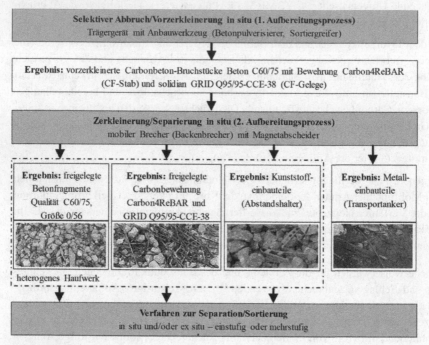

Abbildung 5.3: Prozesskette vom Abbruch zum Ausgangsmaterial für die Versuche

In der verwendeten mobilen Brecheranlage ist ein dem Zerkleinerungsprozess nachgelagerter Magnetabscheider integriert, der dem zerkleinerten Material die metallischen Bestandteile, wie beispielsweise die Transportanker, entzieht. Das entstehende heterogene Abbruchmaterial mit einem Größtkorn von 56 mm – nachfolgend mit 0/56er Abbruchmaterial bezeichnet – ist Grundlage für die weiterführenden Untersuchungen zur Aufbereitung des Materials mit dem Ziel der Herstellung hochwertiger, sortenreiner Sekundärrohstoffe.

Darüber hinaus wird das 0/56er Abbruchmaterial für die Durchführung ausgewählter Separationsverfahren, wie der Sortierenden Siebklassierung, der Querstromsichtung, der Wirbelschichtsortierung sowie der Schwimm-Sink-Sortierung in einem dritten Aufbereitungsprozess nochmals zerkleinert. Im vorliegenden Fall erfolgt dieser dritte Aufbereitungsprozess durch das Brechen in einer stationären Anlage der Fa. Nordmineral

Recycling GmbH & Co. KG. [484] Das in die Anlage aufgegebene Material wurde mittels Prallmühle mit einem Rotordurchmesser von 1.300 mm auf ein Größtkorn von 10 mm zerkleinert. Das Material wird nachfolgend als 0/10er Abbruchmaterial bezeichnet.

5.2 Charakterisierung des vorliegenden Abbruchmaterials

Die umfangreiche Charakterisierung des Abbruchmaterials ist aus folgenden Gründen notwendig:

- Die angewandten Separationsverfahren basieren auf der Ausnutzung unterschiedlicher geometrischer, physikalischer und chemischer Eigenschaften der zu trennenden Ausgangsmaterialien sowie des Gesamtstoffgemisches. Zur Berücksichtigung dessen ist die stoffliche Charakterisierung des heterogenen Abbruchmaterials essentiell.
- Für die angestrebte stoffliche Verwertung der aufgeschlossenen und getrennten Fraktionen und das Aufzeigen möglicher Verwertungsoptionen ist die Qualität der Sekundärrohstoffe entscheidend, was wiederum die Charakterisierung des Ausgangsmaterials notwendig macht.

Im Ergebnis des zweiten Aufbereitungsprozesses (grobes 0/56er Material) und des dritten Aufbereitungsprozesses (feinkörniges 0/10er Material) liegen die Carbonfasern aufgeschlossen in den heterogenen Haufwerken vor. Darin befinden sich zudem Kunststoffbestandteile in Form der verwendeten Abstandshalter als ebenfalls aufgeschlossene, aber noch nicht separierte Fraktion. Die metallische Fraktion konnte hingegen im zweiten Aufbereitungsprozess separiert werden.

Bereits mit dem zweiten Aufbereitungsprozess konnte die ursprüngliche Vermutung, dass ein maßgeblicher Teil der Carbonbewehrungsfragmente an oder in den Betonfragmenten gebunden bleibt, allein schon anhand der visuellen qualitativen Beobachtung widerlegt werden. Diese unerwünschte unaufgeschlossene Kompositmaterialfraktion als festes Konglomerat zwischen Betonmatrix und Carbonfragmenten ist nur sehr vereinzelt vorhanden und zeigt augenscheinlich einen Massenanteil von deutlich < 1 % der Gesamtmasse. Für den Abbruchprozess mit dem Teilziel der Vorzerkleinerung und einem möglichst vollständigen Aufschluss der Fraktionen für nachfolgende Aufbereitungsprozesse ist somit der experimentelle Nachweis erbracht, dass sich die gewählte Materialkombination der Carbonbewehrung bei direktem mechanischen Angriff auch

---

[484] Nordmineral Recycling GmbH & Co. KG, Hammerweg 35, 01127 Dresden, Ansprechpartner: Herr Knut Seifert

mit einer konventionellen mobilen Brecheranlage vollständig von der Betonmatrix trennen lässt. Im Ergebnis der Arbeit wird ein Aufschlussgrad von > 99 % ermittelt. [485]

Für den Fall, dass der Aufschlussgrad der Carbonbewehrung nicht bei > 99 % gelegen hätte, wären weitere Brecheranlagen, wie zum Beispiel Schlagwalzenbrecher, zu testen gewesen. Alternative Verfahren, wie das vom Fraunhofer-Institut für Bauphysik IBP aus der Gruppe der Betontechnologie in Holzkirchen untersuchte Verfahren der elektrodynamischen Fragmentierung, stünden für eine weitere Untersuchung zur Verfügung. Diese weiteren Aufbereitungsverfahren mit dem Ziel des Materialaufschlusses werden für den Fall interessant, dass sich das Verbundverhalten der Carbonbewehrung in der Betonmatrix maßgeblich ändert und sich die getesteten Backenbrecher als weniger effektiv als hier beschrieben darstellen.

Die Trennung der Carbonbewehrung von der Betonmatrix steht im Zusammenhang mit der Wahl des Beschichtungsmaterials, welches Einfluss auf die Verbundeigenschaften von Carbonbewehrung und Betonmatrix hat. Dies ist in den Abschnitten 4.1.3 und 4.2.2 erläutert und in zahlreichen Versuchen forschender Institute und Unternehmen nachgewiesen. [486] Die Abbildung 5.4 zeigt beispielhaft die von der Betonmatrix getrennte Carbonbewehrung. Abbildung 5.5 zeigt eine stark vergrößerte Aufnahme eines Betonfragmentes im Bereich der Trennfläche zwischen Beton und Carbon. Das Herauslösen der Carbonbewehrungsstrukturen geschieht nahezu rückstandsfrei. Nur sehr vereinzelt bleiben Anhaftungen auf der Betonmatrix zurück. Dies betrifft in seltenen Fällen vereinzelte Aramidwirkfäden aus der Textilherstellung der Carbongelege.

Abbildung 5.4: Gebrochener Carbonbeton, Größe 0/56, vollständiger Aufschluss

Abbildung 5.5: Trennfläche Betonmatrix (vergrößert), keine Filamentreste nachweisbar [487]

---

[485] Der Aufschlussgrad in Prozent ergibt sich aus der vollständig aufgeschlossenen Werkstoffmasse im Verhältnis zur Gesamtwerkstoffmasse [Martens/Goldmann (2016) Recyclingtechnik, S. 22].

[486] Heppes (2017) Untersuchung zur baupraktischen Anwendung von Carbonbeton in Neubauteilen

[487] Bildquelle: Institut für Baustoffe, TU Dresden, Rasterelektronenmikroskop QUANTA 250 FEG

Der festgestellte Aufschluss beim Zerkleinern des Abbruchmaterials kann als überwiegend selektiver Aufschluss bezeichnet werden. [488] Dabei verlaufen die Bruchlinien durch die Betonmatrix entlang der Grenzflächen zwischen Beton und Carbonbewehrung bis zu einer Bewehrungsgrenzlänge, bei der die Bewehrung in Querrichtung spröde bricht. Der Verbund in Faserlängsrichtung basiert hauptsächlich auf der Makrorauigkeit und der Wellenstruktur der Carbonbewehrung. [489] Diametral dazu bildet sich auch unmittelbar an der Beschichtungsoberfläche zwischen beschichteter Carbonbewehrung und Betonmatrix die besagte Grenzschicht aus, die gegenüber den übrigen Bereichen der Beschichtungsmatrix veränderte Eigenschaften aufweist. Diese Grenzfläche besitzt eine Dicke von ungefähr 200 nm [490] und reduziert die Adhäsion zwischen EP-Harzbeschichtung der Bewehrung und Beton. Im Vergleich dazu ist für den Verbund der Stahlbewehrung in einem Stahlbetonbauteil die Beschaffenheit der Stähle das maßgebende Kriterium. Der Verbund zwischen Beton und der Betonstahlbewehrung wird im großen Maße durch die Rippen im Betonstahl sichergestellt. Die Betonstahlrippung überträgt die Zugkräfte durch die Ausbildung schiefwinkliger Druckkeile, die eine lokale Verzahnung zwischen Beton und Stahlbewehrung aufbauen. Hinzu kommen weitere Effekte der Haftreibung zwischen Stahloberfläche und Betonmatrix. Die Rippung dient gleichzeitig der visuellen Kennzeichnung der Festigkeiten. [491]

Bei Carbonbewehrungsstrukturen ist die Ausbildung von Druckkeilen schiefwinklig zur Bewehrungslängsrichtung, wie es bei Betonstählen mit der Rippenprägung der Fall ist, problembehaftet. Aufgrund des Strukturaufbaus der Carbonbewehrung und der Sprödigkeit der Carbonfaser verursachen schiefwinklige Belastungen an den Risskanten zwischen Beton und Bewehrung Kerbspannungen und verstärkte Biegespannungen in den außenliegenden Carbonfilamenten, was zum frühzeitigen Brechen der Bewehrung führt. [492]

Allgemeingültig kann postuliert werden, dass die schiefwinklige Krafteinleitung in den Aufbereitungsprozessen (Einschlagen, Pressschneiden, Stemmen und weitere) sowie das Vorhandensein der Grenzschicht zwischen Beton und Bewehrung dazu führen, dass sich die beiden Materialien gut voneinander trennen lassen. Die Charakterisierung der beiden Typen von Abbruchmaterial (0/56 und 0/10) wird sowohl theoretisch anhand der enthaltenen Ausgangsstoffe und dem Grad der Zerkleinerung, als auch praktisch durch die Analyse repräsentativer Proben aus dem Haufwerk vorgenommen. Die Zusammensetzung der abgebrochenen Carbonbetonbauteile begründet sich ohne weitere Analyse

---

[488] Bunge (2012) Mechanische Aufbereitung, S. 33
[489] Hegger et al. (2007) Textilbewehrter Beton, S. 364
[490] Schürmann (2007) Konstruieren mit Faser-Kunststoff-Verbunden, S. 57
[491] Wommelsdorff (2008) Stahlbetonbau 1: Grundlagen, biegebeanspruchte Bauteile, S. 15
[492] Voss/Hegger (2006) Dimensioning of textile reinforced concrete structures, S. 151 ff.

mit der stofflichen Zusammensetzung (Beton, Carbon, Kunststoff und Metall) in Art und Höhe. Ebenso lässt sich aus dem nachfolgenden Klassierprozess in der mobilen und der stationären Backenbrecheranlage die Angabe des Größtkorns ableiten.

Für Angaben zur Verteilung der Einzellängen der Carbonrovingfragmente, die im Abbruchmaterial enthalten sind, wurde nach den *Grundregeln für die Entnahme von Proben aus festen und stichfesten Abfällen sowie abgelagerten Materialien* vorgegangen. [493] Das Ziel der Probenahme ist die nachfolgende Untersuchung einer repräsentativen Teilmenge unter der Voraussetzung, dass die untersuchte Teilmenge der Gesamtmenge in ihren Eigenschaften weitestgehend entspricht. Dazu wird in der Regel eine Mischprobe hergestellt, indem aus dem Haufwerk an verschiedenartigen Beprobungspunkten in unterschiedlichen Tiefenstufen Material entnommen und dann vermischt wird. Die Carbonrovinglängen im Abbruchmaterial wurden einzeln je Mischprobe ausgewertet. Die Längenangaben sind für die anvisierte stoffliche Verwertung des Carbonfasermaterials von Bedeutung. In der Regel kann davon ausgegangen werden, dass mindestens 40 mm lange Faserfragmente für eine weitere Aufbereitung in einem Textilprozess gut geeignet sind. [494] Die Ergebnisse der Charakterisierung des Abbruchmaterials Typ 0/56er und 0/10er sind in Tabelle 5.2 angegeben. Grundlage der Angaben für den Typ 0/56er und Typ 0/10er sind die Messungen von jeweils 1.000 Carbonbewehrungsfragmenten.

[493] LAGA Länderarbeitsgemeinschaft Abfall (12/2001) LAGA PN 98 – Richtlinie für das Vorgehen bei physikalischen, chemischen und biologischen Untersuchungen im Zusammenhang mit der Verwertung/Beseitigung von Abfällen
[494] Siebenpfeiffer (2014) Leichtbau-Technologien im Automobilbau, S. 61

Charakterisierung des Abbruchmaterials	Typ 0/56er	Typ 0/10er
durchgeführte Aufbereitungsteilprozesse	Anzahl 2	Anzahl 3
Massenanteil Beton und weitere Betonprodukte (*Rc*) + andere gebundene und ungebundene Gesteinskörnungen (*Ru*)	$\geq 97\,\%$	
Rohdichte mineralischer Anteil (Beton trocken)	2.290 kg/m³ [495]	
Korngröße mineralischer Anteil (Beton)	0 bis 56 mm	0 bis 10 mm
Massenanteil Mauerziegel, Kalksandstein, nicht schwimmender Porenbeton (*Rb*)	$0\,\%$	
Massenanteil bitumenhaltige Materialien (*Ra*)	$0\,\%$	
Volumenanteil schwimmendes Material (*FL*)	$\leq 1\,\%$	
Massenanteil sonstige Materialien: bindige Materialien (Ton, Erde); eisenhaltige und nicht eisenhaltige Metalle, nicht schwimmendes Holz, Kunststoff, Gummi, Gips (*X*) + Glas (*Rg*)	$\leq 2\,\%$ [496]	
darin Massenanteil Carbonbewehrung	1,0 %	
Längsspaltung der Rovingfragmente	sehr selten	vereinzelt
Einzellänge der Rovingfragmente (5 %-Quantil) [497]	40 mm	10 mm
Einzellänge der Rovingfragmente (50 %-Quantil) [498]	80 mm	40 mm
Einzellänge der Rovingfragmente (95 %-Quantil) [499]	400 mm	110 mm

Tabelle 5.2: Charakterisierung des Abbruchmaterials (Typ 0/56 und Typ 0/10)

Die in der Charakterisierung angegebenen Eigenschaften berücksichtigen bereits die Randbedingungen aus der Richtlinie des Deutschen Ausschusses für Stahlbeton (DAfStb) für den Einsatz rezyklierter Gesteinskörnungen [500] sowie die Anforderungen

---

[495] Die Rohdichte der Betonfragmente wurde durch das Institut für Baustoffe der TU Dresden mittels einer hydrostatischen Wägung an Bruchstücken mit dem Größtkorn 56 mm ermittelt.

[496] Dieser Massenanteil beinhaltet die aufgeschlossene, aber nicht separierte Carbonbewehrung mit einem Massenanteil von 1 %. Der restliche Massenanteil von ≤ 1 % sind Reste der Kunststoffabstandshalter und bindiges Material, wie Erdboden.

[497] Im Ausgangsmaterial sind 5 % der vermessenen Fragmente kleiner als 40 mm (10 mm).

[498] Im Ausgangsmaterial ist der Median der vermessenen Fragmente kleiner als 80 mm (35 mm).

[499] Im Ausgangsmaterial sind 95 % der vermessenen Fragmente kleiner als 400 mm (110 mm).

[500] Deutscher Ausschuss für Stahlbeton (09/2010) DAfStb-Richtlinie: Beton nach DIN EN 206-1 und DIN 1045-2 mit rezyklierten Gesteinskörnungen nach DIN EN 12620

für eine potenzielle Textilaufbereitung der Rovingfragmente. Die Ergebnisse aus der Sieblinienbestimmung der mineralischen Fraktion finden sich in Abschnitt 5.4.2.2 zum Experiment der Siebung ex situ im Labor.

5.3   Aufbereitungsprozesse zur Sortierung des Abbruchmaterials

Die Versuche haben das Ziel, geeignete Separationsverfahren für den Recyclingprozess zu carbonbewehrten Betonen zu eruieren und in Versuchen zu validieren. Mit den gewonnenen Ergebnissen soll der Lückenschluss zwischen dem Abbruchprozess und der anschließenden stofflichen Verwertung gelingen. Nach *Martens/Goldmann (2016)* [501] ist die Sortierung von Feststoffen und damit die Separierung von Wertstoffen der entscheidende Baustein in einer effizienten Recyclingkette:

„Die Sortierung der aufgeschlossenen und – wenn erforderlich – zerkleinerten und klassierten festen Abfälle in recyclingverträgliche Werkstoffgruppen oder sortenreine Werkstofftypen ist die entscheidende Prozessstufe für die meisten Verfahren des Werkstoffrecyclings."

Dies verdeutlicht die wissenschaftliche Relevanz der untersuchten Forschungsfrage zum Recycling von Carbonbeton. Bei genauer Betrachtung der obigen Aussage fallen die Begrifflichkeiten **aufgeschlossen**, **Zerkleinerung**, **Klassierung** und **Werkstoffgruppen** auf. Bezogen auf die Untersuchung der Recyclingfähigkeit von Carbonbeton ist Folgendes festzustellen:

- Aufschluss: Der Nachweis ist erbracht, dass die Carbonbewehrungsstrukturen im konkreten Fall in konventionellen Brecheranlagen vollständig von der Betonmatrix getrennt werden können und der Aufschlussgrad bei > 99 % liegt. [502]
- Zerkleinerung: Das Abbruchmaterial wurde mittels Backenbrecher in zwei Korngruppen zerkleinert. Das Material liegt als Typ 0/56er mit einem Größtkorn von 56 mm und als Typ 0/10 mit einem Größtkorn von 10 mm vor. [503]
- Klassierung: Der Klassierprozess trennt Stoffe und Stoffgemische auf Grundlage unterschiedlicher Geometrien, wie zum Beispiel der Korngröße, in Größengruppen. [504] Während der (Feld-)Experimente zur Separation wurden auch die Verfahren Siebung und Sichtung mit dem Ziel einer sortierenden Klassierung angewendet.

---

[501] Martens/Goldmann (2016) Recyclingtechnik, S. 44
[502] Siehe Charakterisierung des vorliegenden Abbruchmaterials (Abschnitt 5.2), S. 99
[503] Siehe Charakterisierung des vorliegenden Abbruchmaterials (Abschnitt 5.2), S. 99
[504] Bilitewski/Härdtle (2013) Abfallwirtschaft: Handbuch für Praxis und Lehre, S. 496

- Werkstoffgruppen: Eine Werkstoffgruppe fasst Werkstoffe mit einer definierten Schnittmenge gleicher Eigenschaften (beispielsweise Materialzusammensetzung, Materialdichte oder Farbe) zusammen. [505] Übertragen auf das Recycling von Carbonbeton ist das Ziel, die beiden Werkstoffe Carbonbewehrungsgelege und Carbonbewehrungsstäbe als Werkstoffgruppe von der mineralischen Werkstoffgruppe (Betonmatrix) zu separieren.

Die Zielstellung eines geeigneten Separationsverfahrens ist neben der Einhaltung gesetzlicher Vorgaben und des Umweltschutzes auch immer an die Herstellung eines wirtschaftlichen Sekundärrohstoffes und Recyclingproduktes gekoppelt, welches am Baustoffmarkt nachhaltig konkurrenzfähig ist. Ein Sekundärrohstoff wird selten proaktiv von den Baubeteiligten nachgefragt. Sekundärrohstoffe sollen in der Regel etablierte Baustoffe oder Primärrohstoffe substituieren und müssen daher eine offensichtliche Vorteilhaftigkeit vorweisen. Daher ist in den Recyclingversuchen und in der Beurteilung das Potenzial zur Abnahme der Sekundärrohstoffe zu betrachten.

Unter dem Begriff *Sekundärrohstoff* wird in der Arbeit die aus dem heterogenen Abbruchmaterial separierte Stofffraktion (Werkstoffgruppe) verstanden, die in weiteren Prozessen aufbereitet wird. Der entstehende Sekundärrohstoff soll mit dem erstmals hergestellten Primärmaterial qualitativ vergleichbar sein und einen Absatz auf dem Baustoffmarkt finden. [506] Erst in diesem Fall kann von einem Sekundärrohstoff gesprochen werden. Dafür sind technische Zielparameter für das Recyclingprodukt zu definieren, welche auch als Kombinationen angegeben werden können. [507] So kann beispielsweise ein Anforderungsprofil an den Sekundärrohstoff für das Recycling von Carbonbeton sein, dass:

- die Ausbringung der Carbonbewehrung > 90 % Massenanteil beträgt und gleichzeitig
- die ausgebrachten Carbonfaserfragmente länger als 40 mm (5 %-Quantil) sind und
- die mineralische Fraktion als Korngruppe 16/32 vorliegt.

Die Qualität der entstehenden Sekundärrohstoffe wird für jedes einzelne Separationsverfahren beschrieben. Können Anforderungen nicht allein durch das untersuchte Separationsverfahren erfüllt werden, so kann das Verfahren in der Regel durch nachfolgende Zerkleinerungs- und Klassierungsprozesse ergänzt werden. [508] Die Notwendigkeit weiterer Prozessschritte wirkt sich allerdings auf die Beurteilung einzelner Kriterien aus.

---

[505] Ilschner/Singer (2016) Werkstoffwissenschaften und Fertigungstechnik, S. 20
[506] Martens/Goldmann (2016) Recyclingtechnik, S. 15
[507] Bunge (2012) Mechanische Aufbereitung, S. 97
[508] Martens/Goldmann (2016) Recyclingtechnik, S. 22

Zur Beurteilung der Verfahren V_1 bis V_8 werden in den Abschnitten Funktionsprinzip, Anlagenaufbau und Versuchsdurchführung erläutert Mit Hilfe der Auswertung sollen für Bewehrungshersteller, Abbruch- und Recyclingunternehmen sowie für Planer und Bauausführende baupraktisch umsetzbare Recyclingprozessschritte aufgezeigt werden, die für Carbonbetonabbruchmassen eine stoffliche Verwertung und die Substitution von Primärrohstoffen sicherstellen können.

5.4   Verfahren der Sortierenden Klassierung

5.4.1   Arten der Sortierenden Klassierung

In einem sortierenden Klassierprozess erfolgt die Abtrennung von Stoffen aus einem Haufwerk nach geometrischen oder aerodynamischen Unterscheidungsmerkmalen in die einzelnen Fraktionen. [509] Ziel des Verfahrens ist die Sortierung von heterogenen Stoffen in definierte Größenfraktionen und Stoffreinheiten. Verfahren der Sortierenden Klassierung gehören allgemein zur Verfahrensgruppe der Massenstromsortierung. [510] Dabei wird in der Regel in zwei Stoffströme, die sich in ihren Abmessungen oder Dichten unterscheiden, getrennt. Beispielsweise erfolgt mit dem Verfahren der Querstromsichtung, als ein Verfahren der Sortierenden Klassierung, das Ausblasen einer leichteren Fraktion. Dabei wird vom Prinzip der *Gleichgefälligkeit* gesprochen. [511] Auf diesem Prinzip basieren ebenfalls die Verfahren Rotationswindsichtung, Wirbelschichtsichtung und Hydroklassierungsverfahren. [512] Bei der Sortierenden Klassierung kann auch nach dem Prinzip der *Gleichkörnigkeit* vorgegangen werden und die Siebklassierung mit Sieben und Rosten als Trocken- und Nassverfahren zur Anwendung kommen. [513] Klassierprozesse werden in der Praxis häufig als Teilprozesse zu anderen Aufbereitungsverfahren genutzt, wie die Siebung als vor- oder nachgeschaltete Ergänzung zum Zerkleinerungsprozess. [514]

An dieser Stelle sollen als Trockenaufbereitungsverfahren die Siebklassierung und die Stromklassierung vordergründig als Primärverfahren für die Trennung der Fraktionen untersucht und bewertet werden. Die Vorteile der Trockenaufbereitung zeigen sich im

---

[509] Eine wichtige Abmessung ist der *aerodynamische Durchmesser (aD)*. Diese Bezugsgröße ist definiert als Durchmesser eines imaginären, kugelförmigen Partikels (Dichte 1 g/cm³), der dieselbe Sinkgeschwindigkeit zeigt wie der vorliegende, nicht kugelförmige Körper.
[510] Müller (2017) Aufbereitungstechnik - Status Quo und Zukunft
[511] Schubert (1996) Aufbereitung fester Stoffe - Band II: Sortierprozesse, S. 506
[512] Bilitewski/Härdtle (2013) Abfallwirtschaft: Handbuch für Praxis und Lehre, S. 497 ff.
[513] Martens/Goldmann (2016) Recyclingtechnik, S. 41
[514] Bilitewski/Härdtle (2013) Abfallwirtschaft: Handbuch für Praxis und Lehre, S. 496

Vergleich zu den Nassverfahren darin, dass in der Trockenaufbereitung keine Prozesswässer benötigt werden, die im Anschluss wiedergewonnen werden müssen. Zudem fällt keine Restschlämme an. Die voneinander getrennte Leicht- und Schwerfraktion müssen nicht vom Trennmedium aufwändig gereinigt oder getrocknet werden. Bei der Trockenaufbereitung können jedoch höhere Energiekosten, beispielsweise für den Betrieb eines leistungsfähigen Windsichters, anfallen.

Für die effiziente Durchführung der Sieb- und Stromklassierung sollte als vorbereitender Prozessschritt die Feinkornfraktion bis zu einer Korngröße von 2 mm entfernt werden. Bei der eigentlichen Prozessdurchführung müssen die staubförmigen Emissionen aus der Siebung und Sichtung mit wirksamer Filtertechnik abgeschieden werden. [515]

5.4.2   Separationsverfahren: Sortierende Siebklassierung

5.4.2.1 Funktionsprinzip Sortierende Siebklassierung

Bei der Sortierenden Klassierung wird das aufgegebene Material mit einer semipermeablen Trennfläche in Form einer Sieb- oder Rostfläche getrennt. [516] Das Material, welches durch die Öffnungen der Siebe oder Roste gelangt, wird als Unterkorn bezeichnet. Für den Siebdurchgang bei runden, quadratischen oder länglichen Sieböffnungen gilt, dass maximal eine Ausdehnung des Kornkörpers größer als das minimale Maß der Sieböffnung ist. Sollten zwei oder drei Ausdehnungen größer als das minimale Maß der Sieböffnung sein, so verbleibt das Siebgut auf der Trennfläche und kann als Überkorn deklariert werden.

Typische industriell eingesetzte Siebe haben für die Rohstoffgewinnung und Materialaufbereitung je nach Produktanforderung Lochgrößen von circa 2 mm bis circa 60 mm. [517] Zur Vorabsiebung an einer Brecheranlage werden auch Roste mit Lochgrößen > 60 mm eingesetzt. Die Siebung gilt im Allgemeinen als unvollkommener Trennprozess, da immer auch ein Teil des eigentlichen Unterkorns auf der Siebfläche verbleibt. Bei Korngrößen, die im Größenbereich der Sieb-öffnung liegen, ergibt sich zudem die Schwierigkeit, dass Sieböffnungen durch sich verklemmendes Siebgut zugesetzt werden können. [518] Dieser Anteil der Unter- und Überkorngruppe wird als Fehlkorn bezeichnet. Längenorientierte Fraktionen, wie Drähte und die zu untersuchenden

[515] Gewiese et al. (1994) Recycling von Baureststoffen, S. 55
[516] Schubert (1996) Aufbereitung fester Stoffe - Band II: Sortierprozesse, S. 507
[517] Martens/Goldmann (2016) Recyclingtechnik, S. 359
[518] Bilitewski/Härdtle (2013) Abfallwirtschaft: Handbuch für Praxis und Lehre, S. 496

Carbonrovingfragmente, gelten ebenfalls als siebschwierige Fraktionen. [519] Grundlegende Voraussetzung für die Siebklassierung ist der vollständige Aufschluss der Fraktionen – hier der Carbonbewehrung von der Betonmatrix, was mit der Charakterisierung des Abbruchmaterials nachgewiesen ist. Anschließend hängt nach *Bilitewski/Härdtle (2013)* das Ergebnis der Siebung im Wesentlichen von den Faktoren ab: [520]

- Ausbildung der Sieboberfläche: Siebbodenart und Sieböffnung,
- Siebanlage: Siebbreite, Sieblänge, Neigung und Form des Siebes, Siebbewegung,
- Siebgut: Aufgabemenge und -geschwindigkeit, Kornverteilung/-feuchte und Faserigkeit.

Die Siebklassierung auf Basis einer geometrischen Unterscheidung wird als Separationsverfahren in die Untersuchung einbezogen, weil sich die Geometrien der beiden zu trennenden Fraktionen deutlich voneinander unterscheiden. Die Fraktion der gebrochenen Betonmatrix weist eine kompakte Geometrie auf. Die Fraktion der Carbonfasern zeigt hingegen eine längliche Geometrie. Ziel des nachfolgenden Experimentes ist die Separation der Carbonrovingfragmente als Überkorn auf der Sieboberfläche.

5.4.2.2 Experiment Siebung im Labor

Das Experiment zur Siebklassierung im Labormaßstab dient dem grundlegenden Verständnis zum Verhalten der Carbonrovingfragmente auf einer Sieboberfläche. Das im Versuch verwendete Stoffgemisch (0/10er Material) wurde bereits in Abschnitt 5.2 charakterisiert, um Rückschlüsse auf die Sieblochgröße ziehen zu können. Das 0/10er-Abbruchmaterial ist in drei Zerkleinerungsprozessen aufbereitet worden. [521] Die nachfolgenden Angaben zur geometrischen Charakterisierung der Carbonfragmente und der Betonfraktion sind aus der Mischprobe ermittelt (Tabelle 5.3). [522] Im Regelfall spalten sich die Carbonfragmente auch nach der dritten Zerkleinerungsstufe nicht längs auf. Dabei bleibt die bei der Textilherstellung durch die Verwendung von 50k-Rovingen gegebene Rovingbreite erhalten.

---

[519] Martens/Goldmann (2016) Recyclingtechnik, S. 42
[520] Bilitewski/Härdtle (2013) Abfallwirtschaft: Handbuch für Praxis und Lehre, S. 497
[521] Siehe Abbruch und Zerkleinerung der Carbonbetonbauteile (Abschnitt 5.1), S. 94
[522] Siehe Charakterisierung des vorliegenden Abbruchmaterials (Abschnitt 5.2), S. 99

Breite der Carbonroving-fragmente [523]	Länge der Carbonro-vingfragmente [524]	Ergebnis der Siebanalyse (Betonfraktion) Maschenweite/Durchgang (Betonfraktion)
4 mm (5 %-Quantil)	10 mm (5 %-Quantil)	zwischen der Regelsieblinie A und B
7 mm (50 %-Quantil)	35 mm (50 %-Quantil)	0 mm/ 0 M.-%
8 mm (95 %-Quantil)	50 mm (95 %-Quantil)	0,125 mm/ 4 M.-%
		0,25 mm/ 7 M.-%
		0,5 mm/18 M.-%
		1 mm/30 M.-%
		2 mm/43 M.-%
		4 mm/61 M.-%
		8 mm/96 M.-%

Tabelle 5.3: Charakterisierung Abbruchmaterial im Experiment Siebung im Labor

Die geometrische Unterscheidung der Fraktionen Carbonbewehrung und Betonmatrix ist offensichtlich. Bei der mineralischen Fraktion handelt es sich um Körper, deren Korngröße im Bereich von Gesteinsmehl $\leq 0,125$ mm bis zu einer Größe von Fein- und Mittelkies $\leq 10,0$ mm liegt. Die Bestandteile der Betonfraktion eint, dass die Ausdehnung im Wesentlichen in alle drei Dimensionen gleich vorliegt, was eine charakteristische kompakte Geometrie bewirkt. Die Fraktion der Carbonrovingfragmente ist vergleichbar mit Stäbchen oder Drähten. Bei einer konstanten Breite von 4 mm bis 8 mm sind die Fraktionen in der Regel nur in der dritten Dimension ausgelängt.

Mit diesen Grundlagen scheint es mit der Siebung und einer Sieböffnungsgröße von 10 mm möglich, die mineralische Fraktion überwiegend als Unterkorn von den Carbonrovingfragmenten zu separieren. Der Versuch wurde im Anschluss mit 1.328 g des 0/10er Materials und einem Prüfsieb A mit quadratischen Sieböffnungen der Größe 10 mm durchgeführt (siehe Abbildung 5.6).

Abbildung 5.6: Prüfsieb A mit quadrati-schen Sieböffnungen der Größe 10 mm

Abbildung 5.7: Ergebnis Siebung mit quadrati-schen Sieböffnungen Größe 10 mm

---

[523] Grundlage der Angabe ist die Messung von 100 Carbonbewehrungsfragmenten.
[524] Grundlage der Angabe ist die Messung von 1.000 Carbonbewehrungsfragmenten.

Die Situationsanalyse im Sinne der qualitativen Wiedergabe der Einzelbeobachtungen zeigt als Resultat der Siebung ein ungenügendes Separationsergebnis (Abbildung 5.7). In der linken Schale befindet sich das mineralische Unterkorn mit vielen Carbonroving-fragmenten. In der rechten Schale liegen das Überkorn der Carbonfragmente und wenige mineralische Fragmente vor. Nur circa 20 % Massenanteil aller Carbonfragmente konnten separiert werden. Ein zweiter Versuch wurde mit einem kleineren Prüfsieb A mit quadratischen Sieböffnungen der Größe 8 mm durchgeführt. Im Ergebnis dazu wurde der Massenanteil der Carbonfragmente nicht gesteigert, jedoch wurde parallel dazu ein größerer Teil der Betonfraktion im Korngrößenbereich von 8 mm bis 10 mm als Über-korn abgeschieden, was das Ergebnis der Carbonfaserausbringung verschlechtert.

Die Begründung dazu lautet, dass die Carbonfragmente das Verhalten zeigen, sich auf-zustellen und durch die Sieböffnung zu gleiten (auch als *Fischigkeit* des Materials be-zeichnet). Dies konnte durch Zeitlupenaufnahmen mit 240 Bildern pro Sekunde wäh-rend der Siebung beobachtet werden. Für den Fall, dass die Sieböffnung größer als die Breite der Carbonfragmente ist, ragen die Carbonfragmente zum Teil in die Öffnung hinein, stellen sich im Verlauf der Siebung auf und gelangen durch die Sieböffnung. Die schwerere mineralische Fraktion verstärkt dieses Verhalten zusätzlich, indem die Be-tonfraktion teilweise auf den Carbonrovingfragmenten liegt und die Fragmente ankip-pen (Hebelprinzip). Die Stege des Siebgitters wirken dabei als Drehpunkte. Mit der fort-währenden Siebung gelangen weitere Betonkörner auf den untenliegenden Teil der Fragmente oder unter den aufgestellten Hebel des Carbonrovingfragmentes. Die Frag-mente werden schlussendlich damit so aufgestellt, dass sie mit der Betonfraktion durch die Sieböffnung gleiten. Das Sieb müsste so gewählt werden, dass die Sieböffnung ma-ximal 4 mm beträgt, was dem 5 %-Quantilwert der Bewehrungsbreite entspricht. In die-sem Szenario ließen sich nahezu alle Carbonfragmente als Überkorn separieren, jedoch würde dabei auch ein großer Massenanteil der mineralischen Fraktion in Höhe von 39,5 % als Überkorn verbleiben. Ein weiteres Zerkleinern des Abbruchmaterials auf die Korngruppe 0/4 für die Siebung mit 4 mm großen Sieböffnungen brächte kein positives Ergebnis, da die Carbonfragmente jetzt in den Querschnitten zerkleinert werden würden und das entstehende 0/4er Betonmaterial weit weniger als Sekundärrohstoff nachgefragt ist als das 0/10er Material.

Die Separation mittels der Siebklassierung im Labormaßstab stellt aufgrund der unge-nügenden Carbonfaserausbringung von nur 15 % bis 20 % (mit Prüfsieb A mit quadra-tischer Sieböffnung 10 mm) kein geeignetes Separationsverfahren dar. Das K.-o.-Krite-rium der Carbonfaserausbringung ist damit nicht erfüllt. Es findet keine Bewertung des Verfahrens mit der Nutzwertanalyse statt. Dennoch kann die Siebklassierung als vor- oder nachgelagerter Klassierprozess ein geeignetes Ergänzungsverfahren bei der Auf-bereitung sein, was im weiteren Verlauf zu prüfen ist.

5.4.2.3 Feldexperiment Siebung in der Aufbereitungsanlage

Die Sortierende Siebklassierung wurde zur Validierung der Laborergebnisse in einem Feldexperiment als ex-situ-Verfahren untersucht. In der Aufbereitungsanlage der Nordmineral Recycling GmbH & Co. KG wurde das 0/56er Abbruchmaterial auf ein Größtkorn von 16 mm und im späteren Verlauf auf 10 mm gebrochen. Die Sortierende Siebklassierung geschieht innerhalb der stationären Anlage mit einer geneigten Flachsiebanlage. An den Siebanlagen konnte das in Abschnitt 5.4.2.2 beschriebene Verhalten der Fischigkeit ebenfalls beobachtet werden. Im Ergebnis des ex-situ-Verfahrens zur Sortierenden Klassierung zeigt sich wie im Labor eine ungenügende Carbonfaserausbringung. Die geringe Faserausbringung liegt im Bereich von circa 5 % bis 10 %, was sich auch durch den großen Materialstrom begründet. Das Verfahren erfüllt nicht das K.-o.-Kriterium. Das Verfahren wird nicht mit der Nutzwertanalyse bewertet.

5.4.3 Separationsverfahren: Querstromsichtung

5.4.3.1 Funktionsprinzip Querstromsichtung

Die Querstromsichtung ist ein etabliertes Verfahren zur Sortierenden Klassierung von Abbruchmassen. [525] Im Bauwesen wird bei diesem Verfahren stellenweise auch von *Windsichtung* gesprochen. In der Literatur findet sich zudem die Begrifflichkeit *Aerostromsortierer*. [526] Bei der Querstromsichtung wird das Aufgabematerial in der Regel auf einem Gurtförderband in eine stationäre oder mobile Anlage (Abbildung 5.8, linker Bildrand) aufgegeben. Das Abbruchmaterial fällt innerhalb der Anlage in einer dünnen Materialschicht über eine Fallkante. Die Abbildung 5.9 zeigt den künstlich erzeugten Luftstrom, der quer zum fallenden Stoffstrom auf das Material geleitet wird. Die Querstromsichtung basiert auf dem *Gleichfälligkeitsprinzip*. [527] Das Prinzip besagt, dass Stoffe mit gleichen Eigenschaften unter der Einwirkung äußerer Kräfte (einem Querstrom) im Freifall gleiche Bahnen mit gleichem Ablenkwinkel (α) beschreiben. Die Leichtfraktion, wie beispielsweise Dämmstoffe, besitzen einen großen aerodynamischen Durchmesser (aD) und werden durch den Querstrom stärker abgelenkt und in der Box C gesammelt. Schwere Stoffe der mineralischen Fraktion mit kleinerem aD fallen in Box A.

---

[525] Bilitewski/Härdtle (2013) Abfallwirtschaft: Handbuch für Praxis und Lehre, S. 505
[526] Martens/Goldmann (2016) Recyclingtechnik, S. 49
[527] Martens/Goldmann (2016) Recyclingtechnik, S. 44

Abbildung 5.8: Bei der in-situ-Querstromsichtung   Abbildung 5.9: Prinzip der Querstrom-
eingesetzter Windsichter   sichtung [528]

Innerhalb der Windsichteranlage ist die Fallstrecke, die quer vom Luftstrom angeströmt wird, verhältnismäßig kurz. Bei Stoffen mit nicht stark differierenden aerodynamischen Durchmessern und einer gleichzeitig gestörten Anströmung des fallenden Materials durch eine zu große Schichtdicke des zugeführten Materialstroms kann das Material mit größerem aD nicht ausreichend abgelenkt werden. Die Ablenkungswinkel der einzelnen Fraktionen sind nahezu gleich und die Trennschärfe ist somit gering.

Eine geringe Trennschärfe äußert sich in einem hohen Fehlkornanteil. Teile der Leichtfraktion werden nicht genügend abgelenkt und landen beispielsweise in der Fraktion der mineralischen Schwerstoffe. Bei geringeren Stoffströmen und sich im aD wesentlich unterscheidenden Fraktionen (stark differente Dichten und Oberflächenformen), können hingegen sehr gute Separationsergebnisse erreicht werden. [529] In diesen Fällen können mit der Querstromsichtung bis zu einem Massenanteil von 99 % an Fremd- und Störstoffen separiert werden. [530] Aufgrund der erzeugten hohen Strömungsgeschwindigkeiten sind Windsichter zur Reduktion von Staub- und Lärmemissionen gekapselt. Innerhalb der Anlage wird die mit dem Luftstrom ausgetragene staubfeine Fraktion über Filteranlagen abgeschieden. [531] Diese staubfeine Fraktion ist sowohl in der mineralischen als auch in der Carbonrovingfraktion unerwünscht. Der Luftvolumenstrom und die Luftströmungsgeschwindigkeit können im Windsichter reguliert werden und das Separationsergebnis kann somit beeinflusst werden. Eine weitere Modifikation kann in engen Grenzen mit der Geschwindigkeit der Materialzugabe erfolgen. Dazu ist jedoch die gesamte Prozesskette der Aufbereitung zu beachten. Oft schließt der Windsichter ohne

---

[528] In Anlehnung an Schubert (2003) Handbuch der mechanischen Verfahrenstechnik 2, S. 605
[529] Bilitewski/Härdtle (2013) Abfallwirtschaft: Handbuch für Praxis und Lehre, S. 505
[530] Gewiese et al. (1994) Recycling von Baureststoffen, S. 51
[531] Gewiese et al. (1994) Recycling von Baureststoffen, S. 55

weitere Materialzwischenlagerung direkt an eine Brecheranlage an, sodass die Durch-satzleistung des verwendeten Brechers den Aufgabestrom in den Windsichter bestimmt. Mit dem mobilen Backenbrecher, mit dem der zweite Zerkleinerungsprozess (Herstellung 0/56-Material) umgesetzt wurde, können beispielsweise bis zu 220 Tonnen pro Stunde umgesetzt werden. Dieser Mengenstrom gelangt ohne weiteren Zwischenspeicher direkt in den Windsichter.

5.4.3.2 Feldexperiment Querstromsichtung in situ

Im Vorfeld der Versuchsdurchführung ist die *Querstromsichtung* in Bezug auf die Carbonfaserausbringung und die gegebenen technischen Grenzen zu diskutieren. Windsichter sind laut Literatur darauf konzipiert, insbesondere Leichtfraktionen mit einer Dichte von bis zu 300 kg/m³ sehr gut zu separieren. [532] Andere Literaturquellen geben den Einsatzbereich der Querstromsichtung bis zu einer Stoffdichte von 900 kg/m³ an. [533] Die Dichte der eingesetzten Carbonbewehrung liegt mit circa 1.400 kg/m³ bis 1.800 kg/m³ [534] deutlich über diesen beiden Literaturwerten. Entscheidend für ein gutes Separationsergebnis ist jedoch der Dichteunterschied der zu trennenden Fraktionen Carbonrovingfragmente und der mineralischen Fraktion. Im beschriebenen Feldexperiment gilt, dass der Dichteunterschied zwischen der Carbonbewehrung und dem Beton (2.290 kg/m³) gering ist. Für ein gutes Separationsergebnis spricht die geometrische Unterscheidung der zu trennenden Fraktionen. Wie bereits beschrieben, sind die Partikel, Körner und Brocken der mineralischen Fraktion kubisch und somit kompakt. Die Carbonrovingfragmente sind strangförmig mit einem flachen ovalen Querschnitt. In der Summe der Faktoren wird postuliert, dass sich die beiden aerodynamischen Durchmesser der Fraktionen maßgeblich unterscheiden und die Querstromsichtung eine gute Carbonfaserausbringung erbringt.

Im Feldexperiment wurde ein mobiler Windsichter vom Typ AirMaster 1200 der Marke CityEquip [535] mit der Menge von circa 18.000 kg Abbruchmaterial vom Typ 0/56er beaufschlagt. Der Materialstrom betrug bei einer Zuführgeschwindigkeit von 1,6 m/s circa 40 Tonnen pro Stunde. Die ausgeblasene Leichtfraktion wurde in einem beigestellten Muldencontainer gesammelt und im Anschluss analysiert. Im Ergebnis der Auswertung

---

[532] Schröder/Pocha (2015) Abbrucharbeiten, S. 548
[533] Martens/Goldmann (2016) Recyclingtechnik, S. 361
[534] Die Dichte der Carbonrovingfragmente im Abbruchmaterial wird durch eine Tauchwägung bestimmt. Durch die erfolgte mechanische Belastung im Zerkleinerungsprozess spleißen die Enden der Carbonrovingfragmente geringfügig auf. Dies führt in Verbindung mit der hydrophoben Eigenschaft der einzelnen Filamente zu einer (scheinbaren) Volumenvergrößerung der Fragmente. Die rechnerische Dichte verringert sich bei diesen Fragmenten auf circa 1.400 kg/m³.
[535] CityEquip ist eine Handelsmarke der C. Christophel Maschinenhandel & Vermittlungen GmbH.

zeigt das Feldexperiment ein ungenügendes Separationsergebnis. Nur circa 10 % des Massenanteils aller Carbonfragmente konnten bei einer maximalen Gebläseleistung von 22 kW separiert werden. Im Verlauf des Versuches ließ sich der Massenanteil der Carbonfragmente auch mittels der Volumenstromanpassung nicht steigern. In der Analyse wurde festgestellt, dass auch ein großer Teil der mineralischen Feinstbestandteile mit einer Partikelgröße von bis zu 2 mm ausgeblasen wurde (Abbildung 5.10). Dieser Anteil wurde durch die Querstromsichtung somit dem 0/56-Betonrecyclingmaterial entzogen und befand sich zusammen mit den ausgeblasenen Carbonrovingfragmenten im Muldencontainer. Zusätzlich war festzustellen, dass ein Teil der beim Bewehren verwendeten Abstandshalter ebenfalls mit der Querstromsichtung separiert wurde.

Abbildung 5.10: Bei der in-situ-Querstromsichtung ausgeblasene Fraktion

Abbildung 5.11: Mit in-situ-Querstromsichtung ausgeblasene Carbonbewehrung

Im Ergebnis stellt die Querstromsichtung im beschriebenen Versuch aufgrund der ermittelten Carbonfaserausbringung von maximal 10 % kein geeignetes Verfahren zur Separation der Carbonbewehrung dar. Es findet daher keine Bewertung im Rahmen der Nutzwertanalyse statt. Dennoch kann die Querstromsichtung in einem hochwertigen Recyclingprozess als vor- oder nachgelagerter Aufbereitungsprozess als Ergänzungsverfahren eingesetzt werden. Mit der Querstromsichtung können ein großer Teil der Kunststoffabstandshalter ausgeblasen und zugleich die mineralischen Feinstbestandteile entfernt werden. Zudem liegen die ausgeblasenen Carbonrovingfragmente in einem günstigen Einzellängenspektrum vor (Abbildung 5.12), was für die stoffliche Verwertung dieser Carbonrovingfragmente von Vorteil ist. Für die stoffliche Verwertung der Carbonbewehrung ist eine möglichst große Faserlänge anzustreben.

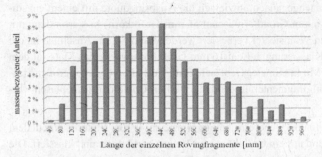

Abbildung 5.12: Einzellängen Carbonrovingfragmente (Querstromsichtung in situ) [536]

Die Auswertung der ausgeblasenen Carbonrovingfragmente ergibt eine Länge von 80 mm für das 5 %-Quantil. Der Median (50 %-Quantil) misst 240 mm Länge und das 95 %-Quantil liegt bei 650 mm Länge. Bei der Auswertung ist anzumerken, dass der Massenanteil der Fragmente bis 40 mm Einzellänge größer als der in Abbildung 5.12 angegebene Wert von 0,1 % ist. Das Sammeln dieser Größengruppe und die mengenmäßige Erfassung war nicht realisierbar. Diese kleinen Rovingfragmente bis zu einer Länge von circa 40 mm liegen vorrangig in einer sehr geringen Breite vor, ähneln in Form und Größe kleinen Holzsplittern und sind sehr mobil. In einem gekapselten Windsichter wird diese Größenfraktion in den Filtern abgeschieden und anschließend verwertet oder entsorgt. [537] Sollten die faserförmigen Stäube in die Umwelt oder den menschlichen Organismus gelangen, so können diese als unbedenklich eingestuft werden. [538, 539]

5.4.3.3 Feldexperiment Querstromsichtung in der Aufbereitungsanlage

Zur Verifikation der Aussage, dass die Querstromsichtung als alleiniger Prozess kein geeignetes Verfahren zur Carbonfaserseparation darstellt, wird die Querstromsichtung in einem weiteren Schritt als zweistufiges ex-situ-Verfahren untersucht. Dazu wurde das 0/56er Material zu einer stationären Aufbereitungsanlage transportiert und dem Aufbereitungsprozess zugeführt. Für den ersten Schritt des Feldexperimentes wurde das Abbruchmaterial in einem Prallbrecher auf ein Größtkorn von 16 mm zerkleinert. Damit

---

[536] Grundlage sind die Längenmessungen von 1.950 separierten Carbonbewehrungsfragmenten.

[537] Siehe Sonstige Verwertung der mineralischen Fraktion (Abschnitt 6.1.2) S. 169

[538] Bienkowski et al. (2017) Bearbeitung von Carbonbeton - eine bauverfahrenstechnische und medizinische Betrachtung, S. 114

[539] Kortmann et al. (2018) Recycling von Carbonbeton - Aufbereitung im großtechnischen Maßstab gelungen!, S. 42

wird der Fragestellung nachgegangen, inwieweit die Ausbringquote mit einem engstufigeren Stoffgemisch (16 mm Größtkorn anstatt 56 mm Größtkorn) in Verbindung mit einem leistungsfähigeren Windsichter verbessert werden kann. [540] Im Anschluss an die Zerkleinerung und die Klassierung auf ein 16 mm Größtkorn wurde das Material dem Windsichter zugeführt. Mit maximaler Gebläseleistung soll ein möglichst großer Massenanteil an Carbonrovingfragmenten in den beigestellten Container ausgeblasen werden.

Im zweiten Schritt der ex-situ-Querstromsichtung wurde das 0/16er Material erneut dem Prallbrecher zugeführt und auf ein Größtkorn von 10 mm zerkleinert und klassiert. Die Rovingfragmente liegen nach diesem weiteren Zerkleinerungsprozess in einem sehr viel engeren Größenspektrum als im 0/56er oder 0/16er Material vor. Das zerkleinerte 0/10er Abbruchmaterial mit den Carbonbewehrungsfragmenten wurde im Anschluss über Gurtförderbänder in den Windsichter gefördert und gesichtet. Im Anschluss an die Sichtung wurde das Material quantitativ und qualitativ ausgewertet. Der überwiegende Teil der separierten Carbonrovingfragmente (95 %-Quantil) misst eine Länge von jetzt 110 mm (im Vergleich: 0/56 Abbruchmaterial 650 mm).

In der Auswertung der Stoffströme zeigt sich ein ähnliches Ergebnis wie bei der in-situ-Querstromsichtung mit dem mobilen Windsichter. Die Ausbringung wird mit dem Wert 8 % festgestellt. Das Ergebnis verdeutlicht, dass eine weitere Zerkleinerung und Homogenisierung des Aufgabematerials in Verbindung mit der Steigerung der Gebläseleistung nicht zu einer signifikanten Steigerung der Carbonfaserausbringung führen. Die Auswertung der beiden Stoffströme – ausgeblasenes Material und verbliebenes Material – zeigt bei den Carbonfaserfragmenten zwei unterschiedliche Längenverteilungen. Dabei ist festzustellen, dass die separierten Bewehrungsfragmente größere Einzellängen zeigen als Fragmente, die nicht mit der Querstromsichtung aussortiert werden konnten (Vergleich Abbildung 5.13 und Abbildung 5.14). Konkret werden vom 0/10er Abbruchmaterial mit Carbonrovingfragmenten im Längenspektrum von 0 mm bis 110 mm Länge hauptsächlich die Fraktion 40 mm bis 110 mm durch die Querstromsichtung separiert (5 %-Quantil: 40 mm; 50 %-Quantil: 75 mm, 95 %-Quantil: 110 mm). Auffällig ist die markante Häufung von Fragmenten im Längenbereich von circa 80 mm. Ursächlich dafür ist, dass dieser Längenbereich nach dem Zerkleinerungsprozess und vor der Windsichtung den größten Mengenanteil im Abbruchmaterial darstellt. Gleichzeitig besitzen Carbonrovingfragmente mit dieser Einzellänge einen aerodynamischen Durchmesser, der vom Querstrom ausreichend abgelenkt werden kann.

---

[540] Schubert (1996) Aufbereitung fester Stoffe - Band II: Sortierprozesse, S. 2

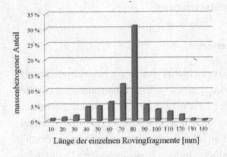

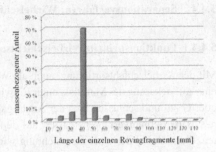

Abbildung 5.13: Einzellängen separierter Rovingfragmente (Querstromsichtung ex situ) [541]

Abbildung 5.14: Einzellängen im Abbruchmaterial 0/10 verbliebener Rovingfragmente [542]

In Abbildung 5.14 ist bei den im Abbruchmaterial verbliebenen Carbonrovingfragmenten eine signifikante Häufung im Längenbereich von 40 mm zu erkennen. Dieser Längenbereich von 40 mm ist für Carbonfragmente, welche *nicht* aus dem Abbruchmaterial abgeschieden werden konnten, charakteristisch. Im beschriebenen Aufbereitungsprozess erfolgt die Klassierung des mineralischen Abbruchmaterials auf ein Größtkorn von 10 mm mittels der Siebung, wobei die Bewehrungsfragmente mit einer Einzellänge von bis 40 mm stets mit durch die Sieböffnungen gelangen. Das Verhalten ist in Abschnitt 5.4.2.2 beschrieben.

Im Ergebnis des Feldexperimentes stellt die Querstromsichtung in einer stationären Aufbereitungsanlage aufgrund der ermittelten Carbonfaserausbringung von maximal 8 % kein geeignetes Primärverfahren zur Separation der Carbonfasern dar. Das Verfahren wird nicht im Rahmen der Nutzwertanalyse bewertet. Im Vergleich zur in-situ-Querstromsichtung mit einem mobilen Windsichter ist die ex-situ-Querstromsichtung mit zusätzlichen Prozessschritten verbunden (dem Transport des Abbruchmaterials, eventuell weiteren Zerkleinerungs- und Klassierprozessen). Dabei wird die Carbonfaserausbringung jedoch nicht verbessert. Daher wird die Anwendung der ex-situ-Querstromsichtung nicht als ergänzender Aufbereitungsprozess empfohlen. Sollte jedoch das zukünftige primäre Separationsverfahren ebenfalls in einer stationären Anlage durchgeführt werden, so kann die ex-situ-Querstromsichtung ein geeignetes Ergänzungsverfahren darstellen.

---

[541] Grundlage ist die Längenmessungen von 1.500 separierten Carbonrovingfragmenten.
[542] Grundlage ist die Längenmessungen von 614 im 0/10er Abbruchmaterial verbliebenen Carbonrovingfragmenten.

5.4.4   Separationsverfahren: Wirbelschichtsortierung

5.4.4.1 Funktionsprinzip Wirbelschichtsortierung

Mit der Wirbelschichtsortierung, auch als Wirbelschichtklassierung bezeichnet, erfolgt
eine Auflockerung des Materials unter Einwirkung eines vertikal aufströmenden Fluides
oder Gases und schlussendlich der Austrag der Leichtfraktion. Die Separierung mittels
des Wirbelschichtverfahrens basiert auf den gleichen physikalischen Gesetzmäßigkei-
ten, die auch bei der Querstromsichtung wirken. Bei der beginnenden Durchströmung
des Stoffgemisches, das auf einem durchlässigen Boden (Anströmboden) in einer ka-
minartigen Apparatur lagert, verändert sich deren zufällige Schüttung über die Umord-
nung der Fraktionen zu einem homogenen Gemisch bis hin zur Fluidisierung des Stoffgemisches. [543] Bei der Fluidisierung liegt die Strömungsgeschwindigkeit in der gesamten Materialschicht im Übergang, in dem die Kraft der eingeleiteten Strömung die statische Schwerkraft der Einzelstoffe überwindet, sodass alle Einzelfragmente freibeweg-
lich sind. Dieser Zustand wird als *Fließbett* oder *Wirbelschicht* bezeichnet. [544]

In diesem vertikalen Luftstrom gruppieren sich gleichgefällige Stoffe mit ähnlichen aerodynamischen Durchmessern zusammen zu einer vertikal abgegrenzten Schicht. [545]
Mit der weiteren Steigerung der Strömungsgeschwindigkeit werden Fragmente mit größerem aD zunehmend nach oben befördert, bis der Austrag mit der Fluid- oder Gasströ-
mung erfolgt. Die ausgetragene Fraktion kann über Abscheideinrichtungen gesammelt
werden. Allgemein entsteht mit dem Aufstrom eine intensive Vermischung zwischen
dem Luftstrom und dem aufgegebenen Abbruchmaterial. [546] Dadurch wirkt der Luftstrom sehr viel intensiver auf das Stoffgemisch ein als bei der Querstromsichtung über
die kurze Fallstrecke. Im Ergebnis kann mit der Wirbelschichtsortierung eine bessere
Trennschärfe als mit anderen Sichtungsverfahren erreicht werden.

5.4.4.2 Experiment Wirbelschichtsortierung im Labor

Das Experiment zur Wirbelschichtsortierung wurde im Technikum des Institutes für
Verfahrenstechnik und Umwelttechnik der TU Dresden durch den Autor und einen Mitarbeiter der Arbeitsgruppe Mechanische Verfahrenstechnik durchgeführt. Die Ver-
suchsanlage ist eine Wirbelschichtanlage mit einem maximalen Volumenstrom von

---

[543] Schubert (1996) Aufbereitung fester Stoffe - Band II: Sortierprozesse, S. 43
[544] Bunge (2012) Mechanische Aufbereitung, S. 70
[545] Martens/Goldmann (2016) Recyclingtechnik, S. 511
[546] Martens/Goldmann (2016) Recyclingtechnik, S. 511

1.000 m³/h. Der zu betrachtende Teil der Anlage ist eine Plexiglasröhre mit einem Innendurchmesser von 200 mm und einem gitterförmigen Anströmboden, auf dem das Material liegt (Abbildung 5.15). Der Luftstrom wird über Zuleitungen von unten durch den Anströmboden geleitet, sodass das Material mit dem größeren aD innerhalb des Plexiglasrohres planmäßig zu schweben beginnt. Zielsetzung in diesem Versuch ist, das leichtere Carbonbewehrungsmaterial in einer Wirbelschicht zu separieren und schlussendlich mit der Strömung aus dem Abbruchstoffgemisch auszutragen.

Abbildung 5.15: Wirbelschicht-anlage, Schacht geöffnet

Abbildung 5.16: Schüttschicht des 0/10er-Baustoffgemischs, Luftstrom aus

Abbildung 5.17: Luftstrom volle Leistung, Ausbildung stationärer Wirbelschichten

Das Prinzip der Abscheidung basiert auf Grundlage der unterschiedlichen Dichten sowie Kornformen und damit verbundenen aerodynamischen Durchmessern der Einzelfraktionen. Die Dichte der mineralischen Fraktion beträgt 2.290 kg/m³ und die der Carbonrovingfragmente circa 1.400 kg/m³ bis 1.800 kg/m³. Damit liegen die Dichten in Bezug auf die Wirbelschichtsortierung eng beieinander. Der entscheidende Kennwert zur Trennung der Stoffe ist jedoch der aerodynamische Durchmesser der zu trennenden Fraktionen. Für den Versuch wurde die Anlage mit 1.330 g des 0/10er Abbruchmaterials beaufschlagt (Abbildung 5.16) und die Luftstrommenge systematisch bis zum maximalen Luftstromwert von 1.000 m³/h gesteigert. Es war zu beobachten, dass alle Carbonbewehrungsfragmente sowie der mineralische Feinanteil in einer stationären Wirbelschicht schweben (Abbildung 5.17). Diese Fraktion wird beim maximalen Volumenstrom über eine Ableitung zusammen mit der Strömung ausgetragen und in ein Behältnis geleitet.

In der Auswertung wurde die Masse der ausgeblasenen Fraktion mit 455 g und einem 34 % Massenteil gesamt gewogen. Diese Fraktion beinhaltet die Carbonrovingfragmente und die mineralische Fraktion bis zu einem Größtkorn von 3 mm. Die Schwerfraktion, die in der Plexiglasröhre verblieben ist, wurde mit der Masse von 873 g und 66 % Massenteil gesamt festgestellt. Diese Fraktion beinhaltet die mineralische Fraktion im Korngrößenbereich 4/10 und ein einzelnes Carbonrovingfragment (Abbildung 5.18).

Dieses Fragment könnte sich jedoch auch in der Abluft-Rohrleitung festgesetzt haben und mit der Verringerung des Luftstroms zurückgefallen sein. Im Rahmen der Wirbel-schichtsortierung kann eine Ausbringung von circa 100 % der Carbonrovingfragmente festgestellt werden. Im Ergebnis des Experimentes liegt in dem Separierungsverfahren *Wirbelschichtsortierung* ein geeignetes Separierungsverfahren vor, welches das K.-o.-Kriterium zur Carbonfaserausbringung erfüllt. Mit den Ergebnisdaten aus dem Experiment kann das Verfahren mit der Nutzwertanalyse in Abschnitt 3.7 ausgewertet werden.

In Ergänzung zu diesem Experiment wurde für die ausgeblasene Fraktion die Trennung des mineralischen Anteils von den Carbonrovingfragmenten untersucht. Der mit den Carbonfaserfragmenten ausgeblasene mineralische Anteil kann in Kombination mit dem ergänzenden Verfahren der *Siebung* mit der Sieböffnungsgröße 4 mm von den Carbon-rovingfragmenten vollständig separiert werden. Im Ergebnis der Wirbelschichtsortie-rung und der Siebklassierung liegen drei Fraktionen vor: mineralisches Material 4/10, mineralisches Material 0/3 und sortenreine Carbonrovingfragmente (Abbildung 5.19).

Abbildung 5.18: Schale links: Schwerfraktio-nen mit mineralischem Material 4/10; Schale rechts: Leichtfraktion mit mineralischem Anteil 0/3 und Carbonrovingfragmenten

Abbildung 5.19: Schale links: Siebergebnis der Leichtfraktion, sortenreine minerali-sche Fraktion 0/3; Schale rechts: sorten-reine Carbonbewehrungsfragmente

5.4.5   Auswertung der Fallstudie Sortierende Klassierung

Tabelle 5.4 stellt die Ergebnisse der untersuchten Separationsverfahren zur Sortierenden Klassierung in einer Übersicht zusammen:

	Verfahren: Sieb-klassierung	Verfahren: Quer-stromsichtung	Verfahren: Wirbel-schichtsortierung
Durchführung des Versuchs	ex situ (im Labor), ex situ (in einer Aufbe-reitungsanlage	in situ (an Abbruchstelle), ex situ (in einer Aufberei-tungsanlage)	ex situ (im Labor)
Ermittelte Car-bonfaserausbrin-gung	circa 15 % bis 20 %, nicht als primäres Ver-fahren geeignet	circa 10 %, nicht als primäres Verfah-ren geeignet	bis zu circa 100 %, als primäres Verfahren geeignet
Anmerkungen zum Ergebnis	ausgeprägte Fischigkeit der Carbonrovingfrag-mente beeinträchtigen die Separation	zusätzlich Separation von Abstandshalter und mine-ralischen Bestandteilen bis 2 mm Korngröße	Experiment im Labor-maßstab erfolgreich, zusätzlich Separation von mineralischen Be-standteilen bis 3 mm Korngröße
Praxis-empfehlung	in Ergänzung als nach-folgender Klassierpro-zess gut geeignet	in Ergänzung als vorgela-gerter in-situ-Prozess gut geeignet	in Ergänzung mit der nachfolgenden Siebung gut geeignet

Tabelle 5.4: Ergebnisse zur den Separationsverfahren Sortierende Klassierung

5.5 Verfahren der Dichtesortierung

5.5.1 Arten der Dichtesortierung

Eine große Zahl etablierter Separationsverfahren basiert auf dem Prinzip der Dichtesor-tierung, bei der bestehende Dichteunterschiede zur Trennung der Stofffraktionen ge-nutzt werden. [547] In einem trockenen, heterogenen Schüttgut ist die selbstständige Sor-tierung durch unterschiedliche Dichten jedoch gehemmt, da zwischen den Einzelstoffen Haftreibungskräfte, gegenseitige Behinderungen der Teilchen und weitere Wechselwir-kungen mit den umgebenden Behälterwänden existieren. Nur mit weiteren Hilfsmitteln und äußerer Krafteinwirkung können diese Widerstände überwunden und das Mischgut in eine Fraktion geringerer Dichte (Leichtgut) und eine Fraktion höherer Dichte (Schwergut) sortiert werden. [548] Häufig wird dafür eine Trennflüssigkeit (Fluid) mit de-finierter Dichte zu Hilfe genommen. [549]

Mit diesem Ansatz zählt die Dichtesortierung zur Gruppe der Nassaufbereitungsverfah-ren. Die Nassaufbereitung bietet neben der Mobilisierung der Teilchen den weiteren

---

[547] Schubert (1996) Aufbereitung fester Stoffe - Band II: Sortierprozesse, S. 1
[548] Bunge (2012) Mechanische Aufbereitung, S. 207
[549] Martens/Goldmann (2016) Recyclingtechnik, S. 45

Vorteil, dass leicht lösliche Schadstoffe, wie Chloride, Sulfate und Phenole ausgespült und aufbereitet werden können. Zudem können bei der Sortierung anfallende Staubemissionen wirksam unterbunden werden. Als Nachteil gilt der zusätzliche Wasserverbrauch oder der Verbrauch einer alternativen Trennflüssigkeit sowie die Notwendigkeit zur Prozesswasseraufbereitung mit der Wiedergewinnung der Trennflüssigkeit. Die erforderliche und fachgerechte Entsorgung der Restschlämme wirkt sich in der Wirtschaftlichkeit ebenfalls nachteilig aus. [550] Die Grundvoraussetzung für die Sortierung ist, wie bei anderen Separationsverfahren, dass die Fraktionen des Verbundstoffes aufgeschlossen vorliegen und die zu trennenden Fraktionen keine Bindungskräfte miteinander besitzen. Im Vergleich der Nassverfahren zu den Trockenverfahren werden Trockenaufbereitungsverfahren als vorteilhafter angesehen. [551]

Allgemein stehen nach dem Trennprinzip der *Dichtesortierung* für die Separation der Carbonbewehrung aus dem Abbruchmaterial die Verfahren Schwimm-Sink-Sortierung im Nassverfahren, die Herdsortierung durch Setzprozesse im Nassverfahren und die Gegen- und Querstromsortierung im Trockenverfahren zur Verfügung. [552] Die Gegen- und Querstromsortierung funktionieren sowohl nach dem Prinzip der Gleichgefälligkeit als auch nach dem Prinzip der Dichtesortierung und sind bereits in den Abschnitten 5.4.3 und 5.4.4 beschrieben. Die Herdsortierung durch Setzprozesse wird nicht untersucht, jedoch wird dieses Verfahren durch den Autor als potenziell geeignet für die Separation von Carbonrovingfragmenten eingeschätzt.

Das Verfahren der Schwimm-Sink-Sortierung im Nassverfahren ist aufgrund der oftmals niedrigen Investitions- und Betriebskosten für Spezialanwendungsfälle etablierter Teil der Aufbereitungstechnik. [553] Aus diesem Grund werden zwei Verfahren in den folgenden Abschnitten in Bezug auf die Separation von Carbonrovingfragmenten erläutert und in Experimenten untersucht.

5.5.2   Separationsverfahren: Schwimm-Sink-Sortierung mit Schwerlösung

5.5.2.1 Funktionsprinzip Schwimm-Sink-Sortierung mit Schwerlösung

Ein Grund für das unbefriedigende Ergebnis zur Carbonfaserausbringung mit der Sortierenden Klassierung war neben der ausgeprägten Fischigkeit der Carbonrovingfragmente bei der Siebklassierung mit Querstromsichtung der zu geringe Dichteunterschied

---

[550] Gewiese et al. (1994) Recycling von Baureststoffen, S. 56
[551] Gewiese et al. (1994) Recycling von Baureststoffen, S. 56
[552] Martens/Goldmann (2016) Recyclingtechnik, S. 47
[553] Schubert (1996) Aufbereitung fester Stoffe - Band II: Sortierprozesse, S. 1

zwischen Betonmatrix und Carbonbewehrung. In der Schlussfolgerung dazu wurde in Betracht gezogen, ein Separationsverfahren zu untersuchen, das sich explizit im engen Dichtebereich von 1.800 kg/m³ bis circa 2.300 kg/m³ anwenden lässt.

Durch den geringen Dichteunterschied und mit den in Abschnitt 5.5.1 beschriebenen Widerständen zwischen den Teilchen im Abbruchgut wird die selbstständige Sortierung ohne weitere Krafteinwirkung innerhalb des Mischgutes behindert. Die Mobilität der einzelnen Stoffe kann verbessert werden, wenn das Material in eine Flüssigkeit gegeben wird. Ausgangspunkt eines effizienten Separationsverfahrens in einem Fluid, das auf Dichteunterschieden basiert, ist ein Mischgut aus einer gleichförmigen Zielfraktion (in dieser Arbeit: Carbonrovingfragmente mit geringerer Dichte) und einer gleichförmigen Matrixfraktion (Betonmatrix mit höherer Dichte). Daher muss für die anvisierte trennscharfe Dichtesortierung als vorgeschalteter Prozessschritt die Klassierung der Fraktionen in enge Korngruppen erfolgen. Anderenfalls bestimmen andere Parameter wie die Kornform (aerodynamischer Durchmesser) die Trennprozesse bei der Sortierung. [554]

Wird das Abbruchmischgut zur Abtrennung der leichteren Zielfraktion in ein flüssiges Medium gegeben, so können allgemeingültig drei Ansätze verfolgt werden: [555, 556]

1) Die Dichte der Trennflüssigkeit wird im Bereich zwischen der Dichte der leichteren Zielfraktion und der Dichte der schwereren Matrixfraktion eingestellt. Ergebnis der ruhenden Flüssigkeit ist ein stabiler Zustand, bei dem sich die schwerere Matrixfraktion auf dem Behälterboden absetzt und die leichtere Zielfraktion eine aufschwimmende Schicht bildet. Dieser Zustand stellt sich in der Ruhephase der Flüssigkeit ein, nachdem diese zuvor mobilisiert wurde. Die leichte Zielfraktion kann abgeschöpft und damit separiert werden.

2) Die Dichte der Trennflüssigkeit wird in einen Bereich unterhalb der leichteren Zielfraktion eingestellt. Im stabilen Ruhezustand der Flüssigkeit liegt die schwere Matrixfraktion auf dem Behälterboden und unmittelbar darüber die leichtere Zielfraktion. Dieser Zustand stellt sich nach der behutsamen Mobilisierung der Flüssigkeit ein. Höhere Flüssigkeitsbewegungen führen wieder zu einer unerwünschten Vermischung der Fraktionen.

3) Ausgangszustand ist der im zweiten Punkt beschriebene Zustand. Die Zielfraktion ruht auf der Matrixfraktion. Die Flüssigkeit, in der sich beide Fraktionen befinden, wird von unten durch ein Gas oder eine Flüssigkeit angeströmt. Damit wirkt neben der statischen Auftriebskraft eine weitere Auftriebskraft durch den Aufstrom. Ist der

---

[554] Martens/Goldmann (2016) Recyclingtechnik, S. 45
[555] Bunge (2012) Mechanische Aufbereitung, S. 207 f.
[556] Schubert (1996) Aufbereitung fester Stoffe - Band II: Sortierprozesse, S. 1

Aufstrom entsprechend stark, wird die leichte Zielfraktion ausgetragen. Bei geringerer Aufströmung bildet sich eine stationäre Wirbelschicht mit fluiden Eigenschaften aus. Der Aufstrom kann so eingestellt werden, dass die Zielfraktion in einer separaten Schicht schwebt und daraus abgezogen werden kann.

Bei der Schwimm-Sink-Sortierung, allein basierend auf der statischen Auftriebskraft nach dem Ansatz 1) der Aufzählung, gibt ausschließlich die Dichte der Trennflüssigkeit die Trenndichte vor. Dies entspricht am ehesten dem Ansatz der reinen Dichtesortierung. [557] Das zu sortierende Carbonbetonabbruchmaterial wird in eine Trennflüssigkeit beigegeben, deren Dichte zwischen der Dichte der leichteren Carbonbewehrung und der schwereren Betonmatrix liegt. Ziel ist dabei, die leichtere Zielfraktion auf dem Trennmedium aufschwimmen zu lassen und somit zu separieren. Der Fakt, dass die Dichte der Zielfraktion Carbonbewehrung mit 1.400 kg/m³ bis 1.800 kg/m³ deutlich über der Dichte von Wasser liegt, schließt die Verwendung des gebräuchlichsten Trennmediums Wasser ohne Zugabe von Schwerstoffen aus. Wasserbäder ohne die Zugabe von Schwerstoffen werden als Trennflüssigkeit mit der Dichte 1.000 kg/m³ stellenweise im Rahmen der Aufbereitung von Abbruchmassen genutzt. Das zerkleinerte Abbruchmaterial wird durch ein Wasserbett geführt und die aufschwimmenden Leichtstoffe, wie Holz oder Kunststoffe geringerer Dichte, werden an der Wasseroberfläche mittels Düsen abgespült. Die Schwerfraktion mit der Dichte größer 1.000 kg/m³ sinkt hingegen ab und kann separiert werden. [558]

Für die Separation der Carbonrovingfragmente können zur Dichteerhöhung der Trennflüssigkeit sogenannte Schwertrüben eingesetzt werden. Schwertrüben sind Suspensionen, die aus einer Newtonschen Flüssigkeit (sprich wässrigen Flüssigkeit) als Trägermedium bestehen und einem darin gelösten Schwerstoff mit einem Volumenanteil von 20 % bis 35 %. [559] Zur Herstellung von Schwertrüben werden insbesondere Ferrosilicium (FeSi, $\rho = 6.900$ kg/m³) und Magnetit (Fe_3O_4, $\rho = 5.000$ kg/m³) industriell eingesetzt. [560] Mit diesen Schwerstoffen lassen sich Suspensionsdichten bis maximal $\rho = 3.200$ kg/m³ großtechnisch erreichen. Diese erzielbare Suspensionsdichte liegt deutlich über der notwendigen Trenndichte für das Carbonbetonabbruchmaterial. Die Materialkosten für Ferrosilicium liegen in einem vertretbaren Rahmen von circa 900,00 Euro pro 1.000 kg. Die ferromagnetischen Eigenschaften ermöglichen die Wiedergewinnung

---

[557] Schubert (1996) Aufbereitung fester Stoffe - Band II: Sortierprozesse, S. 1
[558] Gewiese et al. (1994) Recycling von Baureststoffen, S. 53
[559] Schubert (1996) Aufbereitung fester Stoffe - Band II: Sortierprozesse, S. 4
[560] Schubert (2003) Handbuch der mechanischen Verfahrenstechnik 2, S. 629

des Schwerstoffes in einem Nasstrommelscheider. [561] Die Schwerlösung wird hauptsächlich zur Aufbereitung mineralischer Rohstoffe, wie Steinkohle, oder zur Anreicherung von Nichteisen-Metallerzen eingesetzt.

In jüngster Zeit haben sich weitere Einsatzfelder, wie das Recycling von Abfällen (Akkuschrott, Stahlleichtschrott- und Kunststoffsortierung), entwickelt. [562] Die Anwendungen der Dichtesortierung begründen sich im Wesentlichen durch die hohe Trennschärfe auch bei geringen Dichteunterschieden. Diese Eigenschaft soll für die Forschungsfrage der vorliegenden Arbeit genutzt werden. Nachteile der Dichtesortierung mit Schwerlösungen können hohe Anlagen-, Material- und Betriebskosten sein. [563]

5.5.2.2 Experiment Schwimm-Sink-Sortierung mit Schwerlösung im Labor

Im Zuge des Experimentes zu diesem Separationsverfahren ist die freie Schwimm-Sink-Sortierung, basierend auf der statischen Auftriebskraft in einer Trennflüssigkeit hoher Dichte, zu untersuchen. Diese Form der Dichtesortierung wird insbesondere bei der Bestimmung baustofflicher Kennwerte, wie der Angabe der Verteilungsfunktion von Materialdichten, eingesetzt. Die Verteilungsfunktion gibt die Varianz der Einzeldichten eines Stoffgemisches wieder. [564] In diesem Experiment sollen mit der Verteilfunktion Rückschlüsse auf die notwendige Dichte der Trennflüssigkeit für die großtechnische Umsetzung zur Sortierung gezogen werden.

Für eine vollständige Carbonfaserausbringung ist wesentlich, dass in der Trennflüssigkeit und der Trennschicht keine Turbulenzen auftreten, welche zum erneuten Aufschwimmen der Betonfraktion führen würden. [565] In der konzipierten Versuchsanordnung sollen zu Beginn alle Partikel beider Fraktionen auf der Trennflüssigkeit hoher Dichte aufschwimmen.

Daher muss die Dichte der Trennflüssigkeit größer als die größte Dichte der Zuschlagsstoffe aus der Betonmatrix sein, damit vollständig freigelegte schwere Gesteinszuschlagsstoffe, wie die Basaltkörnungen, zu Beginn des Experimentes auf der Schwerlösung aufschwimmen. Für die Schwerlösung wird die Dichte $\rho = 3.000 \, kg/m^3$ als Anfangswert festgelegt.

Mit den in Abschnitt 5.5.2.1 beschriebenen Schwerstoffen lässt sich diese Dichte realisieren. Die Zugabe von Ferrosilicium oder Magnetit bedingt jedoch eine Eintrübung der

---

[561] Schubert (2003) Handbuch der mechanischen Verfahrenstechnik 2, S. 633
[562] Martens/Goldmann (2016) Recyclingtechnik, S. 286
[563] Schubert (2003) Handbuch der mechanischen Verfahrenstechnik 2, S. 634
[564] Bunge (2012) Mechanische Aufbereitung, S. 43
[565] Bilitewski/Härdtle (2013) Abfallwirtschaft: Handbuch für Praxis und Lehre, S. 518

Flüssigkeit, [566] wodurch eine exakte Ergebnisdokumentation erschwert wird. Des Weiteren würde der Eisenanteil in der Trennflüssigkeit das Betonrezyklat verunreinigen, was in einer späteren stofflichen Verwertung des Rezyklats zur Herstellung neuer Betone zu optischen Beeinträchtigungen in den damit hergestellten Betonbauteilen führen kann. Eine weitere Möglichkeit zur Herstellung der Schwerlösung ist Zinkchlorid ($ZnCl_2$, $\rho = 2.910$ kg/m³). Das Salz wirkt jedoch stark ätzend, ist zudem umweltgefährdend und belastet das Betonrezyklat mit Chloridionen. Auch die in Laboren etablierte Verwendung von halogenierten, hochtoxischen Kohlenwasserstoffen wird zur Herstellung der Trennflüssigkeit ausgeschlossen.

Im Ergebnis der Recherche zur Herstellung einer Schwerlösung mit der Dichte $\rho = 3.000$ kg/m³ wurde das Salz Natriumpolywolframat (engl. sodium polytungstate, kurz SPT) als geeignet festgestellt. SPT (Formel: $Na_6[H_2W_{12}O_{40}]$) besteht aus weißen Salzkristallen, die sich sehr gut in destilliertem Wasser lösen und eine hellgelbe bis hellgrüne transparente Flüssigkeit mit geringer Viskosität bilden. Die Dichte ist unter Zugabe von weiteren Mengen destillierten Wassers im Bereich von circa $\rho = 3.000$ kg/m³ bis 1.000 kg/m³ einstellbar, ohne dass sich die Viskosität wesentlich verändert. [567] Diese Charakteristik sowie die leichte Reinigung des Sink- und Schwimmgutes mit Wasser führen zur Festlegung von SPT für die Herstellung der benötigten Schwerlösung. Eine Empfehlung aus der Literatur ist, dass das zu trennende Aufgabegut für die Schwimm-Sink-Sortierung im Größenbereich von 5 mm bis 10 mm vorliegen sollte. [568] Daher wird im Experiment das 0/10er Abbruchmaterial als Ausgangsmaterial verwendet.

Das Experiment zur Schwimm-Sink-Sortierung mit der Schwerlösung SPT wurde im Laboratorium des Instituts für Baustoffe der TU Dresden durch den Autor und einen Mitarbeiter des ansässigen Instituts durchgeführt. Als Versuchsapparatur wurde ein Standzylinder mit dem Innendurchmesser von 60 mm und einem Messbereich von 500 ml Volumeninhalt gewählt (Abbildung 5.20). Ausgangspunkt des Experimentes ist der mit der Schwerlösung SPT ($\rho_{SPT} = 2.990$ kg/m³) gefüllte Standzylinder. Zur Masse an SPT $m_{SPT} = 0,500$ kg werden Betonrezyklatstücke ($\rho_{Beton} = $ circa 2.290 kg/m³, Größtkorn 10 mm) und Carbonrovingfragmente ($\rho_{Carbon} = 1.400$ kg/m³ bis 1.800 kg/m³) mit der Fragmentlänge von circa 40 mm zugegeben. Beide Stofffraktionen schwimmen auf der unverdünnten Schwerlösung. Auch im manipulierten Tauchzustand zeigen alle Fragmente eine große Auftriebskraft.

[566] Schubert (2003) Handbuch der mechanischen Verfahrenstechnik 2, S. 629
[567] Datenblatt von TC-Tungsten Compounds GmbH zur Schwerlösung Natriumpolywolframat, Version 01/2016 EN
[568] Martens/Goldmann (2016) Recyclingtechnik, S. 286

Ziel des Experimentes mit dem Carbonbetonabbruchmaterial ist, dass sich mit schritt-weiser Verdünnung und somit abnehmender Dichte der Trennflüssigkeit $\rho_{SPT,verd}$ die Fraktion höherer Dichte (Betonmatrix) sortenrein am Gefäßboden absetzt. Die noch auf-schwimmende Leichtfraktion kann an der Oberfläche abgeschieden werden. Mit den Ergebnissen des Experimentes lässt sich die charakteristische Verteilungsfunktion der Materialdichten bestimmen und der Dichtebereich für das Trennmedium festlegen. Mit dem Dichtebereich könnten die Carbonrovingfragmente in der großtechnischen Umset-zung zielsicher separiert werden.

Abbildung 5.20: Schwimm-Sink-Sortierung; Standzylinder mit Wasser (links); Standzy-linder mit SPT, Fraktionen schwimmen auf (rechts)

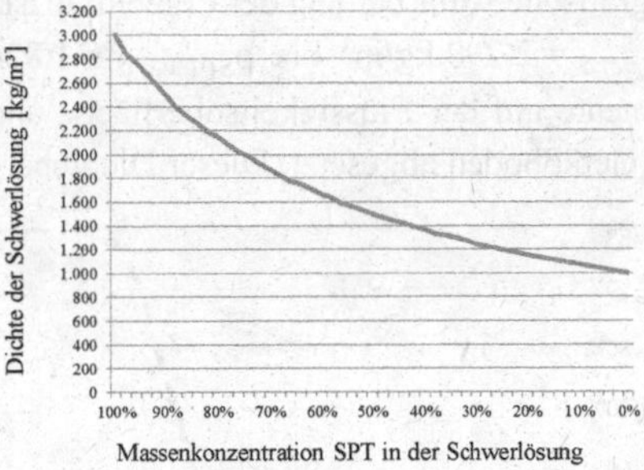

Abbildung 5.21: Dichtefunktion der Schwer-lösung SPT

In Abbildung 5.21 ist die Dichtefunktion der Schwerlösung dargestellt. Beginnend mit der maximalen Dichte ρ_{SPT}= 2.990 kg/m³ wird unter Zugabe von jeweils 0,010 kg (spä-ter 0,050 kg) destilliertem Wasser mit der Dichte ρ_W = 1.000 kg/m³ die Dichte der Schwerlösung schrittweise reduziert.

In der Durchführung des Experimentes wurde in jedem Schritt die Masse an Zugabe-wasser m_{Wasser} notiert und das Schwimm-Sink-Verhalten der Fraktionen dokumentiert. Die Suspension im Standzylinder wird nach jeder Wasserzugabe kurzzeitig angeregt, damit eine eventuell vorhandene Oberflächenspannung überwunden wird. Mit der Ge-samtmasse an Zugabewasser von m_{Wasser} = 0,03 kg besitzt die Schwerlösung eine Dichte von $\rho_{SPT,verd}$ = 2.690 kg/m³. Das erste Betonfragment hat sich auf dem Gefäß-boden abgesetzt. Mit m_{Wasser} = 0,06 kg hat die Schwerlösung eine Dichte von $\rho_{SPT,verd}$ = 2.460 kg/m³ und ein zweites Betonfragment setzt sich auf dem Gefäßboden ab. Weitere fünf Betonfragmente sind bei m_{Wasser} = 0,075 kg und einer Dichte von $\rho_{SPT,verd}$ = 2.370 kg/m³ gesunken. Alle zwölf Betonfragmente liegen auf dem Gefäßbo-den bei m_{Wasser} = 0,090 kg und einer Dichte von $\rho_{SPT,verd}$ = 2.290 kg/m³. Die Carbon-rovingfragmente schwimmen bei dieser Dichte noch auf der Oberfläche.

Unter weiterer schrittweiser Zugabe von destilliertem Wasser sinkt das erste sehr dünne Carbonrovingfragment (vergleichbar mit der Dicke eines menschlichen Haares) bei $m_{Wasser} = 0{,}240$ kg und einer Dichte von $\rho_{SPT,verd} = 1.820$ kg/m³ auf den Gefäßboden. Erste größere Carbonrovingfragmente, wie sie auch im Wesentlichen im Abbruchmaterial vorliegen, beginnen bei $m_{Wasser} = 0{,}520$ kg und einer Dichte von $\rho_{SPT,verd} = 1.480$ kg/m³ sich auf dem Gefäßboden abzusetzen. Alle Carbonrovingfragmente ruhen auf dem Gefäßboden bei $m_{Wasser} = 0{,}670$ kg und einer Dichte der Schwerlösung von $\rho_{SPT,verd} = 1.380$ kg/m³.

Die grafische Aufarbeitung der Ergebnisse ist in Abbildung 5.22 dargestellt. Im Bereich $\rho_{SPT,verd} = 2.290$ kg/m³ bis $\rho_{SPT,verd} = 1.820$ kg/m³ schwimmen alle Carbonrovingfragmente auf der Flüssigkeitsoberfläche und die gesamte Betonfraktion hat sich auf dem Gefäßboden abgesetzt. Dieser Dichtebereich wird als Trennbereich definiert. [569]

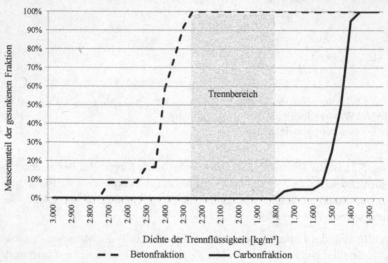

Abbildung 5.22: Bestimmung des Trennbereich zur Schwimm-Sink-Sortierung

Im umgekehrten Ablauf des Experiments wird die verdünnte Schwerlösung unter schrittweiser Zugabe von jeweils 0,010 kg (später 0,050 kg) der unverdünnten SPT mit $\rho_{SPT} = 2.990$ kg/m³ aufkonzentriert. Ausgangspunkt ist der mit der verdünnten Schwerlösung $m_{SPT,verd.} = 0{,}120$ kg und $\rho_{SPT,verd} = 1.420$ kg/m³ gefüllte Standzylinder. Zur verdünnten Lösung werden die zuvor verwendeten Betonrezyklatstücke ($\rho_{Beton} =$ circa 2.290 kg/m³) und Carbonrovingfragmente ($\rho_{Carbon} = 1.400$ kg/m³ bis

[569] Schubert (1996) Aufbereitung fester Stoffe - Band II: Sortierprozesse, S. 3

1.800 kg/m³) gegeben. Beide Fraktionen liegen in einer Schicht auf dem Gefäßboden und zeigen auch bei kurzzeitiger Manipulation keine Auftriebskräfte. Ziel des Experimentes ist mit schrittweiser Erhöhung der Trennflüssigkeitsdichte $\rho_{SPT,verd}$, dass die Fraktion geringerer Dichte (Carbonrovingfragmente) sortenrein aufschwimmt und abgeschieden werden kann. Im Ergebnis des Experimentes soll der zuvor eruierte Dichtebereich validiert werden.

Bei einer Gesamtmasse an zugegebener SPT $m_{SPT} = 0{,}01$ kg steigt die Dichte der Schwerlösung auf $\rho_{SPT,verd} = 1.480$ kg/m³. Alle Carbonrovingfragmente (außer den sehr dünnen Rovingfragmenten) schwimmen auf der Oberfläche. Unter weiterer Zugabe bis zu $m_{SPT} = 0{,}08$ kg steigt die Dichte der Schwerlösung auf $\rho_{SPT,verd} = 1.800$ kg/m³ und auch die haarfeinen Carbonrovingfragmente schwimmen auf der Oberfläche. Bei $m_{SPT} = 0{,}350$ kg hat die Schwerlösung eine Dichte von $\rho_{SPT,verd} = 2.330$ kg/m³ und das erste Betonfragment schwimmt auf. Alle Betonfragmente, bis auf das Betonfragment mit der größten Dichte schwimmen bei $m_{SPT} = 0{,}570$ kg und einer ermittelten Dichte der Schwerlösung von $\rho_{SPT,verd} = 2.510$ kg/m³ auf der Trennflüssigkeit.

In der Auswertung der beiden Experimente wird festgestellt, dass mit der Schwimm-Sink-Sortierung unter Verwendung einer Schwerlösung im Dichtebereich von $\rho_{SPT,verd} = 2.290$ kg/m³ bis $\rho_{SPT,verd} = 1.820$ kg/m³ die Fraktion der Carbonfaserbewehrung mit der Ausbringquote von 100 % separiert werden kann. Der untere und obere Grenzwert wurde in einem zweiten Versuch im umgekehrten Vorgehen verifiziert. Mit dem Separierungsverfahren *Schwimm-Sink-Sortierung in einer Schwerlösung* liegt ein geeignetes Separierungsverfahren vor, das die erforderliche Carbonfaserausbringung erfüllt. Mit den Ergebnissen aus dem Experiment wird das Verfahren in der Nutzwertanalyse beurteilt. Die vorteilhafte Anwendung lässt sich im Wesentlichen durch die hohe Trennschärfe beschreiben, wodurch sich die beiden ähnlich dichten Fraktionen zielsicher separieren lassen. Das Verfahren kann in der beschriebenen Ausführung technologisch zum Beispiel mit Hilfe eines marktüblichen Schnecken-Aufstrom-Sortierers umgesetzt werden. Das Funktionsprinzip ist in Abbildung 5.23 dargestellt.

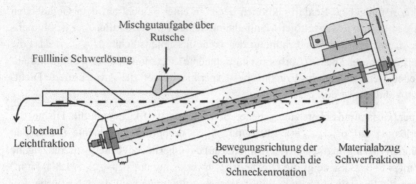

Abbildung 5.23: Prinzipskizze eines Schnecken-Aufstrom-Sortierers [570]

Die schräg ansteigende Anlage wird bis zum Erreichen der Fülllinie mit der Schwerlösung SPT im eingestellten Dichtebereich von circa $\rho_{SPT,verd}$ = 1.900 kg/m³ gefüllt. Die Antriebseinheit setzt die Spiralschnecke in Rotation, wodurch das Abbruchgut intensiv durchmischt wird. Die dabei absinkende Betonmatrix wird als Schwerfraktion durch die Spiralschnecke kontinuierlich in Richtung des oberen Endes befördert. Die Leichtfraktion wird über einen Auslauf ausgeschwemmt. Beide separierten Fraktionen müssen im Anschluss über Roste geführt werden, auf denen anhaftende SPT-Mengen abtropfen. Die aufgefangene Menge an SPT wird dem Schnecken-Aufstrom-Sortierer über einen Kreislauf wieder zugeführt. Zur abschließenden Reinigung der Fraktionen und zur Wiedergewinnung letzter Reste der Schwerlösung können sowohl die Carbonrovingfragmente als auch die Betonmatrix durch das Waschen mit Wasser von der wasserlöslichen SPT befreit werden. Die Wiederaufbereitung der Schwerlösung SPT erfolgt durch das Aufkonzentrieren bei einer Temperatur von 70 °C. [571] Allgemeingültig entstehen mit einem Schnecken-Aufstrom-Sortierer nur geringe laufende Betriebskosten, sodass dieses Nass-aufbereitungsverfahren im Betrieb als effizient gelten kann. [572] Ein Nachteil der Schwimm-Sink-Sortierung mit der Verwendung von SPT als Trennlösung sind die einmaligen Investitionskosten für die Anlage aufgrund des Materialpreises für SPT in Höhe von 100,00 Euro/kg bis 200,00 Euro/kg. [573] Damit geht die Notwendigkeit der nahezu vollständigen Reinigung der Fraktionen und der Wiedergewinnung der Schwerlösung einher.

---

[570] In Anlehnung an BiM (1997) Baustoffkreislauf im Massivbau, Abschnitt 5.1.3
[571] Datenblatt von TC-Tungsten Compounds GmbH zur Schwerlösung Natriumpolywolframat, Version 01/2016 EN
[572] Bunge (2012) Mechanische Aufbereitung, S. 208
[573] Der Materialbezugspreis für Kleinmengen bis 20 kg liegt bei 187 Euro (netto), Stand 2017

5.5.3   Separationsverfahren: Schwimm-Sink-Sortierung über die Viskosität

5.5.3.1 Funktionsprinzip Schwimm-Sink-Sortierung über die Viskosität

Der Trennprozess ist bei allen Schwimm-Sink-Verfahren von der Dichte der Trennflüssigkeit, aber auch von weiteren physikalischen Eigenschaften der Trennflüssigkeit und eventuellen Krafteinwirkungen, wie Aufströmungen oder Zentrifugalkräften, abhängig. [574] Der Einsatz einer Schwerlösung im Dichtebereich von > 1.800 kg/m³ wurde im Vorabschnitt bereits beschrieben. Ein gravierender Nachteil bei der Schwimm-Sink-Sortierung mit einer Schwerlösung aus dem Schwerstoff SPT ist der Materialpreis des Schwerstoffes. Aus wirtschaftlichen Überlegungen heraus ist ein weiterer Ansatz zu untersuchen, der über die statische Dichtetrennung hinausgeht. So ist das Verhalten des Aufgabeguts in oder auf der Trennflüssigkeit auch von den rheologischen Eigenschaften (Fließverhalten) der Trennflüssigkeit abhängig. Bei der reinen Dichtetrennung muss die Dichte des Trennmediums größer als die Dichte der Leichtfraktion sein, damit die Partikel der Leichtfraktion (Carbonrovingfragmente) auf dem Trennmedium aufschwimmen. Unter weiteren Gesichtspunkten muss die Fließgrenze der Trennflüssigkeit größer sein, als die durch das Partikel aufgebrachte Schubspannung senkrecht zur Flüssigkeitsoberfläche. Dieser Vorgang ist Teil des rheologischen Verhaltens eines Fluides. Das rheologische Verhalten einer Flüssigkeit ist maßgeblich von der dynamischen Viskosität der Flüssigkeit abhängig. [575]

Für die gängigsten Flüssigkeiten, wie Wasser oder Suspensionen mit einem begrenzten Feststoffgehalt (Zuckerlösungen, Salzlösungen), kann die dynamische Viskosität η als Proportionalitätsfaktor zwischen Schubspannung und Schergeschwindigkeit beschrieben werden. [576] Dieses Verhältnis zur dynamischen Viskosität kann als ausschließlich temperaturabhängige Beziehung beschrieben werden. In der Praxis verhalten sich diese Fluide wie wässrige Flüssigkeiten. Zwischen dem Widerstand (beim Rühren) und der Schergeschwindigkeit (Rührgeschwindigkeit) besteht eine lineare Korrelation. Diese Flüssigkeiten werden als Newtonsche Fluide bezeichnet.

Bestehen neben der Temperatur hingegen weitere Einflüsse, die zu einer nichtlinearen Beziehung zwischen Schubspannung und Schergeschwindigkeit führen, so wird die Flüssigkeit als Nicht-Newtonsches Fluid bezeichnet. [577] Nicht-Newtonsche Fließverhal-

---

[574] Schubert (1996) Aufbereitung fester Stoffe - Band II: Sortierprozesse, S. 4
[575] Kasten (2010) Gleitrohr-Rheometer, S. 26
[576] Schubert (1996) Aufbereitung fester Stoffe - Band II: Sortierprozesse, S. 5
[577] Schubert (2003) Handbuch der mechanischen Verfahrenstechnik 2, S. 1085

ten zeigen beispielsweise Suspensionen mit sehr hohen Feststoffgehalten oder Suspensionen, bei denen die Makromoleküle des Feststoffes Strukturen in der Flüssigkeit ausbilden. [578] Im folgenden Experiment soll das Nicht-Newtonsche Fließverhalten einer herzustellenden Flüssigkeit als alternativer Ansatz zur Separation der Carbonrovingfragmente aus dem Abbruchmaterial genutzt werden. Die Zielsetzung des Versuchs ist, die Carbonrovingfragmente auf einem Trennmedium hoher Viskosität (sprich hoher Zähflüssigkeit) aufschwimmen, respektive nicht eintauchen zu lassen. Die Ausnutzung viskoser Eigenschaften wurde im vorherigen Experiment zur Schwimm-Sink-Sortierung in Abschnitt 5.5.2 nicht untersucht. Ähnlich der Zielsetzung bei der Schwimm-Sink-Sortierung mit einer Schwerlösung soll die Leichtfraktion als abgegrenzte Schicht auf der Flüssigkeitsoberfläche in Schwebe gehalten werden, sodass eine Separation stattfinden kann.

Strukturviskose Fluide als Teil der Nicht-Newtonschen Flüssigkeiten zeigen bei zunehmender Deformationsgeschwindigkeit, hervorgerufen durch beispielsweise maschinelles Rühren der Flüssigkeit, eine verringerte Viskosität. Die zuvor in der Flüssigkeit gebildeten Verfestigungsstrukturen werden durch die Deformation reversibel gelöst. Bei sehr großer Deformationsgeschwindigkeit zeigen strukturviskose Fluide ein nahezu Newtonsches Fließverhalten wie wässrige Flüssigkeiten. [579] Im Ruhezustand bilden strukturviskose Fluide hingegen ein hochviskoses Fließverhalten aus, was im geplanten Experiment genutzt werden soll. Der Einsatz eines strukturviskosen Fluides als Trennflüssigkeit scheint auch aufgrund der geometrischen Unterschiede zwischen der Leicht- und Schwerfraktion günstig für die Sortierung zu sein. Die Partikel, Körner und Brocken der mineralischen Schwerfraktion sind kubisch und kompakt. Die Carbonrovingfragmente als Leichtfraktion sind strangförmig mit einem flach-ovalen Querschnitt. Die höhere Gewichtskraft der Schwerfraktion wird aufgrund der kompakten Form auf eine kleinere Fläche verteilt. Die damit auf die Fluidoberfläche aufgebrachte Schubspannung ist deutlich größer als die der Leichtfraktion. Das Absinken der mineralischen Fraktion und das Aufschwimmen der Leichtfraktion werden damit begünstigt.

Ein im Bauwesen eingesetzter Ausgangsstoff zur Herstellung strukturviskoser Flüssigkeiten ist das Tonmineral Bentonit als Vertreter der Smektite. Bentonit wird im Bauwesen in großen Mengen von mehreren Zehntausend Tonnen im Deponiebau als Abdichtungsmaterial sowie im Tiefbau als Stützflüssigkeit eingesetzt. [580] Der Einsatz von Bentonit in der Ausführung von Spezialtiefbauarbeiten ist in der DIN EN 1536 (10/2015)

---

[578] Schubert (2003) Handbuch der mechanischen Verfahrenstechnik 2, S. 1085
[579] Schubert (2003) Handbuch der mechanischen Verfahrenstechnik 2, S. 1086
[580] Bauer et al. (2001) Smectite stability in acid salt solutions and the fate of Eu, Th and U in solution, S. 93

geregelt. In anderen Industriebereichen gehört Bentonit aufgrund der besonderen physi-kalisch-chemischen Eigenschaften, wie der guten Sorptionsfähigkeit für Kationen, der Quellfähigkeit und dem strukturviskosen Fließverhalten, zu den wichtigsten industriell genutzten Tonmineralien. Bentonite sind als Produkt vulkanischer Asche natürlichen Ursprungs und kostengünstig abbaubar.

5.5.3.2 Experiment Schwimm-Sink-Sortierung mit Bentonitsuspension

Ziel des Experimentes ist, die Leichtfraktion (Carbonbewehrung) aus dem Carbonbe-tonabbruchmaterial auf der Oberfläche der strukturviskosen Trennflüssigkeit abzutren-nen und von der mineralischen Fraktion zu separieren. Die Tragfähigkeit der Suspension respektive das Absetzen der mineralischen Bestandteile wird dabei allein über die Vis-kosität geregelt, die wiederum vom Bentonitgehalt in der Suspension, der Temperatur und der Deformationsgeschwindigkeit abhängt.

Als Ausgangsmaterial wird das 0/10er Abbruchgemisch verwendet. In der Versuchsan-ordnung wird das Abbruchmaterial in ein Glasbehältnis, das mit einer Bentonitsuspen-sion gefüllt ist, gegeben. Die Suspension ist durch schrittweise Zugabe des pulverför-migen Bentonits (Abbildung 5.24) in der Viskosität so herzustellen, dass die leichteren Carbonrovingfragmente aus dem Abbruchmaterial nicht vollständig eintauchen und auf der Fluidoberfläche verbleiben. Die Bentonitsuspension wird mit einem aktivierten Nat-riumbentonit der Marke CEBOGEL OCMA [581] aus dem Spezialtiefbau hergestellt. Bei diesem Bentonit wird die Viskosität durch eine Strukturvernetzung erreicht. Dadurch wird mit einem geringen Materialeinsatz von circa 30 kg bis 40 kg Bentonit auf 1.000 kg Trägerflüssigkeit (Wasser) eine hohe Viskosität erreicht. Die Dichte der so hergestellten Suspension erhöht sich unwesentlich auf circa 1.030 kg/m³.

Die Viskosität kann durch eine Materialfunktion beschrieben werden. Ein quantitativer Wert für die Viskosität kann nicht angegeben werden, da die Viskosität im Allgemeinen experimentell zu bestimmen ist. [582] Im Versuchsaufbau wurde für das Experiment ein Glasbehältnis mit einem Volumeninhalt von 10.000 ml gewählt (Abbildung 5.25). Im Ausgangspunkt des Experimentes wurde das Glasgefäß zur Hälfte mit Wasser gefüllt.

---

[581] Hersteller: Cebo Holland BV, Westerduinweg 1, NL-1976 BV Ijmuiden
[582] Schubert (2003) Handbuch der mechanischen Verfahrenstechnik 2, S. 1086

Abbildung 5.24: Pulverför-
miges Natriumbentonit
CEBOGEL OCMA

Abbildung 5.25: Versuchsaufbau zur Schwimm-Sink-Sortierung mit Bentonit

Zur Menge an Wasser wurde 188 g Bentonit zugegeben, was einem Massenanteil in der Suspension von 4 % entspricht. Die eingesetzten Massenanteile von 3 % und 3,5 % haben sich zuvor in zwei Vorversuchen aufgrund der zu geringen Viskosität als nicht geeignet herausgestellt. Nach dem intensiven Verrühren des Bentonitpulvers in der Trägerflüssigkeit bildet sich eine strukturviskose Flüssigkeit, die als Trennmedium dient. Auf die Bentonitsuspension wird das heterogene Abbruchmaterial, bestehend aus 350 g mineralischem Betonrezyklat (ρ_{Beton} = circa 2.290 kg/m³, Größtkorn 10 mm) und 5 g Carbonrovingfragmenten (Fragmentlänge circa 40 mm), gegeben. Der damit simulierte Masseanteil an Carbonbewehrung beträgt 1,4 %.

Im Ergebnis des Versuchs wurde festgestellt, dass bei exakter Dosierung der Suspension und behutsamer Zuführung des Aufgabegut die leichteren Carbonrovingfragmente zielsicher auf der Fluidoberfläche verbleiben (Abbildung 5.26). Die schwerere Betonmatrix sinkt hingegen auf den Gefäßboden. Die Fraktion der Carbonfaserbewehrung kann mit dem Separierungsverfahren der Schwimm-Sink-Sortierung in einer Bentonitsuspension theoretisch bei einer Ausbringquote von 100 % von der Oberfläche separiert werden. Zudem wurde festgestellt, dass das Rezyklat durch die Suspension verunreinigt wird und die Bentonitanhaftungen auch bei der Reinigung mit großen Mengen Spülwasser nur bedingt entfernt werden konnten (Abbildung 5.27).

Abbildung 5.26: 0/10er Abbruchmaterial in einer   Abbildung 5.27: Separierte Carbonro-
4%igen Bentonitsuspension   vingfragmente mit Bentonitanhaftungen

Unter Einhaltung der Dosierhinweise zur Herstellung der Viskosität liegt ein geeignetes Separierungsverfahren vor, das die erforderliche Carbonfaserausbringung erfüllt. Mit den Ergebnissen wird das Verfahren in der Nutzwertanalyse beurteilt. Das Verfahrensprinzip könnte beispielsweise in der beschriebenen Ausführung in großvolumigen Setzbecken großtechnisch umgesetzt werden. Die Umsetzung des Verfahrens ist aller Voraussicht nach auch mit einem 0/16 Abbruchmaterial realisierbar. Die Vorteile der Anwendung dieses Verfahrens sind der technologisch einfache Anlagenprozess in Verbindung mit geringen Investitions- und Betriebskosten. Der Materialpreis für das verwendete Bentonit liegt bei circa 0,50 Euro/kg. Somit lassen sich 1.000 l Bentonitsuspension mit Materialkosten für das Bentonit in Höhe von 20,00 Euro realisieren.

Eine große Problemstellung bei diesem Verfahren ist die Tatsache, dass die Viskosität maßgeblich von der Schergeschwindigkeit abhängt. Turbulenzen in der Suspension oder eine ungünstige Aufgabe des Abbruchmaterials können zu einer Verflüssigung des Trennmediums führen, bei der die Carbonrovingfragmente nicht auf der Suspensionsoberfläche verbleiben. Die Trennschärfe des Verfahrens ist demnach mit Unsicherheiten verbunden und unterliegt den genannten Einflussfaktoren. Ein weiterer Nachteil des Verfahrens ist die notwendige anschließende Reinigung der Fraktionen von anhaftenden Bestandteilen der Bentonitsuspension. Weiterführende Hinweise können *Schubert (1996)* entnommen werden. Der Literatur können in einem technologischen Fließbild für eine Schwertrübanlage notwendige Prozessschritte zur Reinigung der Fraktionen entnommen werden. [583] Der Vollständigkeit halber ist zu prüfen, ob weiterhin anhaftende Bentonitbestandteile die nachfolgende stoffliche Verwertung der beiden Stoffströme erschweren.

---

[583] Schubert (1996) Aufbereitung fester Stoffe - Band II: Sortierprozesse, S. 15

5.5.4   Auswertung der Fallstudie Dichtesortierung

Aus den Verfahren nach dem Funktionsprinzip der Dichtesortierung wurde die Schwimm-Sink-Sortierung mit zwei unterschiedlichen Ansätzen untersucht. Mit den Experimenten konnte nachgewiesen werden, dass die erforderliche Trennschärfe mit den untersuchten Verfahren im Bereich der Dichten beider Fraktionen zielsicher realisiert und eine Carbonfaserausbringung von bis zu 100 % erreicht werden kann. Die Tabelle 5.5 stellt die Ergebnisse der untersuchten Separationsverfahren zur Dichtesortierung zusammen.

	Verfahren: Schwimm-Sink-Sortierung (SPT)	Verfahren: Schwimm-Sink-Sortierung (Bentonit)
Durchführung des Versuchs	ex situ (im Labor)	ex situ (im Labor)
Ermittelte Carbonfaserausbringung	bis circa 100 %, als primäres Verfahren geeignet	bis circa 100 %, als primäres Verfahren geeignet
Anmerkungen zum Ergebnis	trennscharfes Verfahren, Dichte Trennflüssigkeit zielsicher einstellbar, hohe Investitionskosten aufgrund Materialpreis SPT, mit SPT bisher noch nicht großtechnisch umgesetzt, als mobile und stationäre Anlage denkbar	Viskosität ist mit Unsicherheiten einstellbar, sehr viel geringerer Materialpreis als SPT, bisher noch nicht großtechnisch umgesetzt, als mobile und stationäre Anlage denkbar
Praxisempfehlung	technologisch gut umsetzbar, wirtschaftliche Umsetzbarkeit fraglich	technologisch und wirtschaftlich umsetzbar, Reinigung der Sekundärrohstoffe problembehaftet

Tabelle 5.5: Ergebnisse zu den Separationsverfahren Dichtesortierung

5.6   Verfahren der Einzelkornsortierung

5.6.1   Arten der Einzelkornsortierung

Die zuvor untersuchten Separationsverfahren tragen die Gemeinsamkeit, dass in der Anwendung eine ganze Partikelgruppe ähnlicher Eigenschaften aus dem Massenstrom separiert wird, ohne dass die Einzelpartikel getrennt voneinander betrachtet werden.[584]

---

[584] Martens/Goldmann (2016) Recyclingtechnik, S. 57

Im Gegensatz dazu wird bei der Einzelkornsortierung jedes Partikel für sich betrachtet, auf Übereinstimmung mit den Trennmerkmalen untersucht und gegebenenfalls aus dem Massenstrom abgeschieden.

Historisch betrachtet ist eines der frühesten Sortierverfahren, welches das Prinzip der Einzelkornsortierung einsetzt, die Manuelle Klaubung zur Rohstoffgewinnung im Bergbauwesen. Dabei wurde reiches Erz von taubem Gestein separiert. [585] Die Manuelle Klaubung wird heutzutage auch in der Recyclingindustrie eingesetzt. Abfallströme, bei denen die Manuelle Klaubung angewandt wird, ist die Separation von papierfremden Fraktionen in der Altpapiersortierung, bei der Elektronikschrottsortierung und bei der Altglassortierung zur Auslese von Fremdstoffen wie Keramik oder groben Verunreinigungen. [586]

Die händische Sortierung mittels Klaubung ist aufgrund der geringen Automatisierung und des hohen Anteils manueller Arbeit in Industriestaaten immer mit einem hohen Personalkostenanteil verbunden. [587] Der Nachteil des hohen Personalaufwands wurde mit der Entwicklung sensorgestützter, automatisierter Sortiersysteme behoben. Bei der automatisierten Klaubung wird der Stoffstrom über ein Förderband einer Sortieranlage zugeführt. Innerhalb der Anlage werden die Einzelstoffe auf dem Band über zahlreiche Sensoren identifiziert, mit einer Zielgröße abgeglichen und die Zielfraktion maschinell aussortiert. Dabei werden spezifische Merkmale wie die Form, die Farbe, die Transparenz oder die elektrische Leitfähigkeit durch optoelektronische, spektroskopische oder elektromagnetische Identifikationssensoren analysiert. [588] Das gezielte Abscheiden des Zielstoffes kann mittels lokal begrenzter Druckluftimpulse erfolgen. Für diese punktuelle Abscheidung ist mit der Identifikation des Trennmerkmales gleichzeitig die präzise Erfassung der Einzelposition notwendig.

Nach dem Trennprinzip der *Einzelkornsortierung* stehen für die Separation der Carbonbewehrung aus dem Abbruchmaterial die Verfahren Manuelle Klaubung, Nahinfrarot-Spektroskopie (NIR-Sortierung) und die Sortierung mit der Farbzeilenkamera zur Verfügung. [589] Diese Verfahren der Einzelkornsortierung zählen zu den Trockenaufbereitungsverfahren und werden in den nachfolgenden Experimenten untersucht. Die weiteren Verfahren Elektromagnetische Induktion, Röntgenfluoreszenz-Spektrometrie (XRF) und Laserinduzierte Breakdown-Spektroskopie (LIBS) gehören ebenfalls zur Gruppe der Verfahren

---

[585] Vollpracht (2017) Umweltrelevante Merkmale - in der Regel kein Problem, Folie 9
[586] Bilitewski/Härdtle (2013) Abfallwirtschaft: Handbuch für Praxis und Lehre, S. 520
[587] Martens/Goldmann (2016) Recyclingtechnik, S. 58
[588] Martens/Goldmann (2016) Recyclingtechnik, S. 58
[589] Martens/Goldmann (2016) Recyclingtechnik, S. 59

zur Einzelkornsortierung. [590] Diese drei Verfahren wurden jedoch aufgrund des jeweiligen Funktionsprinzips und der Materialcharakteristik der beiden Fraktionen Beton und Carbonbewehrung nicht für die Untersuchungen ausgewählt.

5.6.2   Separationsverfahren: Manuelle Klaubung

5.6.2.1 Funktionsprinzip Manuelle Klaubung

Neben der Dichtesortierung war die Handklaubung (Handsortierung) über viele Jahrhunderte hinweg das bedeutendste Verfahren zur Rohstoffgewinnung. [591] Bei der Erzaufbereitung wurde beispielsweise im 16. Jahrhundert das zu sortierende Erz auf großen Rostbrettern oder Klaubetafeln verteilt und anschließend nach visuellen Gesichtspunkten (Farbe, Glanz, Kornform) manuell sortiert. [592] Das Prinzip der Sortierung hat sich seitdem nicht verändert. Die Manuelle Klaubung zählt auch heute noch zu einem gängigen Separationsverfahren, mit dem sich zuverlässig sortenreine Sekundärrohstoffe aus Stoffgemischen separieren lassen. Die Sortierkriterien können auf geometrischen Trennmerkmalen („Separation aller längenorientierten Stoffe, zum Beispiel Carbonrovingfragmente") oder auf physikalischen Trennmerkmalen („Separation aller hellgrauen Kunststoffe, zum Beispiel Abstandshalter") basieren. Mit der Klaubung kann durch die schnelle Umstellung auf unterschiedlichste Zielfraktionen und den geringen technologischen Aufwand kurzfristig auf neue Marktanforderung und Stoffzusammensetzungen reagiert werden. [593] Im Ergebnis kommt die Handsortierung dort zum Einsatz, wo kleine Massenströme anfallen und unverhältnismäßig große Investitionskosten eine automatisierte Sortierung ausschließen. Zudem ist die Manuelle Klaubung entsprechend der Anlage zur GewAbfV (07/2017) nach § 6 Absatz 1 (1) mit Sortierband und Sortierkabine ein notwendiger Komponententeil jeder Vorbehandlungsanlage.

Die Handsortierung ist mit hohem Personalaufwand pro Abfallmengeneinheit kostenintensiv und sollte daher durch Maßnahmen zur Effizienzsteigerung unterstützt werden. Das Materialgemisch läuft in Aufbereitungsanlagen auf einem bis zu 1,20 m breiten Sortierband mit konstanter Geschwindigkeit (häufig im Bereich von 15 cm/s). Das Band durchläuft einen Arbeitsbereich (Sortierkabine), in dem Mitarbeiter der Aufbereitungsanlage die Zielfraktion vom Band klauben. [594]

---

[590] Schubert (2003) Handbuch der mechanischen Verfahrenstechnik 2, S. 743
[591] Schubert (1996) Aufbereitung fester Stoffe - Band II: Sortierprozesse, S. 1
[592] Schmidt (2003) Der Silbererzbergbau in der Grafschaft Glatz und im Fürstentum Münsterberg-Oels, S. 133
[593] Bilitewski/Härdtle (2013) Abfallwirtschaft: Handbuch für Praxis und Lehre, S. 520
[594] Bunge (2012) Mechanische Aufbereitung, S. 203

Abbildung 5.28: Sortierband mit Carbon betonabbruchmaterial

Abbildung 5.29: Durchführung der Manuellen Klaubung, Prinzip der Positivsortierung

Die Zielsetzung der Bandförderung (Abbildung 5.28) ist die gleichmäßige Verteilung des Materials über die gesamte Bandbreite sowie die weitestgehende Vereinzelung der Materialien als Monoschicht, damit die zu klaubende Zielfraktion (Carbonbewehrung) nicht von der Masse der Matrixfraktion (Betonmatrix) überlagert wird. [595] Die Handklaubung kann für das Personal durch eine gute Ausleuchtung des Arbeitsbereiches und die Anpassung der Bandfarbe auf die Farbe der Zielfraktion unterstützt werden. Die Abscheidung staubfeiner Betonanteile und metallischer Fremdstoffe durch vorgeschaltete Querstromsichtung oder die Magnetabscheidung sind als Vorprozesse für die manuelle Sortierung von mineralischen Abbruchmassen zu empfehlen. [596]

Mit der Konzeption und Herstellung der Carbonbetonbauteile wurde der Massenanteil der Zielfraktion Carbonbewehrung mit 1,0 % festgelegt. [597] Dies entspricht einem Volumenanteil von 1,3 %. Bei dem beschriebenen Volumenverhältnis von 98,7 % Betonmatrix zu 1,3 % Carbonrovingfragmente ist die *Positivsortierung* zielführend. [598] Die große Herausforderung besteht darin, den geringen Anteil der Zielfraktion zu separieren (Abbildung 5.29). Nach *Bilitewski/Härdtle (2013)* wird bei der Positivsortierung der Zielstoff aus dem Materialstrom geklaubt und in Auffangbehältnissen gesammelt. Bei der Negativsortierung werden hingegen die mineralische Betonmatrix und vorhandene Fremdstoffe separiert. Die Zielfraktion würde dabei auf dem Sortierband verbleiben. [599] Mit der Negativsortierung werden höhere massenbezogene Separationsleistungen erzielt, wobei die Zielfraktion, die auf dem Sortierband verbleibt, eine sehr viel geringere Sortenreinheit besitzt als bei der Positivsortierung. [600] Technologisch betrachtet, handelt

[595] Bunge (2012) Mechanische Aufbereitung, S. 203
[596] Bilitewski/Härdtle (2013) Abfallwirtschaft: Handbuch für Praxis und Lehre, S. 520
[597] Siehe Festlegung der Bauteilgeometrie (Abschnitt 4.3.3), S. 90
[598] Bilitewski/Härdtle (2013) Abfallwirtschaft: Handbuch für Praxis und Lehre, S. 521
[599] Bunge (2012) Mechanische Aufbereitung, S. 5
[600] Bilitewski/Härdtle (2013) Abfallwirtschaft: Handbuch für Praxis und Lehre, S. 521

es sich bei der Manuellen Klaubung um ein einfaches Sortierverfahren, welches in der Praxis vielfach auch im Recycling von mineralischen Bauabfällen eingesetzt wird. [601]

5.6.2.2 Feldexperiment Manuelle Klaubung

Voraussetzung für die effiziente manuelle Klaubung der Carbonrovingfragmente aus dem Materialstrom ist die grobe Zerkleinerung des Carbonbetonmaterials mit dem vollständigen Aufschluss der Fraktionen. Die Zerkleinerung sollte nach Möglichkeit nur bis zu einem Größtkorn von 56 mm bis 63 mm erfolgen. Dieser Zerkleinerungsgrad erzeugt gut händelbare Betonbruchstücke und Carbonrovinglängen, die sich für die Handsortierung gut eignen. In den folgenden beiden Abbildungen 5.30 und 5.31 ist der visuelle Unterschied der Bruchstückgrößen für das 0/56er und das 0/10 Abbruchmaterial dargestellt.

Abbildung 5.30: Carbonbetonabbruchmaterial mit dem Größtkorn 56 mm

Abbildung 5.31: Carbonbetonabbruchmaterial mit dem Größtkorn 10 mm

Das Feldexperiment zur Manuellen Klaubung wurde mit dem 0/10er und dem 0/56er Abbruchmaterial ausgeführt. Die Sortierung gelingt mit beiden Materialgrößen, jedoch ist die Klaubung von Carbonrovingfragmenten aus einem 0/56er Abbruchmaterial sehr viel effizienter als aus dem 0/10er Material umzusetzen. Für die Sortierung beider Abbruchmaterialien gilt, dass bei entsprechender Anforderung theoretisch eine Sortenreinheit von 100 % erreicht werden kann. Die begrenzenden Faktoren sind dabei die Sortierdauer und die damit verbundene wirtschaftliche Umsetzbarkeit des Verfahrens. Für die Wirtschaftlichkeit im Zusammenhang mit der Separation von Carbonrovingfragmenten aus dem Massenstrom ist maßgeblich, welche Masse pro Stunde und Arbeiter separiert werden kann. Das Maß der Sortierleistung pro Arbeiter wird mit der Masse der

---

[601] Bunge (2012) Mechanische Aufbereitung, S. 202

aussortierten Zielfraktion pro Arbeitsstunde angegeben. Die Effizienz der Handklaubung hängt von den in Tabelle 5.6 genannten Faktoren ab. [602] Mit den Anmerkungen in der rechten Spalte ist der direkte Bezug auf die Separation der Carbonrovingfragmente angegeben.

Einfluss auf die Effizienz:	Bezogen auf die Manuelle Klaubung von Carbonrovingfragmenten
- Größe der Zielpartikel [603]	längenorientierte Carbonrovingfragmente mit der Geometrie:
	Breite: 7 mm (50 %-Quantil)
	Höhe: 3 mm bis 4 mm (50 %-Quantil)
	Länge: 40 mm (0/10er Aufgabematerial 50 %-Quantil)
	Länge: 80 mm (0/56er Aufgabematerial (50 %-Quantil)
- Anteil der Zielpartikel im Aufgabematerial	Massenanteil der Carbonbewehrung: 1,0 %
	Volumenanteil der Carbonbewehrung: 1,3 %
- monetärer Wert der Zielfraktion [604]	Wert eines Rovingfragments: 0,019 Euro (0/56er)
	Wert eines Rovingfragments: 0,010 Euro (0/10er)
	bei einem angenommenen Materialpreis in Höhe von 20,00 Euro/kg [605]
- Ausprägung des Trennmerkmals	stark ausgeprägt:
	Farbe: Beton hellgrau; Carbonroving schwarz bis anthrazit
	Form: Beton kubisch; Carbonroving längenorientiert
	Partikelgröße: Beton bis 10 mm/56 mm – Carbon bis 110 mm/400 mm
- Personalkosten	Personalaufwand: hoch; notwendige Personalqualifikation: gering [606]
- Anlagenkosten	gering

Tabelle 5.6: Einflussfaktoren auf die Effizienz der Manuellen Klaubung

In Tabelle 5.6 wird ersichtlich, dass eine Zerkleinerung des aufgegebenen Abbruchmaterials von einem Größtkorn 56 mm auf das Größtkorn 10 mm die Wirtschaftlichkeit der Manuellen Klaubung reduziert. In dieser Betrachtung ist die Klaubung von möglichst großteiligen Carbonrovingfragmenten wirtschaftlicher. Pro manuellem Griff wird eine größere Masse an Carbonfasern separiert. Nach *Bunge (2012)* kann für Zielpartikel der Stückgröße von circa 100 mm als realistische Gewinnungsrate die Größenordnung von 500 Stück bis 1.500 Stück pro Stunde und Person angegeben werden. Übertragen auf das gegebene Feldexperiment kann mit der Manuellen Klaubung von durchschnittlich 80 mm langen Fragmenten ein Erlös von circa 10,00 Euro/Stunde bis 30,00 Euro/Stunde

---

[602] Bunge (2012) Mechanische Aufbereitung, S. 202
[603] Siehe Charakterisierung des vorliegenden Abbruchmaterials (Abschnitt 5.2), S. 99
[604] Im 0/56er Aufgabematerial liegt der Median (50 %-Quantil) der aufgeschlossenen Carbonrovingfragmente bei 80 mm Stranglänge; im 0/10er Aufgabematerial bei 40 mm. Das verwendete Carbongelege solidian GRID Q95/95-CCE-38 hat eine spezifische Masse von 12,0 g/m. Bei einem angenommenen Materialpreis für den gewonnenen Sekundärrohstoff in Höhe von 20,00 Euro/kg ergeben sich durchschnittliche Werte eines separierten Zielpartikels in Höhe von 0,019 Euro und 0,010 Euro pro Stück).
[605] Martens/Goldmann (2016) Recyclingtechnik, S. 307
[606] Bunge (2012) Mechanische Aufbereitung, S. 203

generiert werden. Werden insbesondere lange Rovingfragmente am Sortierband separiert, lässt sich der Erlös steigern.

Im Ergebnis des Feldexperimentes stellt die Manuelle Klaubung in einer stationären Aufbereitungsanlage ein ineffizientes, aber aufgrund der erzielbaren Carbonfaserausbringung von bis zu 100 % ein effektives alleiniges Separationsverfahren dar. Voraussetzung ist, dass das Carbonbetonabbruchmaterial mindestens in der Korngruppe 0/56 oder größer vorliegt und die Betonfeinbestandteile zuvor entfernt wurden. Es findet die Bewertung im Rahmen der Nutzwertanalyse statt. Nachteil der Manuellen Klaubung ist der Erlös pro Stunde und Person, der realistisch betrachtet lediglich die Kosten des eingesetzten Personals deckt. Darüber hinaus ist die Manuelle Klaubung nicht skalierbar, da bei größeren Abbruchmassen ausschließlich ein größerer Personaleinsatz die notwendige Sortierleistung sicherstellt.

5.6.3   Separationsverfahren: Nahinfrarot-Sortierung

5.6.3.1 Funktionsprinzip Nahinfrarot-Sortierung

Die Nahinfrarot-Sortierung (NIR-Sortierung) ist ein Verfahren der Sensorsortierung. Die Erfassung und Identifikation der Zielpartikel erfolgt, anders als bei der Manuellen Klaubung, nicht visuell durch Mitarbeiter, sondern automatisiert über eine Sensorleiste. [607] Bereits seit Jahrzehnten werden Primärrohstoffe erfolgreich mit der Sensorsortierung aufbereitet. Im Bereich der Lebensmittelindustrie wird die Sensorsortierung zur Qualitätssicherung im Bereich der Schüttgüter eingesetzt. [608] In der Abfallaufbereitung nimmt die Verbreitung der NIR-Sortierung zu, was zu einer teilweisen Verdrängung manueller Sortierverfahren führt. [609] Grundlage der Entwicklung ist die im Vergleich zu früheren Anlagen deutlich verbesserte Sensortechnik, die stetig wachsende Rechenleistung heutiger Prozessoren und die verbesserte Präzision der Auswurfwerkzeuge (Druckluftdüsen). Anwendungsbereiche sind beispielsweise das Recycling von Kunststoffen und insbesondere dabei die Sortierung der Kunststoffsorten Polyethylenterephthalat (PET), Polyethylen (PE), Polypropylen (PP) und Polyvinylchlorid (PVC). [610]

In Anlagen mit der NIR-Sortierung wird das Carbonbetonabbruchmaterial wie bei der Manuellen Klaubung über ein Förderband dem Sortierbereich zugeführt. Die Breiten

---

[607] Bunge (2012) Mechanische Aufbereitung, S. 204
[608] Martens/Goldmann (2016) Recyclingtechnik, S. 58
[609] Bunge (2012) Mechanische Aufbereitung, S. 203
[610] Weber (2002) Plastikmüll mit Infrarotspektroskopie sortieren, S. 117

gängiger Förderbänder variieren zwischen 800 mm und 2.400 mm. [611] Das Band läuft für die wirtschaftliche Sortierung mit einer Geschwindigkeit von bis zu 3 m/s. [612] Die Basis jeder Sensorsortierung ist die Ausnutzung geeigneter Identifikationsmethoden (hier: Nahinfrarot-Spektroskopie), die spezifisch auf die Zielfraktionen angepasst sind. Funktionsprinzip der NIR-Sortierung ist die Bestimmung der molekularen Zusammensetzung eines jeden Partikels. Die Sensorleiste arbeitet bei der NIR-Sortierung im Nahinfrarotbereich der Wellenlänge 800 nm bis 2.500 nm.

Mit der Sensorleiste wird eine elektromagnetische Strahlung emittiert, die die Moleküle des Sortierguts anregt. Je nach Stoffzusammensetzung wird die Strahlung unterschiedlich stark reflektiert, was weitere Sensoren registrieren. [613] Die Auswertung beruht daher auf der Transmissions- und Reflexionsmessung elektromagnetischer Rückstrahlung. So lassen sich mithilfe der Strahlung im Nahinfrarotbereich Materialien mit Hilfe unterschiedlicher Reflexionsspektren und Intensitäten eindeutig identifizieren. Die Materialerkennung basiert auf den materialspezifischen Reflexionsspektren, die nicht mit der sichtbaren Oberflächenfarbe gleichzusetzen sind. [614]

Bei der Identifikation des Reflexionsspektrums erfolgt parallel die Erfassung der präzisen Einzelposition. Stimmt das empfangene Reflexionsspektrum mit dem definierten Zielparameter überein, erfolgt in der Regel die Separation mit einem lokal begrenzten Druckluftimpuls. Die Eindringtiefe der Infrarotstrahlung beschränkt sich auf wenige Millimeter, sodass diese Identifikationsmethode bei stark verschmutzten Einzelfraktionen zu Fehlmeldungen führt. [615] Typische Verschmutzungen können im nachfolgenden Feldexperiment beispielsweise lose Betonfeinbestandteile auf der Bewehrung sein. Durch die Verwendung von kombinierten Sensoren (zum Beispiel NIR-Sensor und Metalldetektor) lässt sich die Trennschärfe der Sortierung allgemein verbessern. [616]

5.6.3.2 Feldexperiment Nahinfrarot-Sortierung

Das Feldexperiment zur NIR-Sortierung wurde im Testcenter der Firma TOMRA Sorting GmbH durchgeführt. [617] Ziel der Untersuchung ist die Verifizierung, ob aufgeschlossene Carbonrovingfragmente im 0/56er Abbruchmaterial mit Hilfe der Nahinfrarot-Spektroskopie zielsicher erkannt werden können. Für den Fall, dass die Identifizierung

---

[611] Martens/Goldmann (2016) Recyclingtechnik, S. 60
[612] Bunge (2012) Mechanische Aufbereitung, S. 204
[613] Weber (2002) Plastikmüll mit Infrarotspektroskopie sortieren, S. 116
[614] Gschaider/Huber (2008) Neue Entwicklungen in der optischen Sortierung, S. 220
[615] Martens/Goldmann (2016) Recyclingtechnik, S. 58
[616] Bunge (2012) Mechanische Aufbereitung, S. 205
[617] TOMRA Sorting GmbH, Otto-Hahn-Straße 6, 56218 Mühlheim-Kärlich, Ansprechpartnerin: Frau Victoria Krause

gelingt, ist weiter zu untersuchen, ob die detektierte Zielfraktion mittels eines Druckluftimpulses sortenrein separiert werden kann.

Im Zusammenhang mit der NIR-Sortierung existieren für die Identifikation von Carbonbewehrungsstrukturen, die aus gebrochenen Carbonbetonbauteilen freigelegt wurden, keine Erfahrungen und somit auch keine gespeicherten Reflexionsspektren. Mit Beginn des Feldexperimentes ist vor der eigentlichen Separation der Bewehrung das Reflexionsspektrum der Carbonrovingfragmente aufzunehmen. Für diese Eingangsmessung wurde eine kombinierte Sensortechnik, bestehend aus einem NIR-Sensor und einem Metalldetektor, gewählt. Ziel ist das erstmalige Anlernen der Sortieranlage auf das für Carbonbewehrungsstrukturen charakteristische Reflexionsspektrum und das eventuell messbare Metallsignal. Der Metalldetektor wird ergänzend herangezogen, da für dunkle bis schwarze Kunststoffe bekannt ist, dass diese mit der alleinigen Nahinfrarot-Spektroskopie aufgrund der Lichtabsorption von schwarzen Materialien schlecht identifizierbar sind. [618] Bei flächigen Bauteilen aus carbonfaserverstärktem Kunststoff (CFK) konnten im Rahmen eines Vorversuchs Signale mit dem Metallsensor detektiert werden, was sich für die Separation der Carbonrovingfragmente als günstig erweisen kann.

Für das erstmalige Detektieren der Carbonrovingfragmente aus dem Abbruch der Carbonbetonbauteile wurden Fragmente der Betonmatrix und der Carbonrovingfragmente aus dem 0/56er Abbruchmaterial (Abbildung 5.30) auf dem Förderband platziert und unter der Sensorleiste detektiert. Für einen Abgleich der erzielten Messergebnisse wurden neben den unbekannten Carbonrovingfragmenten auch unterschiedliche, bereits detektierte Referenzmaterialien aufgezeichnet.

Die in der Untersuchung zu detektierenden Materialien sind (Abbildung 5.32, von links):

- Bündel aus 1 mm dünnem Kupferdraht
  (Kupfer als typischer Vertreter aus der Primärrohstoffaufbereitung),
- Carbonrovingfragmente in den Längen 100 mm bis 200 mm,
- CFK-Bleche in den Maßen 100 mm x 100 mm x 2 mm
  (als Vertreter mit vergleichbarer Materialzusammensetzung),
- PCB-Bleche in den Maßen 60 mm x 50 mm x 2 mm (als Vertreter organischer Stoffe),
- Edelstahlblech in den Maßen 110 mm x 50 mm x 2 mm
  (als Vertreter für ein austenitisches und damit nichtmagnetisches Metall).

---

[618] Tiltmann (1993) Recyclingpraxis Kunststoffe, S. 7

Die Abbildung 5.32 zeigt in der unteren Bildhälfte die Auswertung der Messsignale mittels Metallsensor.

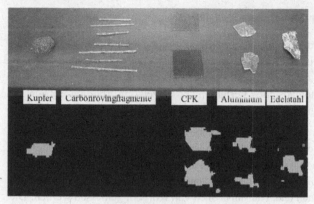

Abbildung 5.32: Ergebnis NIR-Detektion (oben: optische Aufnahme, unten: Metallsignal) [619]

Die Ergebnisse der Messungen in Abbildung 5.32 zeigen, dass kein Metallsignal für Carbonrovingfragmente nachweisbar ist. Die Messergebnisse des NIR-Sensors sind gleichlautend. Die Carbonbewehrung ist daher mit der Messsensorik im nahinfraroten Bereich nicht detektierbar und eine Separation der Carbonrovingfragmente mit gängigen Systemen der Nahinfrarotdetektion und Metallerkennung nicht möglich. Neuere Entwicklungen greifen diese Schwachstelle der NIR-Sortierung bei der Erkennung von schwarzen Kunststoffen auf und verwenden Wellenlängen der Infrarotspektroskopie im mittleren Wellenlängenbereich (MIR-Sortierung im Wellenlängenbereich von 2.500 nm bis 5.000 nm). [620] Die Separierung mittels einer NIR-Sortierung stellt aufgrund der nicht erfolgten Carbonfaserausbringung (Nahinfrarotdetektion und Metallerkennung) kein geeignetes Separationsverfahren dar. Das K.-o.-Kriterium zur Sicherstellung einer Mindest-Carbonrovingausbringung ist nicht erfüllt. Das Verfahren wird nicht mit der Nutzwertanalyse beurteilt.

---

[619] Bildquelle: TOMRA Sorting GmbH
[620] Martens/Goldmann (2016) Recyclingtechnik, S. 59

5.6.4   Separationsverfahren: Kamerabasierte Sortierung

5.6.4.1 Funktionsprinzip Kamerabasierte Sortierung

Mit dem Ergebnis des Feldexperimentes zur NIR-Sortierung folgt die Überlegung, dass die Detektion mittels optischer Kamerasysteme und der Objektverarbeitung mit verschiedenen Formfaktoren ein alternativer Detektionsansatz sein kann. Der grundsätzliche Gedanke, dass ein automatisiertes Verfahren der Einzelkornsortierung zur Separation der Carbonrovingfragmente geeignet ist, wird damit weiterverfolgt.

Der Grundaufbau Kamerabasierter Sortiersysteme ist mit dem Aufbau, wie er in Abschnitt 5.6.3.1 zur NIR-Sortierung beschrieben ist, vergleichbar. [621] Einzig in der Detektion der Partikel finden sich grundlegende Unterschiede. [622] Bei der Kamerabasierten Sortierung können mit Hilfe einer Farbzeilenkamera (beispielsweise mit CCD-Sensoren [623]) optische Reflexionen und Transmissionen von Körpern gemessen werden. Die Auswertung der Messdaten kann hinsichtlich der Form, der Größe, der Oberflächenstruktur, der Farbe oder der Opazität [624] der Partikel erfolgen. [625] Aktuelle Anwendungsfelder für dieses Separationsverfahren sind die Buntmetallsortierung, die Sortierung von elektronischen Bauteilgruppen aus Unterhaltungselektronikgeräten sowie die Sortierung von Altglas. [626] Das Kamerabasierte Sortierverfahren kommt auch in der pharmazeutischen Industrie zur mikroskopischen Kornanalyse bis zu Korngrößen von 0,005 mm zum Einsatz, was die Leistungsfähigkeit aktueller Sensorsysteme verdeutlicht. [627]

Die Prozessschritte, die für eine effiziente Separation der Carbonrovingfragmente mit der Kamerabasierten Sortierung durchzuführen sind, können der nachfolgenden Tabelle 5.7 entnommen werden. In der linken Spalte sind die allgemeingültigen Prozessschritte einer Sensorsortierung angegeben. In der rechten Spalte ist der direkte Bezug auf die Separation der Carbonrovingfragmente erläutert.

---

[621] Schubert (2003) Handbuch der mechanischen Verfahrenstechnik 2, S. 742
[622] Bunge (2012) Mechanische Aufbereitung, S. 205
[623] CCD-Sensoren sind lichtempfindliche Sensoren. Die Abkürzung CCD steht für die englische Bezeichnung „charge-coupled device", deutsch: „ladungsgekoppeltes Bauteil".
[624] Opazität ist das Antonym zu Transparenz, im Sinne einer mangelnden Durchsichtigkeit.
[625] Martens/Goldmann (2016) Recyclingtechnik, S. 59
[626] Martens/Goldmann (2016) Recyclingtechnik, S. 61
[627] Springenschmid (2007) Betontechnologie für die Praxis, S. 51

Prozessschritte:	Bezogen auf die Kamerabasierte Sortierung von Carbonrovingfragmenten
1) Säuberung der Partikelober-flächen durch Entstauben oder Waschen	Es werden vorgelagerte Prozesse der Klassierung oder der Querstromsichtung zum Abweis von Betonfeinbestandteilen empfohlen. [628] Dies erhöht die Farbechtheit der Partikel und reduziert die Staubentwicklung im Sortierprozess. Stäube können den Betrieb des Kamerasystems mittelfristig beeinträchtigen. Die vorherige Abscheidung von Feinbestandteilen reduziert zudem den Fehlauswurf, da staubfeine Partikel häufig durch den Druckluftimpuls mitgerissen werden. Auf ein Waschen des Abbruchgutes wird aufgrund der dann erforderlichen Trocknung verzichtet.
2) Vereinzelung der Partikel auf dem Förderband zu einer Monoschicht	Die Vereinzelung des Materialstroms zu einer Monoschicht erfolgt in der Regel durch ein weiteres Förderband, welches mit höherer Geschwindigkeit läuft als das Aufgabeband.
3) Präzise Bestimmung der Einzelpositionen	Die Positionsbestimmung erfolgt über das Kamerasystem und die angeschlossene Rechentechnik.
4) Identifikation der Partikel über Größen-, Form- oder Farbkennwerte	Ausgeprägte Farbunterschiede zwischen den Fraktionen: Farbe: Beton hellgrau – Carbonroving schwarz bis anthrazit Ausgeprägte Formunterschiede zwischen den Fraktionen: Form: Beton kubisch – Carbonroving längenorientiert Ausgeprägte Größenunterschiede zwischen den Fraktionen: Partikelgröße: Beton bis 10 mm/56 mm Carbon bis 110 mm/400 mm
5) Signalauswertung	Die Auswertung erfolgt durch die vorhandene Rechentechnik.
6) Abweis der Zielfraktion	Der Abweis erfolgt über definierte Druckluftimpulse

Tabelle 5.7: Prozessschritte zur Kamerabasierten Sortierung von Carbonrovingfragmenten [629]

In der Literatur finden sich Angaben zur Festlegung der Größe des Aufgabematerials für die Sensorsortierung. Nach *Martens/Goldmann (2016)* werden für die Sensorsortierung Partikelgrößen von 10 mm bis 100 mm empfohlen. [630] Nach *Bunge (2012)* wird der optimale Größenbereich mit 10 mm bis 250 mm angegeben. Bei der Separation von Partikeln unter einer Größe von 2 mm nimmt die Trennschärfe messbar ab und damit verbunden die Wirtschaftlichkeit des Sortierverfahrens. [631] Diese Aussage stützt die Emp-

---

[628] Schubert (2003) Handbuch der mechanischen Verfahrenstechnik 2, S. 742
[629] In Anlehnung an Martens/Goldmann (2016) Recyclingtechnik, S. 58
[630] Martens/Goldmann (2016) Recyclingtechnik, S. 287
[631] Bunge (2012) Mechanische Aufbereitung, S. 206

fehlung des Autors, das Carbonbetonabbruchmaterial durch die vorgelagerte Windsichtung vorzubehandeln und den Betonfeinanteil bis 2 mm Korngröße mit der Querstromsichtung zu separieren. [632]

Ein weiterer wesentlicher Faktor für einen wirtschaftlichen Betrieb der Kamerabasierten Sortieranlage ist der Druckluftverbrauch. Dieser Verbrauch kann durch das präzise Ansteuern der Druckluftdüsen und eine Positivsortierung begrenzt werden. [633] Das Volumenverhältnis von 98,7 % Betonmatrix zu 1,3 % Carbonrovingfragmente ist für dieses Sortiervorgehen optimal, da die Druckluftdüsen verhältnismäßig selten betätigt werden müssen.

5.6.4.2 Feldexperiment Kamerabasierte Sortierung

Das Feldexperiment zur Kamerabasierten Sortierung wurde im Testcenter der Firma TOMRA Sorting GmbH in Koblenz durchgeführt. [634] Die Abbildung 5.33 zeigt das Materialzufuhrband (rechte Bildhälfte) und das Beschleunigungsband (linke Bildhälfte) Die eigentliche Sortiereinheit befindet sich direkt am Ende des Beschleunigungsbandes. Ziel des Feldexperimentes ist die Verifizierung, dass die Carbonrovingfragmente im Carbonbetonabbruchmaterial im Gegensatz zum Versuch mit der Nahinfrarot-Spektroskopie mittels definierter Formfaktoren erkannt werden können. Die Farberkennung wird in diesem Feldexperiment nicht weiter untersucht. Des Weiteren ist im Erfolgsfall zu prüfen, ob die Zielfraktion mittels Druckluftimpulsen zielsicher und sortenrein separiert werden kann.

In Analogie zur NIR-Sortierung ist die Kamerabasierte Sensoreinheit mit einer repräsentativen Probe anzulernen. Mit Beginn des Feldexperimentes wurde die Geometrie eines jeden Partikels als Trennmerkmal festgelegt. Geometrische Merkmale versprechen auch unter äußeren Einwirkungen, wie extreme Staubablagerung auf den Fragmenten, eine hohe Sicherheit für die Detektion. Für die Definition charakteristischer Formkennwerte wurde die repräsentative Probe des 0/56er Carbonbetonabbruchmaterials der Sensoreinheit zugeführt. Um jeden erkannten Körper wurde in der Erkennungssoftware eine sogenannte Toolbox als minimale Begrenzungslinie im Rechteckformat modelliert. Mit Hilfe der minimalen Begrenzungslinien können die Kennwerte *Toolboxbreite* und *Toolboxlänge* bestimmt werden. Die Abbildung 5.34 verdeutlicht das Prinzip der Toolbox für die Partikel der Betonmatrix.

---

[632] Siehe Auswertung der Fallstudie Sortierende Klassierung (Abschnitt 5.4.5), S. 117
[633] Bunge (2012) Mechanische Aufbereitung, S. 206
[634] TOMRA Sorting GmbH, Otto-Hahn-Straße 6, 56218 Mühlheim-Kärlich, Ansprechpartner: Herr Oliver Lambertz

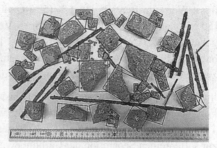

Abbildung 5.33: Sortieranlage der TOMRA
Sorting GmbH [635]

Abbildung 5.34: Minimale Begrenzungslinien der mineralischen Fraktion

In Tabelle 5.8 sind die Formkennwerte angegebenen, die mit der geometrischen Auswertung der repräsentativen Probe festgestellt sind:

Formkennwert	Partikel der Betonmatrix	Partikel der Carbonrovingfragmente
Partikelbreite	5,6 mm (5 %-Quantil)	3,1 mm (5 %-Quantil)
	15,7 mm (50 %-Quantil)	5,0 mm (50 %-Quantil)
	33,8 mm (95 %-Quantil)	7,0 mm (95 %-Quantil)
Partikellänge	6,0 mm (5 %-Quantil)	26,2 mm (5 %-Quantil)
	15,7 mm (50 %-Quantil)	66,9 mm (50 %-Quantil)
	37,5 mm (95 %-Quantil)	147,4 mm (95 %-Quantil)
Verhältnis Partikel-breite/Partikellänge	50 % (5 %-Quantil)	4 % (5 %-Quantil)
	90 % (50 %-Quantil)	9 % (50 %-Quantil)
	162 % (95 %-Quantil)	18 % (95 %-Quantil)

Tabelle 5.8: Formkennwerte zur Partikeldetektion Kamerabasierte Sortierung [636]

Eine eindeutige geometrische Unterscheidung der Fraktionen Carbonbewehrung und
Betonmatrix ist möglich. Bei den Partikeln der Betonmatrix handelt es sich um Körper,
die von einer partikulären Korngröße $\leq 0,125$ mm (ähnlich dem Mehlkorn bei der Betonherstellung) bis zu einer Größe von Betonbrocken mit einer maximalen Größe von
56 mm reichen. Diese Partikelgruppe zeigt in der Detektion eine kompakte Kubatur, bei
der das Verhältnis von Partikelbreite zu Partikellänge im Bereich von 50 % (5 %-Quan-
til) bis 162 % (95 %-Quantil) liegt. Der Median (50 %-Quantil) liegt bei einem annäh-
rend ausgewogenen Verhältnis von Breite zu Länge von 90 %. Die Fraktion der Carbonrovingfragmente ist vergleichbar mit Drähten oder stiftförmigen Körpern und in der
Regel in eine Dimension ausgelängt. Das Verhältnis von Partikelbreite zu Partikellänge

---

[635] Bildquelle: TOMRA Sorting GmbH
[636] Die geometrischen Werte weichen geringfügig von den Werten aus der Charakterisierung des 0/56er Abbruchmaterial ab. Die Grundaussagen sind dennoch uneingeschränkt gültig.

misst Werte im Bereich von 4 % (5 %-Quantil) bis 18 % (95 %-Quantil). Der Median (50 %-Quantil) liegt bei einem niedrigen Verhältniswert von 9 %. Weitere potenzielle geometrische Trennmerkmale wären das Flächenmoment nullten Grades (Flächeninhalt), das Flächenmoment ersten Grades (statisches Moment) oder das Flächenmoment zweiten Grades (Flächenträgheitsmoment) gewesen.

Im Ergebnis dieser Eingangsdetektion lassen sich Carbonrovingfragmente mit dem Formkennwert *Verhältnis Partikelbreite/Partikellänge* eindeutig identifizieren. Das Trennmerkmal wird mit dem Wert 30 % festgelegt, was eine ausreichende Sicherheit zur sortenreinen Separation der Carbonbewehrung sicherstellt. Partikel mit einem Wert ≤ 30 % werden als Carbonrovingfragmente und somit als Zielfraktion definiert und am Ende des Beschleunigungsbandes auf ein Abweisband ausgeblasen. Partikel mit einem Wert > 30 % werden als Betonmatrix definiert und fallen mit dem Abbruchmaterialstrom über eine Fallkante auf ein zweites Abweisband.

Zielsetzung in diesem Feldexperiment ist, die detektierten Carbonrovingfragmente in einer Positivsortierung aus dem Abbruchstoffgemisch zu separieren und mit dem Abweisband auszutragen. Der erste Versuch zur Separation mittels Kamerabasierter Sortierung wurde mit circa 58 kg des 0/56er Abbruchmaterials durchgeführt. Der entscheidende Kennwert zur Trennung der beiden Fraktionen ist das zuvor mit dem Wert 30 % definierte Verhältnis von Partikelbreite zu Partikellänge. Das Material wird über mehrere Förderbänder, die zu einem Bandkreislauf angeordnet sind, der Sortieranlage zugeführt (Abbildung 5.35). Die Bandbreite beträgt in der untersuchten Anlage 1200 mm und die Bandgeschwindigkeit im Bereich der Detektion 3 m/s. Mit dieser Geschwindigkeit erfolgt die automatische Identifizierung der Partikel (1) mit einer Erkennungsleistung von bis zu 3.000 Partikeln pro Sekunde.[637] Als Sensorsystem wurden eine hochauflösende CCD-Farbzeilenkamera (3) zum Linienscan und ein elektromagnetischer Sensor (2) verwendet, wobei wie bei der NIR-Sortierung kein Metallsignal detektiert werden konnte. Die Beleuchtungseinheit besteht aus einem LED-Reflektionslicht, was mit konstanten Lichtverhältnissen die reproduzierbaren Sortierergebnisse sicherstellt. Der Hintergrund im Bereich der Detektion ist schwarz. Das Material wird im Freifall von der Farbzeilenkamera am Bandende aufgezeichnet. Erkennen die Sensoren Materialpartikel und stimmen die Messwerte mit dem Trennmerkmal Partikelbreite zu Partikellänge überein, so weist die Steuereinheit den entsprechenden Ventilen am Ausblasmodul ein Signal zur kurzzeitigen Öffnung zu. Das Ausblasmodul arbeitet mit einem

---

[637] Martens/Goldmann (2016) Recyclingtechnik, S. 287

Luftdruck von 4 bar und besitzt einen Düsenabstand von 8 mm. Die separierten Carbon-rovingfragmente werden durch den Druckluftimpuls auf ein Abweisband oder in eine Trennkammer befördert (Abbildung 5.36).

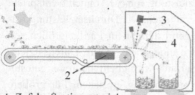

1 Zufuhr Sortiermaterial
2 Elektromagnetischer Sensor
3 Farbzeilenkamera
4 Düsenleiste

Abbildung 5.35: Funktionsweise des verwen-deten Kamerabasierten Sortiersystems [638]

Abbildung 5.36: Ergebnis Kameraba-sierte Sortierung von Carbonbetonab-bruchmaterial

Die Auswertung der Massenströme ergibt folgendes Ergebnis: Als Inputmaterial dient das 0/56er Abbruchmaterial mit der Masse von 56.980 g. Darin enthalten sind 590 g Carbonrovingfragmente. Dieses Massenverhältnis in Höhe von 1,0 % entspricht einem repräsentativen Massenanteil für die Carbonbewehrung. Mit der Kamerabasierten Sor-tierung wurden auf Grundlage des Trennmerkmals *Verhältnis Partikelbreite zu Parti-kellänge* bei einer Durchsatzleistung von 6,3 Tonnen/h als Abweis 960 g Material aus-geblasen. In diesem Abweis befinden sich:

- die Zielfraktion mit 580 g der Carbonrovingfragmente (Input: 590 g),
- die Fehlkörnung mit 180 g an Betonfeinbestandteilen mit Größtkorn ≤ 2 mm und
- weitere Fehlkörnung mit 210 g an Betonfragmenten mit Größtkorn > 2 mm.

In diesem ersten Durchgang des Feldexperimentes konnte ohne vorherige Klassierung der mineralischen Feinbestandteile eine Carbonfaserausbringung von sehr guten 97,7 % erreicht werden. Von der mineralischen Fraktion wurden als Massenverlust 0,7 %, be-zogen auf den gesamten mineralischen Anteil, fehlausgeblasen. Mit einer vorherigen Abscheidung der Betonfeinbestandteile kann die Masse der mineralischen Fehlkörnung um 180 g verringert werden. Der Verlust des mineralischen Materials würde dabei von 0,7 % auf 0,4 % reduziert werden. Im Feldexperiment zur Kamerabasierten Sortierung konnte zudem auch gezeigt werden, dass die Zielfraktion Carbonrovingfragmente ziel-sicher und nahezu sortenrein mittels Druckluftimpulsen separiert werden kann.

---

[638] Bildquelle: TOMRA Sorting GmbH (Beschriftung durch den Autor angepasst)

Das Ergebnis des Feldexperimentes deckt sich mit den Angaben in der Literatur zur Ausbringquote Kamerabasierter Sortiersysteme. So kann beispielsweise bei der Sortierung von Altglas eine Reinheit bei der Sorte Weißglas von bis zu 99,7 % erzielt werden. [639] Die im Feldexperiment erreichte Durchsatzleistung von 6,3 Tonnen/h entspricht ebenfalls typischen Werten großtechnischer Sortieranlagen. Die Durchsatzleistung Kamerabasierter Sortierungen wird in der einschlägigen Literatur für Partikelgrößen von 3 mm bis 250 mm mit 2,0 Tonnen/h bis 10 Tonnen/h angegeben. [640] Eine Durchsatzleistung von 10 Tonnen/h Carbonbetonabbruchmaterial ließe sich ebenfalls in der getesteten Anlage bei gleichbleibend guter Carbonfaserausbringung erreichen. Für größere Durchsatzleistungen können darüber hinaus Kamerabasierte Sortiermaschinen aus der Primärrohstoffaufbereitung eingesetzt werden, die mit einer Materialzuführung über Rutschen und einer Doppelseitendetektion arbeiten. Mit diesen Sortieranlagen aus dem Bergbau könnten deutlich höhere Durchsätze als mit der getesteten Bandmaschine erreicht werden.

5.6.5   Auswertung der Fallstudie Einzelkornsortierung

Die zu erwartende Menge an Carbonbetonabbruchmaterial, die in der ersten Hälfte des 21. Jahrhunderts für das Recycling anfällt, wird signifikant geringer sein als die anfallenden Abbruchmassen derzeit etablierter Baustoffe. Damit können auch Separationsverfahren, die bisher im Baustoffrecycling selten angewendet werden, in Erwägung gezogen werden. Mit zwei der drei Verfahren zur Einzelkornsortierung können die erforderlichen trennscharfen Sortierkriterien umgesetzt werden, was in den beschriebenen Feldexperimenten nachgewiesen werden konnte. Weiterer Vorteil der Einzelkornsortierung ist neben der erzielbaren hohen Sortenreinheit der Zielfraktion die Möglichkeit, weitere Parameter zu berücksichtigen. So kann beispielsweise in einem nachfolgenden Textilherstellungsprozess für die stoffliche Verwertung der separierten Carbonbewehrung die Vorgabe sein, dass insbesondere Rovingfragmente mit der Einzellänge über 80 mm zu separieren sind. Mit den Verfahren der Manuellen Klaubung und der Kamerabasierten Sortierung können diese Vorgaben berücksichtigt werden. Trotz der verhältnismäßig hohen Recyclingkosten pro Tonne sortenreines Material für das Recycling mit der Einzelkornsortierung können diese Separationsverfahren neben der technologischen Vorteilhaftigkeit auch aus wirtschaftlichen Gesichtspunkten vorteilhaft sein. [641]

---

[639] Bilitewski/Härdtle (2013) Abfallwirtschaft: Handbuch für Praxis und Lehre, S. 378
[640] Martens/Goldmann (2016) Recyclingtechnik, S. 60
[641] Bunge (2012) Mechanische Aufbereitung, S. 202

Tabelle 5.9 stellt die weiteren Ergebnisse der Einzelkornsortierung zusammen.

	Verfahren: Manuelle Klaubung	Verfahren: NIR-Sortierung	Verfahren: Kamerabasierte Sortierung
Durchführung des Versuchs	ex situ (im Labor), ex situ (in einer Aufbereitungsanlage	ex situ (in einer Aufbereitungsanlage)	ex situ (in einer Aufbereitungsanlage)
Ermittelte Carbonfaser ausbringung	theoretisch bis 100 %, (unter Umständen als primäres Verfahren geeignet)	0 %, (generell nicht als Verfahren geeignet)	bis circa 98 %, (als primäres Verfahren geeignet)
Anmerkungen zum Ergebnis	stark abhängig von der Sortierdauer und vom Personaleinsatz, nicht skalierbar	kein Metallsignal detektierbar, keine Reflexion im NIR-Bereich detektierbar	sehr praktikables Verfahren mit gutem Durchsatz und sehr guter Sortenreinheit
Praxisempfehlung	möglichst grobe Zerkleinerung auf ein Größtkorn von zum Beispiel 56 mm	-	möglichst grobe Zerkleinerung auf ein Größtkorn von zum Beispiel 56 mm
	Einsatz ungelernter Arbeitnehmer möglich		in einem vor-/nach-gelagerten Klassierprozess sollte der Feinanteil abgeschieden werden

Tabelle 5.9: Ergebnisse zu den Separationsverfahren Einzelkornsortierung

5.7 Bewertung der Separationsverfahren mittels Nutzwertanalyse

5.7.1 Vorbemerkungen

Es wurden acht Verfahren zur Separation von Carbonrovingfragmenten aus einem Mischgut abgebrochener Carbonbetonbauteile untersucht. Die dabei gewonnenen Einzelbeobachtungen und Ergebnisdaten beruhen auf den Situationsanalysen von insgesamt zehn (Feld-)Experimenten. Die Daten wurden genutzt, um die Separationsverfahren im Rahmen der Nutzwertanalyse objektiv und verifizierbar zu bewerten. Die Bewertungskriterien und die Anforderungen zur Vergabe der Punktwerte w_{11} bis w_{58} sind in den einzelnen Kriterien erläutert. Die detaillierte Beschreibung der (Feld-)Experimente, die dokumentierten Beobachtungen und die daraus abgeleiteten Ergebnisdaten finden sich in den Abschnitten zu den einzelnen Verfahren.

In der Bewertung mit Hilfe der Nutzwertanalyse als Multikriterielles Bewertungsverfahren werden nur geeignete Verfahren mit einem ermittelten Mindestwert für die Carbonfaserausbringung herangezogen. Das K.-o.-Kriterium „Carbonfaserausbringung" ist nach Meinung des Autors jedoch auch hinsichtlich des zukünftigen Potenzials zur Einhaltung der Quote zu bewerten. Erfüllt ein Verfahren die Mindestanforderung im (Feld-)Experiment nicht, zeigt aber ein offensichtlich großes Potenzial zur zukünftigen Einhaltung der Carbonfaserausbringung, so kann das Verfahren dennoch in die Beurteilung einbezogen werden.

Nachfolgend ist die Beurteilung in den fünf Bewertungskriterien in den Abschnitten 5.7.2 bis 5.7.6 erläutert. Zu Beginn eines jeden Abschnittes sind die Anforderungen an das zu beurteilende Verfahren in einer Bewertungsmatrix aufgezeigt. Die Punktwerte „1" bis „5" werden nach dem Grad der Erfüllung zugewiesen. Im Anschluss der Bewertungsmatrix sind die verbalen Erläuterungen zu den Punktwertvergaben angefügt.

Für die Beurteilung der Separationsverfahren mit der Nutzwertanalyse ist anzumerken, dass neben der Carbonfaserausbringung auch die technische Umsetzbarkeit als ein Kriterium mit besonderer Bedeutung zu berücksichtigen ist. Die Bedeutung spiegelt sich in der Gewichtung beider Faktoren wieder, die in Summe beider Gewichtungen 50 % beträgt. Die Entscheidung für einen Typ von Aufbereitungsanlagen ist unter Berücksichtigung der Randbedingungen, die in Tabelle 5.10 genannt sind, zu diskutieren.

	Aufbereitung in einer mobiler Anlage	Aufbereitung in einer stationärer Anlage
Einsatzempfehlung für den Fall:	- weitere stoffliche Verwertung an der Abbruchstelle,	- keine stoffliche Verwertung an der Abbruchstelle möglich,
	- große Transportentfernung zur nächsten Aufbereitungsanlage,	- Räumliche Nähe zu einem Aufbereitungszentrum,
	- große anfallende Abbruchmengen,	- geringe Abbruchmengen,
	- kontinuierliches Materialaufkommen über einen bestimmten Zeitraum,	- kurzzeitiges oder nicht kontinuierliches Materialaufkommen,
	- Abbruchstelle hat geeignete Platzverhältnissen,	- enge Platzverhältnisse,
	- Grenzwerte an Lärm- und Staubemissionen erlauben den Betrieb einer mobilen Anlage,	- strenge Grenzwerte an Lärm- und Staubemissionen an der Abbruchstelle,
	- mittlere Anforderungen an die Materialqualität und Vielfalt,	- hohe Anforderungen an die Materialqualität und Vielfalt,

Tabelle 5.10: Entscheidungsmatrix für die Art der Aufbereitungsanlage (mobil/stationär) [642]

---

[642] Schröder/Pocha (2015) Abbrucharbeiten, S. 546

Aufgrund der Tatsache, dass mineralische Abfälle bei Abbruchmaßnahmen häufig in Höhe von mehreren Tausend Tonnen anfallen, können insbesondere mobile Aufbereitungsverfahren wirtschaftlich vorteilhaft sein. [643] Dies gilt besonders für den Fall, dass die sortenreine, mineralische Fraktion in direkter Nähe zur Aufbereitungsstelle stofflich verwertet werden kann. Die separierte und sortenreine Fraktion der Carbonrovingfragmente kann aufgrund des hohen Materialwertes und des generell geringen Massenanteils von circa 1 % [644] zur stofflichen Verwertung anschließend auch über eine längere Transportentfernung wirtschaftlich transportiert werden.

5.7.2 Bewertung des Kriteriums: Carbonfaserausbringung

Das Kriterium der Carbonfaserausbringung wird unter Berücksichtigung der beiden Unterkriterien „Ausbringquote im (Feld-)Experiment" und dem „Potenzial zur Einhaltung der 85%igen Ausbringquote" und den Anforderungen aus der Bewertungsmatrix in Tabelle 5.11 bewertet.

	Kriterium der Carbonfaserausbringung	
	Unterkriterium: Ausbringquote im (Feld-)Experiment	Unterkriterium: Potenzial zur Einhaltung der 85%igen Ausbringquote
Punktwert „5"	- Ausbringquote ≥ 85 %	- Potenzial ist gegeben
Punktwert „4"	- Ausbringquote ≥ 60 %	- Potenzial ist gegeben, konnte im (Feld-)Experiment jedoch nicht umgesetzt werden
Punktwert „3"	- Ausbringquote ≥ 50 %	- Anpassungen an das Verfahren notwendig
Punktwert „2"	- Ausbringquote ≥ 40 %	- Umfangreiche Anpassungen an das Verfahren notwendig
Punktwert „1"	- Ausbringquote ≥ 30 %	- Potenzial ist nicht gegeben
Punktwert „0"	Bei einer Ausbringquote < 30 % ist das K.-o.-Kriterium nicht erfüllt – das Verfahren wird nicht berücksichtigt.	

Tabelle 5.11: Bewertungsmatrix zur Beurteilung der Carbonfaserausbringung

Als Zielgröße wurde die sortenreine Ausbringung der Carbonrovingfragmente für die hochrangige stoffliche Verwertung der Fraktionen bereits beschrieben. In der GewAbfV (07/2017) [645] wird die Anforderung zur Kunststoffausbringung mit dem Wert

---

[643] Schröder/Pocha (2015) Abbrucharbeiten, S. 535
[644] Siehe Festlegung der Bauteilgeometrie (Abschnitt 4.3.3), S. 90
[645] Siehe Gewerbeabfallverordnung (GewAbfV) (Abschnitt 3.2.2), S. 37

85 % festgelegt. An diesem Wert wird sich in der vorliegenden Arbeit bei der Carbon-faserausbringung orientiert. Nach den Ergebnissen aus den (Feld-)Experimenten können die Verfahren hinsichtlich der Carbonfaserausbringung in drei Gruppen unterteilt wer-den:

1) Separationsverfahren, die in den Versuchen für die Separation von Carbonro-vingfragmenten als gänzlich ungeeignet festgestellt wurden. Dazu zählt die NIR-Sortierung.

2) Separationsverfahren, die in den Versuchen als alleiniges Verfahren (Primärver-fahren) für die Separation von Carbonrovingfragmenten als ungeeignet festge-stellt wurden. Diese Verfahren können jedoch in Verbindung mit weiteren Ver-fahren dennoch vorteilhaft sein. Dazu zählen die Sortierende Siebklassierung und die Querstromsichtung.

3) Verfahren, die in den Versuchen als Primärverfahren für die Separation von Car-bonrovingfragmenten als geeignet festgestellt wurden. Mit diesen Verfahren wird nachweislich die erforderliche Carbonfaserausbringung erreicht. Dazu zäh-len die Wirbelschichtsortierung, die Schwimm-Sink-Sortierungen, die Manuelle Klaubung und die Kamerabasierte Sortierung. In Verbindung mit weiteren Ver-fahren, wie der Siebklassierung oder der Querstromsichtung, kann die Effizienz nochmals gesteigert werden.

In der Beurteilung der Ausbringquote im (Feld-)Experiment erfüllen die Separations-verfahren Sortierende Siebklassierung V_1 (Ausbringung 5 % bis 20 %), die Quer-stromsichtung V_2 (Ausbringung 10 %) und die NIR-Sortierung V_7 (Ausbringung 0 %) nicht das K.-o.-Kriterium. Diese Verfahren werden daher mit dem Bewertungswert „0" belegt. Diese Verfahren werden in der Bewertung mit Hilfe der Nutzwertanalyse nicht weiter betrachtet.

Die Separationsverfahren Wirbelschichtsortierung V_3 (Ausbringung bis 100 %), die Schwimm-Sink-Sortierungen V_4 und V_5 (jeweilige Ausbringung bis zu 100 %) und die Kamerabasierte Sortierung V_8 (Ausbringung circa 98 %) erfüllen das K.-o.-Kriterium im besonderen Maße und werden mit dem maximalen Bewertungswert von „5" belegt.

Mit dem Verfahren Manuelle Klaubung V_6 (Ausbringung theoretisch bis 100 %) liegt ein Verfahren vor, bei dem im Feldexperiment bei der Sortierung mit nur einer beschäf-tigten Person eine Ausbringquote von circa 45 % erreicht wurde. Der Bewertungswert wird daher mit „2" belegt. Jedoch ist das technologische Potenzial zur Einhaltung der 85%igen Ausbringquote durch den verstärkten Personaleinsatz prinzipiell gegeben. Das Unterkriterium wird mit dem Wert „4" bewertet. Für die anderen Separationsverfahren, die bereits im (Feld-)Experiment eine sehr gute Carbonfaserausbringung > 85 %nach-weisen konnten, wird dieses Unterkriterium mit dem Wert „5" festgelegt.

5.7.3 Bewertung des Kriteriums: Technische Umsetzbarkeit

Das Kriterium der technischen Umsetzbarkeit wird unter Berücksichtigung der Unterkriterien „Anforderung an das Aufgabematerial", „Großtechnische Umsetzbarkeit", „Notwendigkeit nachfolgender Aufbereitungsprozesse" und der „Anlagenverfügbarkeit/Umsetzbarkeit als mobile Anlage" beurteilt. Die Einzelpunktwertvergabe ist am Grad der Erfüllung bezüglich der Anforderungen in Tabelle 5.12 zu orientieren.

	Kriterium der Technische Umsetzbarkeit			
	Anforderung an das Aufgabematerial	Großtechnische Umsetzbarkeit	Notwendigkeit nachfolgender Aufbereitungsprozesse	Anlagenverfügbarkeit/Umsetzbarkeit als mobile Anlage
Punktwert „5"	- Zerkleinerung auf 56 mm bis 63 mm Größtkorn - unempfindlich gegenüber Betonfeinanteilen	- großtechnische Anlagen vorhanden - Skalierbarkeit auf große Stoffmengen ist gegeben	- keine nachfolgenden Prozesse notwendig	- engmaschiges Anlagennetz - als mobiles Verfahren kurzfristig umsetzbar
Punktwert „4"	- Zerkleinerung auf 56 mm bis 63 mm Größtkorn - empfindlich gegenüber Betonfeinanteilen	- großtechnische Anlagen vorhanden, geringe Anpassungen notwendig - Skalierbarkeit auf große Stoffmengen gegeben	- nachfolgend ein Prozess im geringen Umfang notwendig	- engmaschiges Anlagennetz - als mobiles Verfahren mittelfristig umsetzbar
Punktwert „3"	- Zerkleinerung auf 16 mm Größtkorn - empfindlich gegenüber Betonfeinanteilen	- großtechnische Anlagen vorhanden, große Anpassungen notwendig - Skalierbarkeit auf große Stoffmengen gegeben	- nachfolgend ein Prozess im großen Umfang notwendig	- weitmaschiges Anlagennetz - als mobiles Verfahren mittelfristig umsetzbar
Punktwert „2"	- Zerkleinerung auf 10 mm Größtkorn - unempfindlich gegenüber Betonfeinanteilen	- keine großtechnischen Anlagen vorhanden - Skalierbarkeit auf große Stoffmengen noch nicht gegeben	- nachfolgend ein Prozess im großen Umfang und als Nassverfahren notwendig	- kein Anlagennetz vorhanden - als mobiles Verfahren langfristig umsetzbar
Punktwert „1"	- Zerkleinerung auf 10 mm Größtkorn - empfindlich gegenüber Betonfeinanteilen	- Skalierbarkeit auf große Stoffmengen nicht gegeben	- nachfolgend aufwendige Wasch- und Reinigungsprozesskette notwendig	- kein Anlagennetz - als mobiles Verfahren nicht umsetzbar

Tabelle 5.12: Bewertungsmatrix zur Beurteilung der technischen Umsetzbarkeit

In der Beurteilung der Anforderung an das Aufgabematerial werden die notwendige Zerkleinerung des Aufgabeguts (zum Beispiel auf ein mineralisches Größtkorn von 10 mm, 16 mm oder 56 mm) sowie die Empfindlichkeit gegenüber vorhandenen Betonfeinanteilen bis 2 mm Korngröße beurteilt. Das Verfahren mit der geringsten Anforderung an das Aufgabematerial ist die Manuelle Klaubung V_6 (56 mm Größtkorn, geringe Empfindlichkeit gegenüber den Betonfeinanteilen). Das Unterkriterium wird mit dem Maximalwert „**5**" belegt. Für die Kamerabasierte Sortierung V_8 ist ebenfalls ein 56 mm Größtkorn günstig, jedoch besteht für das Kamerasystem eine mittlere Empfindlichkeit gegenüber eventuell vorhandenen Betonfeinanteilen. Das Unterkriterium wird mit „**4**" bewertet. Die Experimente zur Schwimm-Sink-Sortierung V_4 und V_5 wurden mit dem 10 mm Abbruchmaterial durchgeführt. Es ist zu erwarten, dass die Verfahren auch mit einem Größtkorn von 16 mm effizient funktionieren. Ein Größtkorn von 56 mm und die damit im Mittel 400 mm langen Carbonrovingfragmente (95 %-Quantil) würden den Schwimm-Sink-Prozess behindern. Vorhandene Betonfeinanteile bis 2 mm behindern den Trennprozess, da sich diese Feinanteile im Nassverfahren an die Carbonrovingfragmente heften, auf der Oberfläche aufschwimmen und mit der Leichtfraktion ausgetragen werden. Das Unterkriterium wird für dieses Verfahren mit dem Wert „**3**" belegt. Das Experiment zur Wirbelschichtsortierung V_3 wurde mit dem 10 mm-Abbruchmaterial durchgeführt und es ist zu erwarten, dass das Verfahren nur mit einem Größtkorn von 10 mm effektiv umgesetzt werden kann. Bei größeren Körnungen liegt der Lockerungspunkt des Mischguts höher und die Auftriebskraft des Luftstroms muss erneut deutlich gesteigert werden. Die Carbonrovingfragmente werden daher schlechter ausgetragen. Vorhandene Betonfeinanteile bis 2 mm behindern den Prozess hingegen nicht. Diese Fraktion wird mit den Carbonfasern ausgetragen. In der Bewertung wird das Unterkriterium mit dem Wert „**2**" belegt.

In der Beurteilung der großtechnischen Umsetzbarkeit werden am Markt vorhandene Maschinen und eventuell notwendige Maschinenentwicklungen sowie die Skalierbarkeit auf große Abbruchmengen beurteilt. Das Feldexperiment zur Kamerabasierten Sortierung V_8 wurde in einer großtechnischen Anlage durchgeführt, die bereits für große Abbruchmassen ausgelegt ist. Das Unterkriterium wird mit „**5**" bewertet. Das Feldexperiment zur Manuellen Klaubung V_6 wurde ebenfalls in einer großtechnischen Anlage durchgeführt und die Manuelle Klaubung ist zudem nach der GewAbfV (07/2017) notwendiger Komponententeil jeder Vorbehandlungsanlage. Die Skalierbarkeit auf große Durchstrommengen aus Carbonbetonabbruchmaterial unter Einhaltung der Carbonfaserausbringung ist jedoch nicht oder nur mit einem unverhältnismäßig hohen Personaleinsatz umsetzbar. Das Unterkriterium wird mit dem Punktwert „**1**" festgelegt. Die großtechnische Umsetzung der Schwimm-Sink-Sortierung V_4 mit der Schwerlösung SPT ist in Abschnitt 5.5.2.2 mit dem Vorschlag zum Einsatz eines Schnecken-Aufstrom-Sortierers beschrieben Der Sortierer kommt bereits bei der Sortierung von Abbruchmassen mit Wasser als Trennmedium zum Einsatz und kann theoretisch auch mit SPT betrieben werden. Bei SPT handelt es sich jedoch derzeit um eine kostenintensive Speziallösung für kleinmaßstäblichere Anwendungen. Eine praktische Umsetzung ist demnach mit größeren Anpassungen verbunden. Das Unterkriterium wird aufgrund dessen mit dem Punktwert „3" belegt. Bentonit als Bestandteil des Separationsverfahrens V_5 wird seit Jahrzehnten in großen Mengen im Tiefbau eingesetzt. Eine praktische Umsetzung im Rahmen eines Separationsverfahrens ist jedoch bisher nicht erfolgt – das Verfahren ist aber mit geringen Anpassungen umsetzbar. Das Unterkriterium wird aufgrund dessen mit dem Punktwert „4" belegt. Die großtechnische Umsetzung der Wirbelschichtsortierung V_3 – in der Art, wie sie im Experiment stattgefunden hat – ist mit Schwierigkeiten verbunden. Anders als bei der großtechnischen Umsetzung in der Brennstoffaufbereitung für Kohlestaub oder leichte Ersatzbrennstoffe müssen bei der Separation der Carbonrovingfragmente aus mineralischem Mischgut sehr große Strömungsgeschwindigkeiten erzeugt werden. Die Skalierbarkeit auf Abbruchmengen von 50 Tonnen und mehr ist nicht gegeben. Das Verfahren wird im Unterkriterium mit „1" bewertet.

Das Unterkriterium Notwendigkeit nachfolgender Aufbereitungsprozesse beinhaltet die Fragestellung, ob zur Sicherstellung der Sekundärrohstoffqualität nachgelagerte Ergänzungsverfahren, wie eine Klassierende Sortierung, notwendig sind. Des Weiteren können mit einem nachgeschalteten Prozess der Anteil der Fehlkörnungen reduziert und damit die Effizienz des Separationsverfahrens signifikant verbessert werden. Die bei der Manuellen Klaubung V_6 entstehenden Stoffströme benötigen keine weiteren Prozessschritte. Bis auf eventuelle Staubanhaftungen sind die Fraktionen der Carbonroving- und Betonfragmente sortenrein und direkt weiter zu verarbeiten. Das Unterkriterium wird mit dem Maximalwert „5" festgelegt. Bei der Kamerabasierten Sortierung V_8 muss die geringe Menge fehlausgeblasener Betonfeinanteile mit Hilfe der Siebung entfernt werden. Das Unterkriterium wird mit „4" bewertet. Bei den Verfahren V_4 und V_5 der Schwimm-Sink-Sortierung müssen die separierten Fraktionen gewaschen werden und die Schwerlösung/Bentonitsuspension sowie die eventuell abgespülten Betonfeinbestandteile aufgefangen werden. Das Unterkriterium wird für die Separation mit SPT mit dem Punktwert „2" bewertet. Die Reinigung der Sekundärrohstoffe, die mit Bentonitanhaftungen versehen sind, gestaltet sich aufwändiger. Das Unterkriterium wird mit „1" bewertet. Der Volumenstrom der Wirbelschichtsortierung V_3 separiert neben den Carbonrovingfragmenten auch sämtliche Bestandteile der Betonfraktion bis zu einem Größtkorn von 3 mm. Zur Abscheidung dieser Fehlkörnung bedarf es in jedem Fall eines nachfolgenden Siebprozesses. Das Unterkriterium wird mit dem Wert „3" belegt.

Als viertes Unterkriterium im Kriterium der technischen Umsetzbarkeit werden die Anlagenverfügbarkeit und die Umsetzbarkeit als mobile Anlage betrachtet. Berücksichtigt werden dabei die Anzahl und die Verteilung der (stationären) Anlagen in der Bundesrepublik Deutschland sowie der technologische Aufwand zur Umsetzung des Separationsverfahrens als mobiles Verfahren. Die Manuelle Klaubung V_6 ist ein etabliertes Sortierverfahren, welches als Vorbehandlungsverfahren in allen Aufbereitungsanlagen nach GewAbfV (07/2017) verfügbar ist. Die Umsetzung als mobiles Verfahren in einem Containermodul ist ebenfalls denkbar. Das Verfahren wird mit dem Maximalwert „5" bewertet. Die Kamerabasierte Sortierung V_8 wird in diesem Unterkriterium mit dem Wert „3" belegt. Die Kamerabasierte Sortierung ist Prozessbestandteil einiger überregionaler Abfallaufbereitungszentren. Die Umsetzung in einem Containermodul als mobiles Verfahren ist mittelfristig denkbar. Für die zwei Verfahren der Schwimm-Sink-Sortierung V_4 und V_5 existieren in der geforderten Art mit SPT oder Bentonit als Trennmedium bisher keine stationären oder mobilen Anlagen. Die Umsetzung als stationäre oder mobile Anlage ist denkbar. Das Unterkriterium wird für Bentonit mit „3" und für SPT als Speziallösung mit „2" bewertet. Das Sortierverfahren der Wirbelschichtsortierung V_3 ist als großtechnische und stationäre Anlage sehr selten und aufgrund der Notwendigkeit extrem großer Strömungsgeschwindigkeiten als mobile Anlage nicht umsetzbar. Das Verfahren wird in diesem Unterkriterium mit dem Wert „1" belegt.

5.7.4   Bewertung des Kriteriums: Qualität der Sekundärrohstoffe

Das Beurteilungskriterium zur Qualität der Sekundärrohstoffe berücksichtigt als Unterkriterien die „Qualität der separierten Carbonfasern", die „Qualität des Betonrezyklats" und bei der Anwendung des Separationsverfahrens die Gefahr einer „Schadstoffanreicherung in den Sekundärrohstoffen".

Maßstab für die Bewertung ist die Anforderungsmatrix in Tabelle 5.13.

	Kriterium Qualität der Sekundärrohstoffe		
	Qualität der separierten Carbonfasern	Qualität des Betonrezyklats	Schadstoffanreicherung in den Sekundärrohstoffen
Punkt-wert „5"	- Einzellänge der Roving-fragmente (50 %-Quantil) ≥ 80 mm - keine Verunreinigungen	- 56 mm bis 63 mm Größt-korn - keine Verunreinigungen	- keine Schadstoffanreiche-rung
Punkt-wert „4"	- Einzellänge der Roving-fragmente (50 %-Quantil) ≥ 50 mm - keine Verunreinigungen	- 16 mm Größtkorn - keine Verunreinigungen	-
Punkt-wert „3"	- Einzellänge der Roving-fragmente (50 %-Quantil) ≥ 50 mm - Verunreinigungen	- 16 mm Größtkorn - Verunreinigungen	- Schadstoffanreicherung theoretisch möglich, nicht nachgewiesen
Punkt-wert „2"	- Einzellänge der Roving-fragmente (50 %-Quantil) ≥ 40 mm - keine Verunreinigungen	- 10 mm Größtkorn - keine Verunreinigungen	-
Punkt-wert „1"	- Einzellänge der Roving-fragmente (50 %-Quantil) < 40 mm - Verunreinigungen	- 10 mm Größtkorn - Verunreinigungen	- Schadstoffanreicherung nachgewiesen

Tabelle 5.13: Bewertungsmatrix zur Beurteilung der Qualität der Sekundärrohstoffe

Das Unterkriterium zur Qualität der separierten Carbonfasern beinhaltet insbesondere die Untersuchung zur Länge der separierten Carbonrovingfragmente. Dabei gilt allgemein, dass eine große Rovinglänge die Anwendungsfelder für die hochwertige stoffliche Verwertung vervielfältigen. Des Weiteren wird das Vorhandensein von Verunreinigungen an den Carbonfragmenten analysiert. Die beiden Verfahren Manuelle Klaubung V_6 und Kamerabasierte Sortierung V_8 nutzen das 56er-Abbruchmaterial mit langen Rovinglängen ≥ 80 mm (50 %-Quantil). Im Trockenverfahren angewendet, werden keine Verunreinigungen an den Carbonrovingfragmenten eingetragen. Die Verfahren werden im Unterkriterium mit „5" bewertet. Die beiden Verfahren V_4 und V_5 der Schwimm-Sink-Sortierung können maximal mit einem 16er-Ausgangsmaterial mit mittellangen Rovinglängen ≥ 50 mm (50 %-Quantil) ausgeführt werden. Durch die Anwendung im Nassverfahren kann eine Verunreinigung der Carbonrovingfragmente durch Salze (SPT) oder Tonmineralien (Bentonit) auch nach einem Waschvorgang nicht ausgeschlossen werden. Die Verfahren werden im Unterkriterium mit „**3**" bewertet. Die Wirbelschichtsortierung V_3 kann maximal mit einem 10er-Ausgangsmaterial mit kurzen Rovinglängen $\geq$ 40 mm (50 %-Quantil) ausgeführt werden. Durch die Anwendung als Trockenverfahren und nach der Abscheidung der Betonfeinanteile liegen die Carbonrovingfragmente ohne weitere Verunreinigungen vor. Das Verfahren wird im Unterkriterium mit der Bewertung „**2**" festgelegt.

Das Unterkriterium zur Beurteilung der Qualität des Betonrezyklats schließt insbesondere die Untersuchung zur Größe der separierten mineralischen Korngruppe ein. Allgemein gilt, dass ein großes mineralisches Größtkorn die breitere Anwendung als Betonrezyklat sicherstellt. Des Weiteren darf bei der Herstellung von Betonen nach DIN EN 206 (01/2017) für bestimmte Anwendungsfelder nur ein Anteil an rezyklierter Gesteinskörnung > 2 mm Größtkorn eingesetzt werden. [646] Ein großer Massenanteil an Feinbestandteilen $\leq$ 2 mm durch intensive Zerkleinerungsprozesse ist daher unvorteilhaft. Des Weiteren wird das Vorhandensein von Verunreinigungen an den Betonfragmenten untersucht. Die beiden Verfahren Manuelle Klaubung V_6 und Kamerabasierte Sortierung V_8 verwenden das Abbruchmaterial mit Größtkorn 56 mm. Durch die geringe Zerkleinerung ist der Feinanteil gering. Die Verfahren werden mit dem Maximalwert „**5**" bewertet. Die beiden Verfahren V_4 und V_5 der Schwimm-Sink-Sortierung können maximal mit dem 16 mm-Ausgangsmaterial mit mittellangen Rovinglängen ausgeführt werden. In der Anwendung als Nassverfahren kann eine Verunreinigung der Betonfraktion durch Salze (SPT) oder Tonbestandteile (Bentonit) nach dem Waschen nicht ausgeschlossen werden. Die Verfahren werden im Unterkriterium mit „**3**" bewertet. Die Wirbelschichtsortierung V_3 wird in Analogie zur Begründung bei der Qualität der Carbonfasern in diesem Unterkriterium mit dem Wert „**2**" bewertet. An dieser Stelle ist zu beachten, dass die Qualität der Betonfraktion durch vor- und nachgelagerte Ergänzungsverfahren, wie der Klassierenden Sortierung oder der Querstromsichtung, mit der Abscheidung unerwünschter Feinbestandteile entscheidend verbessert werden kann.

Das Unterkriterium zur Gefahr einer Schadstoffanreicherung in den Sekundärrohstoffen beinhaltet die Untersuchung, ob der Materialstrom in direkten Kontakt mit Prozessstoffen oder Prozesswässern tritt. Die Verfahren Kamerabasierte Sortierung V_8, Manuelle Klaubung V_6 und die Wirbelschichtsortierung V_3 werden als Trockenverfahren ohne Kontakt zu weiteren Stoffen ausgeführt. Die Verfahren werden im Unterkriterium mit dem Maximalwert „**5**" bewertet. Bei Nassverfahren, wie die Separationsverfahren V_4 und V_5 der Schwimm-Sink-Sortierung, besteht immer die Gefahr, dass lokale Schad-

---

[646] Deutscher Ausschuss für Stahlbeton (09/2010) DAfStb-Richtlinie: Beton nach DIN EN 206-1 und DIN 1045-2 mit rezyklierten Gesteinskörnungen nach DIN EN 12620, Tabelle 5

stoffquellen zur Schadstoffverschleppung auf das gesamte Mischgut führen. Des Weiteren ist mit der Anwendung von SPT und Bentonit als Trennmedium im Rahmen der Untersuchung bisher nicht geklärt, ob Tonbestandteile (Bentonit) oder wasserlösliche Salze nach dem Waschen der Fraktion zu Verunreinigungen führen können. Die Verfahren werden im Unterkriterium zunächst mit dem Wert „3" bewertet.

5.7.5 Bewertung des Kriteriums: Wirtschaftlichkeit

Das Bewertungskriterium zur Wirtschaftlichkeit berücksichtigt die Unterkriterien „Einmalige Investitionskosten für die Anlage", „Leistungsfähigkeit in Tonnen pro Stunde" und „Aufbereitungskosten 50 Tonnen bis 1.000 Tonnen Abbruchmaterial". Bewertungsmaßstab sind die Anforderungen aus Tabelle 5.14.

	Kriterium der Wirtschaftlichkeit		
	Einmalige Investitionskosten für die Aufbereitungsanlage	Leistungsfähigkeit in Tonnen pro Stunde	Aufbereitungskosten für 50 bis 1.000 Tonnen Abbruchmaterial
Punktwert „5"	- großtechnische oder mobile Anlagen existieren - Anlagen können ohne weitere Investitionskosten genutzt werden	≥ 10 Tonnen/Stunde	- das Verfahren mit den relativ gesehen niedrigsten Aufbereitungskosten pro Tonne Abbruchmaterial
Punktwert „4"	-	≥ 5 Tonnen/Stunde	-
Punktwert „3"	- die Verfahren sind bezüglich der Investitionskosten in eine Rangfolge zu bringen	≥ 2 Tonnen/Stunde	- die Verfahren sind bezüglich der Aufbereitungskosten in eine Rangfolge zu bringen
Punktwert „2"	-	≥ 1 Tonne/Stunde	-
Punktwert „1"	- das Verfahren mit den relativ gesehen größten einmaligen Investitionskosten für die Aufbereitungsanlage	< 1 Tonne/Stunde	- das Verfahren mit den relativ gesehen höchsten Aufbereitungskosten pro Tonne Abbruchmaterial

Tabelle 5.14: Bewertungsmatrix zur Beurteilung der Wirtschaftlichkeit

Das Unterkriterium der einmaligen Investitionskosten für die Aufbereitungsanlage berücksichtigt die voraussichtlichen Kosten zur Weiterentwicklung einer bestehenden Anlage oder für den Bau einer ersten großtechnischen Anlage. Sollten bereits stationäre oder mobile Anlagen ohne weiteren Entwicklungsbedarf für die Separation der Carbonrovingfragmente zur Verfügung stehen, so wird das Verfahren mit dem Wert „5" belegt. Die Kosten einer neu zu errichtenden Anlage werden in Relation zueinander gesetzt. Das Verfahren mit den niedrigsten Investitionskosten erhält den Punktwert „4". Alle anderen Separationsverfahren werden in eine Rangfolge gebracht. Die Verfahren Manuelle Klaubung V_6 und Kamerabasierte Sortierung V_8 existieren in der großtechnischen Ausführung und werden mit dem Maximalwert „**5**" bewertet. Das Separationsverfahren V_5 der Schwimm-Sink-Sortierung mit einer Bentonitsuspension als Trennmedium kann mit einem existierenden Schnecken-Aufstrom-Sortierer umgesetzt werden. Bentonit ist ein gängiger Verbrauchsstoff im Bauwesen und daher günstig (circa 20,00 Euro für 25 kg Gebinde; 25 kg Bentonit ergeben 500 Liter viskose Flüssigkeit). Das Verfahren muss um einen Waschprozess ergänzt und ein Prozesswasserkreislauf zur Wiedergewinnung des Bentonit installiert werden. Die Investitionskosten werden auf $\leq 10.000,00$ Euro geschätzt. Das Verfahren wird in diesem Unterkriterium mit „**4**" bewertet. Die Umsetzung der Schwimm-Sink-Sortierung V_4 mit SPT wäre mit großen einmaligen Investitionskosten für eine stationäre oder mobile Anlage verbunden. SPT ist mit einem Materialpreis in Höhe von 100,00 Euro/kg bis 200,00 Euro/kg sehr kostenintensiv. Für die Befüllung eines Schnecken-Aufstrom-Sortierers mit circa 1.000 Liter verdünnter SPT der Dichte 1.900 kg/m³ ergeben sich bei einem gemittelten Materialpreis in Höhe von 150,00 Euro/kg nur für die Trennflüssigkeit Gesamtkosten in Höhe von 67.500,00 Euro. Hinzu kommen die Kosten für den Schnecken-Aufstrom-Sortierer, den Waschprozess sowie den Prozesswasserkreislauf. Die einmaligen Investitionskosten werden auf $\leq 150.000,00$ Euro geschätzt. Das Verfahren wird mit dem Punktwert „**2**" beurteilt. Die Umsetzung der Wirbelschichtsortierung V_3 mit der Notwendigkeit des sehr leistungsfähigen Gebläses sowie die bisher fehlenden stationären und mobilen großtechnischen Anlagen stellen einen ähnlich großen Kostenblock dar. Das Verfahren wird mit dem Wert „**2**" bewertet.

Das Unterkriterium der Leistungsfähigkeit in Tonnen pro Stunde schätzt die voraussichtliche Leistung des Verfahrens im stationären oder mobilen Einsatz ein. Das Verfahren mit dem höchsten Durchsatz pro Stunde wird mit dem Maximalwert „**5**" bewertet. Für die Kamerabasierte Sortierung V_8 wurde im Feldexperiment eine maximale Durchsatzleistung von 10 Tonnen pro Stunde gemessen. Das Verfahren wird mit dem maximalen Wert „**5**" festgelegt. Die beiden Separationsverfahren V_4 und V_5 der Schwimm-Sink-Sortierung sind voraussichtlich weniger leistungsfähig. Die beiden Verfahren werden im Unterkriterium zur Leistungsfähigkeit mit dem angenommenen Wert „**4**" bewertet. Das Separationsverfahren der Manuellen Klaubung V_6 wurde bereits im Abschnitt 5.6.2.2 hinsichtlich der Wirtschaftlichkeit bewertet. Die Leistungsfähigkeit liegt nach Berechnungen in einem sehr niedrigen Bereich von 100 kg bis 500 kg sortiertes Abbruchmaterial. Das Verfahren wird mit dem Punktwert „**1**" beurteilt. Die Wirbelschichtsortierung V_3 liegt in der Leistungsfähigkeit voraussichtlich in einem ähnlichen Bereich leicht über diesem Wert. Das Verfahren wird mit dem angenommen Wert „**2**" bewertet.

Das Unterkriterium zur Beurteilung der Aufbereitungskosten für Abbruchmassen im Bereich von 50 Tonnen bis 1.000 Tonnen kann aus den untersuchten (Feld-)Experimenten nur abgeschätzt werden. Für das Separationsverfahren der Manuellen Klaubung V_6 fällt für die Sortierung von 500 Tonnen Abbruchmaterial ein Personalbedarf von circa 1.660 Stunden an, was der durchschnittlichen Jahresarbeitszeit eines Arbeiters entspricht. Dieser Aufwand steht im Missverhältnis zur Sortierleistung und daher wird das Verfahren mit dem Minimalwert „**1**" beurteilt. Die Wirtschaftlichkeit der Wirbelschichtsortierung V_3 liegt voraussichtlich in einem ähnlichen Bereich. Die Leistungsfähigkeit ist leicht besser als bei der Klaubung, jedoch ist der Energieverbrauch für das Gebläse groß. Das Verfahren wird daher auch mit dem Minimalwert „**1**" bewertet. Die beiden Separationsverfahren der Schwimm-Sink-Sortierung V_4 und V_5 sind bei der Verwendung der Bentonitsuspension und der SPT in den Leistungsfähigkeiten vergleichbar, jedoch in den laufenden Aufbereitungskosten unterschiedlich. Bei Nassverfahren gilt allgemein, dass Prozesswässer der Anlage mit den Fraktionen ausgetragen werden, sodass stetig neue Bentonitsuspension und SPT der Anlage zugeführt werden müssen. Die Verwendung von SPT erhöht die laufenden Aufbereitungskosten im Vergleich zur Bentonitsuspension. Aufgrund der Materialpreise wird die Wirtschaftlichkeit zur Verwendung von SPT mit dem Wert „**2**" festgelegt. Die Verwendung von Bentonit wird mit „**4**" beurteilt. Für die Kamerabasierte Sortierung V_8 wird die Wirtschaftlichkeit mit dem Wert „**3**" festgelegt.

5.7.6 Bewertung des Kriteriums: Arbeits-, Gesundheits- und Umweltschutz

Der technologische Arbeits-, Gesundheits- und Umweltschutz wird mit den folgenden Unterkriterien „Aufwand für den Arbeits-/Gesundheitsschutz" und „Aufwand für den Umweltschutz" beurteilt. Maßstab für die Beurteilung sind die Ansatzpunkte aus Tabelle 5.15.

	Kriterium des Arbeits-, Gesundheits- und Umweltschutzes	
	Aufwand für den Arbeits-/Gesundheitsschutz	Aufwand für den Umweltschutz
Punktwert „5"	- keine Staub- oder Faserfreisetzung - kein Umgang mit zusätzlichen Stoffen, bei denen Schutzmaßnahmen erforderlich sind	- kein Einsatz von Prozesswässern
Punktwert „4"	- geringe Staub- oder Faserfreisetzung möglich - kein Umgang mit zusätzlichen Stoffen, bei denen Schutzmaßnahmen erforderlich sind	-
Punktwert „3"	- keine Staub- oder Faserfreisetzung - Umgang mit zusätzlichen Stoffen, bei denen Schutzmaßnahmen erforderlich sind	- Einsatz von Prozesswässern - geringer Aufbereitungsaufwand
Punktwert „2"	-	-
Punktwert „1"	- Staub- oder Faserfreisetzung - Umgang mit zusätzlichen Stoffen, bei denen Schutzmaßnahmen erforderlich sind	- Einsatz von Prozesswässern - großer Aufbereitungsaufwand

Tabelle 5.15: Bewertungsmatrix zur Beurteilung Arbeits-, Gesundheits- und Umweltschutz

Die beiden Verfahren V_4 und V_5 der Schwimm-Sink-Sortierung werden als Nassverfahren ausgeführt, ohne dass im Separationsprozess Staub- und Freisetzungen auftreten können. Für den Einsatz einer Bentonitsuspension als Trennmedium sind keine weiteren Sicherheitsmaßnahmen zu berücksichtigen. Das Verfahren wird daher im Unterkriterium zum Aufwand für den Arbeits-/Gesundheitsschutz mit „**5**" bewertet. Das Trennmedium SPT ist nicht toxisch. Bei der Verwendung von SPT sind dennoch nach den Vorgaben des Sicherheitsdatenblatts Schutzkleidung, Schutzbrille mit Seitenschutz und Schutzhandschuhe zu tragen. Das Verfahren wird daher im Unterkriterium mit dem mittleren Wert „**3**" bewertet. Die Wirbelschichtsortierung V_3 wurde im Experiment in einer geschlossenen Anlage ausgeführt, bei der nur eine geringe Staub- und Faserfreisetzung auftreten kann. Zur Ausführung dieses Verfahrens sind keine weiteren Stoffzusätze notwendig. In diesem Unterkriterium wird das Verfahren mit dem Wert „**4**" beurteilt. Bei der Kamerabasierten Sortierung V_8 können ebenfalls geringe Staub- und Faserfreisetzungen auftreten ohne Zuhilfenahme weiterer Prozessstoffe. Das Verfahren wird mit dem Punktwert „**4**" beurteilt. Bei der Manuellen Klaubung V_6 treten Staub- und Faserfreisetzungen auf. Die Mitarbeiter am Sortierband sind diesen Emissionen in räumlicher Nähe ausgesetzt und der direkte und andauernde Kontakt zum Abfallstrom führt zur Abwertung des Unterkriteriums auf den Punktwert „**3**"

Für die Beurteilung zum Aufwand für den Umweltschutz und den möglicherweise damit verbundenen Aufbereitungsaufwand für anfallende Prozesswässer kann festgestellt werden, dass für die Trockenverfahren der Wirbelschichtsortierung V_3, für die Manuelle Klaubung V_6 und der Kamerabasierten Sortierung V_8 keine Prozesswässer anfallen und keine Aufwendungen für deren Aufbereitung erforderlich sind. Die Verfahren werden mit dem Maximalwert „5" beurteilt. Bei den Nassverfahren V_4 und V_5 der Schwimm-Sink-Sortierung fallen Prozesswässer an, die aufgefangen und aufbereitet werden müssen. Der Aufwand zur Aufbereitung der verdünnten SPT ist dabei signifikant größer, dass nach Möglichkeit sämtliche Flüssigkeitsbestandteile aufgefangen und dem Prozess wieder zugeführt werden sollten. Das Eindringen der Schwerlösung in Gewässer oder Böden ist zu verhindern. Aufgefangene und durch den Waschprozess weiter verdünnte SPT muss in einem Trocknungsprozess bei 70 °C aufkonzentriert werden. Das Verfahren erhält den Minimalwert „1". Das Separieren mit einer Bentonitsuspension gestaltet sich vergleichbar aufwendig, da eine umfangreiche Reinigung der Sekundärrohstoff notwendig ist und dabei große Mengen Prozesswässer anfallen. Das Verfahren wird mit dem Punktwert „1" beurteilt.

5.7.7 Ergebnis der Nutzwertanalyse

In Tabelle 5.16 sind für jedes potenziell geeignete Separationsverfahren die einzelnen Bewertungswerte, die gewichteten Teilnutzwerte und die gewichteten Gesamtnutzwerte abgebildet.

Kriterium Unterkriterium	Ge-wich-tung	Bewertung der Separationsverfahren Teilnutzwert und Bewertungswert				
		Wirbel-schicht	SPT	Ben-tonit	Klau-bung	Kamera
		V_3	V_4	V_5	V_6	V_8
Carbonfaserausbringung	**30 %**	**5,0**	**5,0**	**5,0**	**3,0**	**5,0**
Ausbringquote im (Feld-)Experiment	50 %	5	5	5	2	5
Potenzial zur Einhaltung 85%ige Ausbringquote	50 %	5	5	5	4	5
Technische Umsetzbarkeit	**20 %**	**1,8**	**2,5**	**2,8**	**4,0**	**4,0**
Anforderungen an das Aufgabematerial	25 %	2	3	3	5	4
Großtechnische Umsetzbarkeit	25 %	1	3	4	1	5
Notwendigkeit nachfolgender Aufbereitungsprozesse	25 %	3	2	1	5	4
Anlagenverfügbarkeit/Umsetzbarkeit als mobile Anlage	25 %	1	2	3	5	3
Qualität der Sekundärrohstoffe	**20 %**	**3,0**	**3,0**	**3,0**	**5,0**	**5,0**
Qualität der separierten Carbonfasern	33 %	2	3	3	5	5
Qualität des Betonrezyklats	33 %	2	3	3	5	5
Schadstoffanreicherung in den Sekundärrohstoffen	34 %	5	3	3	5	5
Wirtschaftlichkeit	**20 %**	**1,7**	**2,7**	**4,0**	**2,3**	**4,3**
Einmalige Investitionskosten für die Anlage	33 %	2	2	4	5	5
Leistungsfähigkeit in Tonnen pro Stunde	33 %	2	4	4	1	5
Aufbereitungskosten 50 bis 1.000 Tonnen Abbruchmaterial	34 %	1	2	4	1	3
Arbeits-, Gesundheits- und Umweltschutz	**10 %**	**4,5**	**2,0**	**3,0**	**4,0**	**4,5**
Aufwand für den Arbeits-/Gesund-heits-schutz	50 %	4	3	5	3	4
Aufwand für den Umweltschutz	50 %	5	1	1	5	5
Gesamtnutzwert	**100 %**	**3,2**	**3,3**	**3,8**	**3,6**	**4,6**

Tabelle 5.16: Analyseergebnisse zu den Nutzwerten der Separationsverfahren

Die Nutzwertanalyse wurde aufgrund der Tatsache, dass qualitative und quantitative Bewertungskriterien miteinander kombiniert werden können, gewählt. [647] Dies trifft ins-

---

[647] Aberle (2009) Transportwirtschaft, S. 474

besondere auf die Untersuchung zu einem Separationsverfahren in der Recyclingprozesskette für Carbonbeton zu. Trotz des Fehlens vereinzelter Kennwerte, wie beispielsweise der konkreten Aufbereitungskosten, sind die Verfahren bewertbar. Im Ergebnis zur Vorteilhaftigkeit der Separationsverfahren für den Recyclingprozess mit Carbonbeton wurde folgende Rangfolge ermittelt:

1) Kamerabasierte Sortierung V_8 (Nutzwert 4,6)
2) Schwimm-Sink-Sortierung mit Bentonit V_5 (Nutzwert 3,8)
3) Manuelle Klaubung V_6 (Nutzwert 3,6)
4) Schwimm-Sink-Sortierung mit Schwerlösung V_4 (Nutzwert 3,3)
5) Wirbelschichtsortierung V_3 (Nutzwert 3,2)

Mit den ermittelten Gesamtnutzwerten werden keine Aussagen über die absolute Vorteilhaftigkeit eines einzelnen Separationsverfahrens getroffen. Vielmehr liefert das Ergebnis den verfahrensspezifischen Nutzwert, der im Vergleich zu den Nutzwerten der Alternativverfahren eine Aussage über die Rangfolge der Separationsverfahren zulässt. Mit den Teilnutzwerten in Tabelle 5.16 können des Weiteren Optimierungspotenziale in den Teilbereichen aufgezeigt werden. Dies betrifft zum Beispiel für das Verfahren der Wirbelschichtsortierung die technische Umsetzbarkeit und die Wirtschaftlichkeit. Zur Reduktion subjektiver Entscheidungen im Bewertungsprozess werden die ermittelten Nutzwerte mit der ergänzenden Methode der Sensitivitätsanalyse auf Werthaltigkeit und den Einfluss gegenüber den Eingangsparametern der Gewichtungen überprüft.

5.7.8 Überprüfung durch die Sensitivitätsanalyse

In der Beurteilung der untersuchten Verfahren für die Separation der Carbonrovingfragmente aus mineralischen Abbruchmassen wurde die Kamerabasierte Sortierung als Verfahren mit dem höchsten Nutzwert herausgestellt. Zu berücksichtigen ist, dass die aufgestellte Nutzwertanalyse eine Vielzahl von Einflussgrößen, wie zum Beispiel die Gewichtungen der Kriterien, enthält. Die Gewichtungen haben einen subjektiven Einfluss, der im Rahmen der Sensitivitätsanalyse zu untersuchen ist. Jede einzelne Gewichtung als Eingangsgröße hat einen unterschiedlich stark ausgeprägten Einfluss auf den Gesamtnutzwert und damit auf die Rangfolge der Nutzergebnisse. Wie bereits in Abschnitt 3.7.8 beschrieben, ist mit einer Sensitivitätsanalyse die Werthaltigkeit der Rangfolge zu überprüfen. In der Anwendung der Sensitivitätsanalyse variieren die Gewichtungswerte zwischen einer minimalen und einer maximalen Grenze (absoluter Abschlag von -20% bis zum absoluten Aufschlag in einer Höhe von $+20\%$).

Die Ergebnisübersicht in Tabelle 5.17 zeigt, dass die zuvor festgelegten Gewichtungswerte einen unterschiedlich starken Einfluss auf die einzelnen Teilnutzwerte und Gesamtnutzwerte besitzen. Als Grundaussage ist festzuhalten, dass der Gesamtnutzwert bei Verfahren mit einer ausgewogenen Verteilung von Stärken und Schwächen weniger stark beeinflusst wird. Das Ergebnis der Sensitivitätsanalyse zeigt beim Verfahren der Kamerabasierten Sortierung V_8 nur geringfügige Veränderungen des Gesamtnutzwertes. Im Vergleich dazu zeigt der Gesamtnutzwert der Wirbelschichtsortierung V_3 schon bei geringfügiger Veränderung der Wichtungen eine deutliche Abweichung vom Ausgangswert auf, sodass eine hohe Sensitivität vorliegt.

Nr.	Separations- verfahren	Gesamtnutzwert bei Varianz der Gewichtung: *Carbonfaserausbringung*				
		− 20 %	− 10 %	± 0 %	+ 10 %	+ 20 %
1	Wirbelschicht V_3	**2,8 (4)**	**3,0 (5)**	**3,2 (5)**	**3,5 (4)**	3,7 (4)
2	SPT V_4	**2,8 (4)**	3,1 (4)	3,3 (4)	3,6 (3)	3,8 (3)
3	Bentonit V_5	3,4 (3)	3,6 (2)	3,8 (2)	3,9 (2)	4,1 (2)
4	Klaubung V_6	3,7 (2)	3,6 (2)	3,6 (3)	**3,5 (4)**	**3,4 (5)**
5	Kamera V_8	**4,6 (1)**	**4,6 (1)**	**4,6 (1)**	**4,7 (1)**	**4,7 (1)**
		Gesamtnutzwert bei Varianz der Gewichtung: *Technische Umsetzbarkeit*				
6	Wirbelschicht V_3	3,6 (3)	**3,4 (4)**	**3,2 (5)**	**3,1 (5)**	**2,9 (5)**
7	SPT V_4	**3,5 (4)**	**3,4 (4)**	3,3 (4)	3,3 (4)	3,2 (4)
8	Bentonit V_5	4,0 (2)	3,9 (2)	3,8 (2)	3,7 (2)	3,6 (2)
9	Klaubung V_6	**3,5 (4)**	3,5 (3)	3,6 (3)	3,6 (3)	3,6 (3)
10	Kamera V_8	**4,6 (1)**	**4,7 (1)**	**4,6 (1)**	**4,6 (1)**	**4,5 (1)**
		Gesamtnutzwert bei Varianz der Gewichtung: *Qualität Sekundärrohstoffe*				
11	Wirbelschicht V_3	3,3 (3)	**3,3 (4)**	**3,2 (5)**	**3,2 (5)**	**3,2 (5)**
12	SPT V_4	3,3 (3)	**3,3 (4)**	3,3 (4)	3,3 (4)	3,3 (4)
13	Bentonit V_5	3,9 (2)	3,8 (2)	3,8 (2)	3,7 (2)	3,6 (3)
14	Klaubung V_6	**3,2 (5)**	3,4 (3)	3,6 (3)	3,7 (2)	3,9 (2)
15	Kamera V_8	**4,6 (1)**	**4,6 (1)**	**4,6 (1)**	**4,7 (1)**	**4,7 (1)**
		Gesamtnutzwert bei Varianz der Gewichtung: *Wirtschaftlichkeit*				
16	Wirbelschicht V_3	3,6 (3)	**3,4 (4)**	**3,2 (5)**	**3,0 (5)**	**2,9 (5)**
17	SPT V_4	**3,4 (5)**	**3,4 (4)**	3,3 (4)	3,3 (4)	3,2 (3)
18	Bentonit V_5	3,6 (3)	3,7 (2)	3,8 (2)	3,8 (2)	3,9 (2)
19	Klaubung V_6	3,9 (2)	3,7 (2)	3,6 (3)	3,4 (3)	3,2 (3)
20	Kamera V_8	**4,6 (1)**	**4,6 (1)**	**4,6 (1)**	**4,6 (1)**	**4,6 (1)**
		Gesamtnutzwert bei Varianz der Gewichtung: *Arbeits-, Gesundheits- und Umweltschutz*				
21	Wirbelschicht V_3	**3,1 (5)**	**3,1 (5)**	**3,2 (5)**	3,4 (4)	3,6 (2)
22	SPT V_4	3,5 (3)	3,5 (3)	3,3 (4)	**3,2 (5)**	**3,1 (5)**
23	Bentonit V_5	3,8 (2)	3,8 (2)	3,8 (2)	3,7 (2)	3,6 (2)
24	Klaubung V_6	3,5 (3)	3,5 (3)	3,6 (3)	3,6 (3)	3,6 (2)
25	Kamera V_8	**4,6 (1)**	**4,6 (1)**	**4,6 (1)**	**4,6 (1)**	**4,6 (1)**

Tabelle 5.17: Ergebnis der Sensitivitätsanalyse

In Tabelle 5.17 sind die minimalen und maximalen Punktwerte fett gedruckt hervorgehoben. Die Werte in Klammern geben den jeweiligen Rang des Verfahren wieder. Die

Ergebnisse zeigen, dass die Varianz der Gewichtungen zur Veränderung des Gesamtnutzwertes von minimal 0,0 (siehe Zeile 25: Kamera V_8) bis maximal 1,0 (siehe Zeile 2: SPT V_4) führt. Die Kamerabasierte Sortierung liegt in allen Gewichtungsszenarien auf dem ersten Rang mit dem höchsten Nutzwert. Die anderen Separationsverfahren zeigen hingegen eine große Veränderung des Gesamtnutzwertes von > 0,5 Punkten. Dazu zählen insbesondere die beiden Verfahren Wirbelschichtsortierung V_3 und die Manuelle Klaubung V_6.

In der Rangfolge ergeben sich Veränderungen von bis zu 3 Rängen (siehe Zeilen 4 und 14: Klaubung V_6) Aus den Ergebnissen der Analyse kann abgeleitet werden, dass sich mit der stärkeren Wichtung der Quote zur Carbonfaserausbringung (Aufschlag + 20 %) das Verfahren der Manuellen Klaubung V_6 in der Rangfolge von Rang 2 auf Rang 5 verschlechtert. Wird hingegen die Qualität der Sekundärrohstoffe als Schwerpunkt mit einer starken Wichtung (Aufschlag + 20 %) festgelegt, so verbessert sich das Verfahren der Manuellen Klaubung V_6 in der Rangfolge von Rang 5 auf Rang 2. Weitere Veränderungen können der Tabelle 5.17 entnommen werden.

Mit der Sensitivitätsanalyse konnte der Einfluss der festgelegten Gewichtungen im vorgegebenen Varianzbereich von − 20 % bis + 20 % festgestellt werden. Die Wichtungen haben direkten Einfluss auf den Gesamtnutzwert und in Teilen auch auf die Rangfolge der Verfahren. Die Ergebnisse der Sensitivitätsanalyse ermöglicht dem späteren Anwender von Recyclingverfahren, mit einer eigenen Schwerpunktsetzung (wie beispielsweise der Qualität der Sekundärrohstoffe) spezifische Rückschlüsse auf die Verfahrenswahl zu ziehen. Die Sensitivitätsanalyse zeigt zudem, dass mit an Sicherheit grenzender Wahrscheinlichkeit die Kamerabasierte Sortierung für viele Aufbereitungsszenarien das Verfahren mit dem größten Nutzen für das Recycling von Carbonbeton ist.

5.8 Ergebnisse der Untersuchungen zur Recyclingfähigkeit von Carbonbeton

In der Beurteilung der untersuchten Verfahren zur Separation der Carbonrovingfragmente aus mineralischen Abbruchmassen wurde die Kamerabasierte Sortierung mit dem höchsten Nutzwert festgestellt. Die relative Vorteilhaftigkeit des Verfahrens wurde im Rahmen der durchgeführten Sensitivitätsanalyse validiert. In der abschließenden Empfehlung für einen optimalen Aufbereitungsprozess für das Recycling von Carbonbeton wird die Kamerabasierte Sortierung mit vor- und nachgelagerten Prozessen ergänzt.

Ausgangspunkt des Recyclingprozesses für Carbonbeton ist der selektive Abbruch eines Betonbauwerks oder Betonbauteiles, das mit Carbongelegen oder Stäben bewehrt ist. Mit dem selektiven Abbruch wird die gängige Vorgehensweise beim Abbruch von Bauwerken bezeichnet, bei dem die vorhergehende Beräumung (Entrümpelung und Entkernung) des Bauwerkes die sortenspezifische Erfassung und Entsorgung unterschiedlicher

Abbruchmassen sicherstellt. [648] In der nachfolgenden Abbildung 5.37 ist auf Grundlage der Ergebnisse der Arbeit eine Übersicht für den Abbruch und den optimalen Aufbereitungsprozess von Carbonbeton dargestellt. Es wird der Prozess beschrieben, der aktuell bereits mit am Markt verfügbaren Geräten und Anlagen umgesetzt werden kann:

---

[648] Schröder/Pocha (2015) Abbrucharbeiten, S. 24

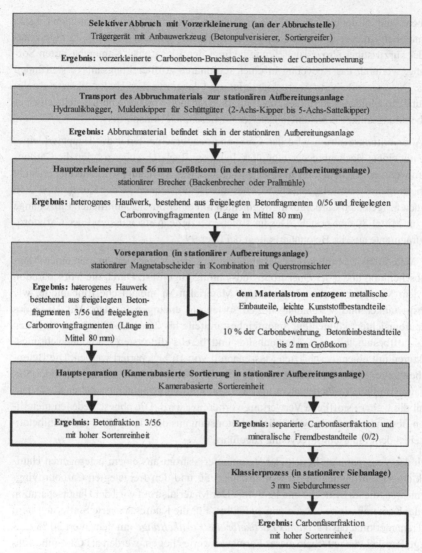

Abbildung 5.37: Optimaler Aufbereitungsprozess für das Recycling von Carbonbeton

Der Abbruch erfolgt durch den Maschinenabbruch mit einem Trägergerät und Anbau-
werkzeugen, wie Betonpulverisierer und Sortiergreifer. Im Ergebnis des selektiven Abbruchs liegen vorzerkleinerte größere Carbonbetonbruchstücke inklusive der noch in der
Betonmatrix eingebundenen Carbonbewehrung auf der Abbruchstelle vor. Die weitere

Aufbereitung erfolgt in einer stationären Aufbereitungsanlage, wodurch auf den Einsatz von mobilen Brecher- und Sortieranlagen verzichtet werden kann. Das gewählte Szenario der kurzfristigen Prozessumsetzung bedingt den Einsatz der Kamerabasierten Sortierung, wodurch das Recycling in einer stationären Aufbereitungsanlage stattfinden muss. Das vorzerkleinerte Abbruchmaterial wird daher mit dem Hydraulikbagger geladen und mit Muldenkippern für den Schüttgütertransport von der Abbruchstelle zu einer Aufbereitungsanlage mit Kamerabasierter Sortiereinheit transportiert.

Im Aufbereitungszentrum wird das Carbonbetonabbruchmaterial der Hauptzerkleinerung mit einem Backenbrecher zugeführt. In einem Backenbrecher werden die Carbonfasern weniger geschädigt als in einer Prallmühle. Mit der Hauptzerkleinerung entsteht ein heterogenes Baustoffgemisch, welches aus Betonfragmenten der Korngruppe 0/56 und den freigelegten Carbonrovingfragmenten mit einer durchschnittlichen Einzellänge von im Mittel 80 mm besteht. Der im Brecher erzielte Aufschlussgrad der Carbonrovingfragmente aus der Betonmatrix liegt bei über 99 %.

Das Material wird mittels einer Bandförderung der Vorseparation mit einer Magnetabscheidung und einer Querstromwindsichtung zugeführt. Durch die Vorseparation mit dem Magnetabscheider können dem Materialstrom metallische Einbauteile, wie Transportanker und Verbindungsmittel, sortenrein entzogen werden. Mit Hilfe des Querstromsichters können die Betonfeinbestandteile bis 2 mm Größtkorn, die leichten Kunststoffbestandteile wie Abstandhalter und bereits die ersten Carbonbewehrungsstrukturen mit einem geschätzten Massenanteil von 10 % separiert werden. Die Betonfeinbestandteile bis 2 mm Größe im abgewiesenen Materialstrom werden mit einer Siebanlage von den Abstandshaltern und den Carbonrovingfragmenten getrennt, so dass damit die weitere stoffliche Verwertung vorbereitet wird. Die abgeschiedenen metallischen Bestandteile werden wie üblicher Betonstahl aus dem Recycling von Stahlbetonbauteilen dem Stahlschrottrecycling zugeführt.

Nach der Vorseparation besteht der Hauptmaterialstrom aus einem heterogenen Haufwerk aus Betonfragmenten der Korngruppe 3/56 und den freigelegten Carbonrovingfragmenten, die im Mittel 80 mm lang sind. Der Materialstrom wird der Hauptseparation mit der Kamerabasierten Sortierung zugeführt. Für die Kamerabasierte Sortierung wird als Trennmerkmal das *Verhältnis Partikelbreite/Partikellänge* mit dem Wert 30 % festgelegt. Partikel, die unterhalb dieses Formkennwertes liegen, werden als Carbonbewehrungsstrukturen detektiert. Partikel mit einem Verhältnis von Partikelbreite zu Partikellänge oberhalb von 30 % werden als mineralische Fraktion definiert. Mit der Kamerabasierten Einzelkornsortierung konnten im praxisnahen Versuch ohne technologische Modifikationen 97,7 % der Carbonrovingfragmente bei einer Durchsatzleistung von 6,3 Tonnen pro Stunde separiert werden. Somit verbleibt ein maximaler Anteil von 2,3 % der Carbonbewehrung im Betonrezyklat. Der Massenanteil der Bewehrungsstrukturen im gesamten Abbruchmaterial wird mit diesem Aufbereitungsprozess von ehemals 1,0 % auf 0,023 % reduziert, was einem Anteil von 0,23 kg Carbonbewehrung in 1.000 kg Carbonbetonabbruchmaterial entspricht.

Folgende Stoffströme stehen nach Abschluss des Aufbereitungsprozesses nahezu sortenrein für die stoffliche Verwertung als Sekundärrohstoffe zur Verfügung:

Materialströme aus der Vorseparation mit Querstromsichtung und Magnetabscheidung:

- Betonfeinanteil Korngruppe 0/2 mit einem geringen Anteil faserförmiger Carbonstäube,
- Carbonrovingfragmente mit einer Einzellänge von 240 mm (50 %-Quantilwert) und einem Restanteil an leichten Kunststoffen, wie zum Beispiel den Abstandshaltern,
- Metallische Einbauteile.

Materialströme aus der Kamerabasierten Sortierung (Hauptseparation):

- Betonfragmente Korngruppe 3/56 und Restanteil an Carbonfasern in Höhe von < 0,05 %,
- Carbonrovingfragmente mit einer Einzellänge von 80 mm (50 %-Quantilwert) und einem Restanteil an Betonfragmenten.

6   Verwertungsoptionen der aufbereiteten Fraktionen

Mit der Anwendung des Aufbereitungsprozesses für das Recycling von Carbonbeton aus Abschnitt 5.8 können aus den Abbruchmassen, die bei den Abbrucharbeiten an Carbonbetonbauteilen anfallen, die sortenreinen Fraktionen **Betonrezyklat** und **Carbonbewehrungsfragmente** separiert werden. Bevor die Stoffe aus einem Abbruch- und Recyclingprozess nicht mehr als Abfälle gelten und das Rezyklat als Sekundärrohstoff verwertet werden kann, müssen die Anforderungen nach KrWG (07/2017), § 5 Absatz 1 erfüllt werden: Die Abfalleigenschaft eines Stoffes endet dann, wenn dieser ein Verwertungsverfahren [Aufbereitungsverfahren – Anm. d. Verf.] durchlaufen hat und die Beschaffenheit in der Art vorliegt, dass der Stoff üblicherweise für bestimmte Zwecke verwendet werden kann, für den Stoff ein Absatzmarkt oder eine Nachfrage existieren, für die anvisierte Zweckbestimmung geltende technische Anforderungen und Rechtsvorschriften erfüllt sind und bei der Verwertung keine schädlichen Auswirkungen auf die Umwelt und den Menschen auftreten. [649] Diese Bedingungen gelten im vorliegenden Fall als erfüllt.

Mit Hilfe der Erläuterungen zur Materialzusammensetzung der Ausgangsbauteile (Kapitel 4) und der Materialcharakteristik des Abbruchmaterials (Abschnitt 5.2) kann die vorliegende Qualität der Sekundärrohstoffe unter baustofflichen, ökologischen und ökonomischen Gesichtspunkten untersucht werden. Nach *Martens/Goldmann (2016)* bestehen für die anschließende stoffliche Verwertung der hergestellten Sekundärrohstoffe folgende Grundvoraussetzungen: [650]

- Durch den Sekundärrohstoff müssen primäre Rohstoffe substituiert werden.
- Für den Sekundärrohstoff muss ein geeigneter Absatzmarkt vorhanden sein.
- Der Sekundärrohstoff muss räumlich und mengenmäßig in nutzbarer Größe anfallen.
- Die Sekundärrohstoffproduktion muss auf Marktgegebenheiten angepasst werden können.
- Der Sekundärrohstoff muss zu konkurrenzfähigen Marktpreisen produzierbar sein.

Die Materialströme aus der Vorseparation und der Hauptseparation umfassen hauptsächlich:

---

[649] LAGA M20 (2003), S. 12
[650] Martens/Goldmann (2016) Recyclingtechnik, S. 15

- Die mineralische Fraktion: enthält den Betonfeinanteil der Korngruppe 0/2 und einen geringen Anteil faserförmiger Carbonstäube. Der Hauptanteil der mineralischen Fraktion besteht aus den Betonfragmenten der Korngruppe 3/56 und einem sehr geringen Restanteil an Bewehrungsmaterial mit einem Massenanteil in Höhe von < 0,05 %.

- Die faserförmige Fraktion: umfasst aus der Vorseparation einen geringeren Anteil an Carbonrovingfragmenten mit Einzellängen von circa 240 mm. Des Weiteren sind aus der Hauptseparation hauptsächlich 80 mm lange Bewehrungsfragmente mit einem sehr geringen Restanteil an Betonfragmenten und leichten Kunststoffbestandteilen enthalten.

- Die metallische Fraktion: enthält unter anderem den geringen Anteil an Rödeldraht.

Für diese Fraktionen ergeben sich anschließend für das „Recycling im engeren Sinne" eine Vielzahl potenzieller Einsatzmöglichkeiten. Die Verwertungswege am Ende des Recyclingprozesses sollen für die mineralische und die faserförmige Fraktion in diesem Kapitel vorgestellt werden.

6.1   Einsatz der separierten mineralischen Fraktion

Wird das Aufkommen von mineralischen Bau- und Abbruchabfällen in Deutschland betrachtet, so ergibt für das Jahr 2016 eine Abfallmasse von circa 222,8 Mio. Tonnen. Diese Menge entspricht 54 % des deutschen Gesamtabfallaufkommens und umfasst insbesondere den Aushub von Böden und Steinen sowie die gegenständlichen mineralischen Abbruchabfälle. [651] Für das Recycling von mineralischen Abfallmassen sind die Fraktionen Bauschutt, Straßenaufbruch und Baustellenabfälle besonders relevant, da diese jeweils zu großen Teilen Betonbruch enthalten. Die Masse an mineralischem Bauschutt (59,2 Mio. Tonnen), Straßenaufbruch (19,5 Mio. Tonnen) sowie mineralischen Baustellenabfällen (16,4 Mio. Tonnen) ergeben eine Masse mineralischer Abfälle in Höhe von 95,1 Mio. Tonnen, die zum überwiegenden Teil für die Verwertung zur Verfügung stehen. Somit besitzt die Verwertung der mineralischen Fraktionen aufgrund der großen vorhandenen Mengen einen hohen Stellenwert hinsichtlich des Baustoffrecyclings.

Das Recycling von mineralischen Baustoffen steht schon seit längerer Zeit im Fokus baupraktischer und wissenschaftlicher Tätigkeiten. [652] Gründe dafür sind einerseits die knapper werdenden Ressourcenquellen für die Gewinnung geeigneter Sande und Kiese

---

[651] Umweltbundesamt (2017)
[652] Kluge (1988) Sekundärrohstoffeinsatz im Bauwesen

und andererseits die zunehmenden Kosten für die Deponierung von Abfällen. [653] Ein weiterer Grund für den Einsatz rezyklierter Gesteinskörnungen aus Betonabbrüchen ist die Tatsache, dass sich die mineralische Betonfraktion nach einer sortenreinen Aufbereitung fast vollständig rezyklieren und innerhalb eines optimalen Wertstoffkreislaufs theoretisch vielfach wiederverwerten lässt. [654] Die höchste Verwertungsquote wird laut dem aktuellen Monitoring-Bericht des Kreislaufwirtschaft Bau e. V. mit über 95 % aus dem anfallenden Material von Straßenaufbrüchen erreicht, der in der Regel in situ als Baustoff direkt wieder eingebaut wird. [655] Bei dieser „95 %igen Recyclingquote ist jedoch anzumerken, dass der Einsatz des Materials im Unterbau einer Straße sowie die bergrechtliche Verfüllung an anderer Stelle ebenfalls in die Recyclingquote einfließen. Dass dabei die stofflichen Eigenschaften des hochwertigen Abbruchmaterials ausgenutzt werden und eine Verwertung im stofflichen Sinne stattfindet, wird in der Fachwelt seit einigen Jahren teils kritisch diskutiert. [656]

Zielsetzung ist an dieser Stelle, die mit dem Recycling von Carbonbeton nahezu sortenrein gewonnene und gebrochene Betonmatrix dem verwertbaren mineralischen Stoffstrom von Stahlbetonabbruchmassen zuzuführen und hochwertig stofflich zu verwerten. Vordergründig wird dafür in diesem Abschnitt das Recyclingszenario der Herstellung von Frischbetonen mit einem Anteil an rezyklierten Gesteinskörnungen aus Betonbruch angestrebt. Für dieses Recyclingszenario soll der Nachweis erbracht werden, dass keine Regelungen gegen die stoffliche Verwertung von mineralischen Carbonbetonabbruchmassen bestehen. Bezogen auf das Recycling von Carbonbeton kann für den mineralischen Anteil positiv angemerkt werden, dass bereits bei der Herstellung von Carbonbetonbauteilen geringere Mengen an mineralischen Zuschlagstoffen benötigt werden als es bei Stahlbetonbauteilen der Fall ist. [657] Dies führt zu einer ersten Ressourceneinsparung.

6.1.1 Stoffliche Verwertung der mineralischen Fraktion

Mit dem Abbruch von Carbonbetonbauwerken und der geeigneten Aufbereitung des Abbruchmaterials liegt die Betonmatrix in gebrochener und klassierter Form vor. Im Rahmen der (Feld-)Experimente zur Aufbereitung des Materials wurde vorrangig das Bruchverhalten des Materials und die Trennbarkeit der Carbonrovingfragmente von der

---

[653] Hartz et al. (2017) Mittel- und langfristige Sicherung mineralischer Rohstoffe in der landesweiten Raumplanung und in der Regionalplanung, S. 11

[654] Martens/Goldmann (2016) Recyclingtechnik, S. 355 ff.

[655] Kreislaufwirtschaft Bau e. V. (KWB) (2017) Mineralische Bauabfälle Monitoring 2014, S. 8

[656] Bilitewski/Härdtle (2013) Abfallwirtschaft: Handbuch für Praxis und Lehre, S. 636

[657] Siehe Vorteile der Carbonbetonbauweise (Abschnitt 2.2), S. 10

Betonmatrix untersucht. Dementsprechend wurden an die Aufbereitung keine besonderen Vorgaben hinsichtlich der Sieblinie oder der maximalen Korngröße des Betonrezyklats gestellt. In Abhängigkeit der Anforderung aus dem Recyclingszenario muss die rezyklierte Gesteinskörnung gegebenenfalls weiter zerkleinert werden, damit das Größtkorn der gewünschten Betonrezeptur entspricht.

Für das Recycling von Stahlbetonbauteilen ist der Status quo, dass die mit der Aufbereitung von Stahlbetonbauteilen gewonnene mineralische Fraktion (sogenannte rezyklierte Gesteinskörnung oder Betonrezyklat) selten als Betonzuschlagsstoff zur Herstellung von Frischbetonen für konstruktive Bauteile verwendet wird. [658] Im Rahmen zahlreicher wissenschaftlicher Untersuchungen, wie *Messari-Becker (2014)* [659], *Knappe (2013)* [660], *Mettke (2010)* [661] und *Schulz (2000)* [662] konnte zwar der Nachweis erbracht werden, dass ein Beton mit (einem Anteil) rezyklierter Gesteinskörnungen gleichwertig zu herkömmlichen Normalbetonen ist. Dennoch bestehen zum Einsatz von Betonrezyklat als Substitutionsmaterial bei Bauherren, Planern und Bauausführenden fortwährende Akzeptanzprobleme und Unkenntnisse zu den gültigen Regelwerken. [663]

Der Einsatz rezyklierter Gesteinskörnungen für die Herstellung von Betonen ist in den Normen DIN 4226-101 (08/2017), DIN 4226-102 (08/2017), DIN EN 206 (01/2017) und DIN EN 12620 (07/2008) geregelt. Die aktuell gültige DAfStb-Richtlinie „Beton nach DIN EN 206-1 und DIN 1045-2 mit rezyklierten Gesteinskörnungen nach DIN EN 12620" [664] fasst die Normen für Anwender zusammen. In der Auswertung dieser DAfStb-Richtlinie ist die stoffliche Verwertung der mineralischen Fraktion aus der Aufbereitung von Carbonbetonbauteilen dann zulässig, wenn die nachfolgenden Vorgaben eingehalten sind.

Die rezyklierten Gesteinskörnungen müssen die gleichen physikalischen, geometrischen und chemischen Eigenschaften nach DIN EN 12620 (07/2008) erfüllen wie primäre („neue") Gesteinskörnungen. Für die Verwertung des mineralischen Carbonbetonabbruchmaterials analog zum Abbruchmaterial von Stahlbetonbauteilen muss das Carbonbetonabbruchmaterial Eigenschaften nach DIN 4226-101 (08/2017) erfüllen. Eine wichtige Anforderung an die Eigenschaften betrifft die stoffliche Zusammensetzung der

---

[658] Schröder/Pocha (2015) Abbrucharbeiten, S. 552

[659] Messari-Becker et al. (2014) Recycling concrete in practice - a chance for sustainable resource management

[660] Knappe et al. (2013) Stoffkreisläufe von RC-Beton: Informationsbroschüre für die Herstellung von Transportbeton unter Verwendung von Gesteinskörnungen nach Typ 2

[661] Mettke et al. (11/2010) Ökologische Prozessbetrachtungen - RC-Beton (Stofffluss, Energieaufwand, Emissionen)

[662] Schulz (2000) Beton-Recycling - Recycling-Beton

[663] Schröder/Pocha (2015) Abbrucharbeiten, S. 552

[664] Die DIN EN 206-1 (07/2001) wurde zurückgezogen.

rezyklierten Gesteinskörnung. So wird bei der Zusammensetzung in die beiden relevanten Kategorien „Liefertyp 1" (Betonsplit) und „Liefertyp 2" (Bauwerkssplitt) anhand folgender Kriterien unterschieden:

Bestandteile der rezyklierten Gesteinskörnung	Kategorie der rezyklierten Gesteinskörnung [%-Massenanteil]	
	Typ 1	Typ 2
Beton, Betonprodukte, Mörtel, Mauersteine aus Beton (Rc) + ungebundene Gesteinskörnung, Naturstein, hydraulisch gebundene Gesteinskörnung (Ru)	≥ 90	≥ 70
Mauerziegel, Kalksandstein, nicht schwimmender Porenbeton (Rb)	10	30
Bitumenhaltige Materialien (Ra)	1	1
sonstige Materialien: Bindige Materialien (d.h. Ton, Erde); Verschiedene sonstige Materialien: (Eisenhaltige und nicht eisenhaltige) Metalle, nicht schwimmendes Holz, Kunststoff, Gummi, Gips (X) + Glas (Rg)	1	2
Schwimmendes Material im Volumen (Fl)	≤ 2 cm^3/kg	≤ 2 cm^3/kg

Tabelle 6.1: Anforderung an die Zusammensetzung der rezyklierten Gesteinskörnung [665]

Die mineralische Fraktion aus der Aufbereitung von Carbonbeton besteht aus gebrochenem Gestein der ursprünglichen Korngruppen 2/8 Kies und 0/2 Sand. Die Sieblinie ist in der Carbonbetonrezeptur damit enger gestuft als bei einer konventionellen Betonrezeptur mit einem größeren 16 mm Größtkorn. Im Zerkleinerungsprozess für die Separation wurde die mineralische Fraktion auf das Größtkorn 3/56 zerkleinert und der Feinanteil 0/2 separiert. Entsprechend der Kriterien aus Tabelle 6.1 kann die rezyklierte Gesteinskörnung wie folgt charakterisiert werden:

- Der Massenanteil an Beton, Betonprodukten, Mörtel, Mauersteinen aus Beton (Rc) plus ungebundener Gesteinskörnung, Naturstein, hydraulisch gebundener Gesteinskörnung liegt bei ≥ 90 %.
- Der Massenanteil an Mauerziegel, Kalksandstein und nicht schwimmendem Porenbeton (Rb) liegt bei 0 %.
- Der Massenanteil an bitumenhaltigem Material (Ra) liegt bei 0 %.
- Der Massenanteil an bindigem Material, eisenhaltigen und nichteisenhaltigen Metallen, nicht schwimmendem Holz, **Kunststoffen**, Gummi und Gips (X) sowie Glas (Rg) liegt bei 1 %. [666]

---

[665] DIN 4226-101 (08/2017), Abschnitt 4.3
[666] Mit dem erarbeiteten Aufbereitungsprozess in Abschnitt 5.8 konnte der Massenanteil der Carbonbewehrung von ursprünglich 1,0 % auf 0,023 % reduziert werden. Dieser geringe Restanteil befindet sich noch in der mineralischen Fraktion.

- Der Massenanteil schwimmenden Materials im Volumen (Fl) liegt bei 2 cm³/kg.

Mit den Ergebnissen aus der Charakterisierung kann das mineralische Material aus der Kamerabasierten Sortierung als Liefertyp 1 „Betonsplit" kategorisiert werden. Die Einordnung in die Liefertypen 1 oder 2 bestimmt den maximal zulässigen Volumenanteil, der bei der Frischbetonherstellung zugegeben werden darf. Der Liefertyp 1 an rezyklierter Gesteinskörnung ist der hochwertigere Zuschlagsersatz, der nach der DIN EN 12620 (07/2008) in Abhängigkeit der Expositionsklasse bis zu einem Volumenanteil von 45 %, bezogen auf die gesamte eingesetzte Gesteinskörnung, zugegeben werden darf. Der Liefertyp 2 darf bis zu einem maximalen Volumenanteil von 35 % zugegeben werden. [667] Der Typ 1 und Typ 2 sind dabei jeweils sortenrein zu verwerten.

Der Anwendungsbereich der Richtlinie gilt für rezyklierte Gesteinskörnungen in der Herstellung und Verarbeitung von Betonen nach DIN 1045-2 (08/2008) und DIN EN 206 (01/2017) bis zu einer Druckfestigkeitsklasse von C30/37. Der damit hergestellte Beton darf nach DIN EN 1992-1-1 (01/2011) bemessen werden. Die rezyklierte Gesteinskörnung darf ohne weitere Prüfung für Bauteile in trockenen Umgebungsbedingungen, wie zum Beispiel Innenbauteilen der Expositionsklasse XC1, eingesetzt werden. Ist die Herkunft der rezyklierten Gesteinskörnung bekannt und eine unbedenkliche Alkaliempfindlichkeitsklasse festgestellt, ist der Einsatz auch in Außenbauteilen bis zu den Expositionsklassen (XC4, XF3 und XA1) zulässig. [668] Nach diesen Vorgaben hergestellter Beton darf gleichwertig zu konventionell hergestelltem Beton als Ortbeton oder in Fertigteilen verbaut werden. [669] Einzig der Einsatz rezyklierter Gesteinskörnungen für Spannbeton- und Leichtbetonbauteile ist nicht zulässig. Weiter ist der Einsatz des Betonrezyklats auf die Korngröße > 2 mm beschränkt. [670] Feinanteile sind von der Verwendung als Substitut ausgeschlossen und können anderweitig, beispielsweise in der Zementindustrie, stofflich verwertet werden. [671]

Im Fall des Recyclings von Carbonbeton liegt die mineralische Fraktion als grobkörnige und weitgestufte Gesteinskörnung 3/56 vor und sollte für die Herstellung von Betonen auf die enggestufte Körnung 2/8 oder 8/16 zerkleinert und klassiert werden. Im Anschluss daran kann die stoffliche Verwertung wie beschrieben realisiert werden.

In einem alternativen Szenario kann die mineralische Fraktion theoretisch auch mit geringerem Aufbereitungsaufwand stofflich verwertet werden. Dafür werden die Carbon-

---

[667] DAfStb-Richtlinie (09/2010) Rezyklierte Gesteinskörnung, Absatz 3
[668] DAfStb-Richtlinie (09/2010) Rezyklierte Gesteinskörnung, Abschnitt 2.1.1
[669] Schröder/Pocha (2015) Abbrucharbeiten, S. 553
[670] DAfStb-Richtlinie (09/2010) Rezyklierte Gesteinskörnung, Absatz 1 (1)
[671] Severins/Müller (2017) Brechsand als Hauptbestandteil im Zement

rovingfragmente nicht aus dem Abbruchmaterial separiert und als Kunststoffen-Massenanteil (X) bei 1 % belassen. Mit diesem Anteil erfüllt das Material noch die Anforderungen an den Liefertyp 1 und kann wie oben beschrieben stofflich verwertet werden. Um den Einfluss der verbliebenen Carbonrovingfragmente in der Betonmatrix zu untersuchen, wurden mit dem Institut für Baustoffe der TU Dresden baustoffliche Prüfungen durchgeführt. Mit der rezyklierten Gesteinskörnung aus dem Abbruch von Carbonbetonbauteilen (0/10er-Typ, siehe Tabelle 5.2) wurden Probekörper hergestellt, die einen definierten Anteil an Carbonrovingfragmenten enthielten. In 3-Punkt-Biegeversuchen wurden die Druckfestigkeit und die Biegezugfestigkeit der Betonmatrices ermittelt. Bei einem Massenanteil von 1 % konnten keine signifikanten Verbesserungen oder Verschlechterungen der baustofflichen Kennwerte aufgrund der verbliebenen Carbonrovingfragmente gemessen werden. Demnach ist dieses Recyclingszenario denkbar, jedoch nach Ansicht des Autors zu kurz gegriffen. Der Verbleib der hochwertigen Carbonbewehrung ohne baustofflichen oder baukonstruktiven Mehrwert im damit hergestellten Frischbeton stellt kein hochwertiges Recycling dar. Zielsetzung der vorliegenden Arbeit bleibt aufgrund der bereits genannten Aspekte die sortenreine Trennung der Fraktionen und deren getrennte hochwertige Verwertung.

6.1.2 Sonstige Verwertung der mineralischen Fraktion

Im Rahmen einer sonstigen Verwertung kann die mineralische Fraktion beispielsweise als ungebundene Materialschicht in oder auf natürlichen Böden verbaut werden. Dies kann den Einbau in grundwasserführende Bodenschichten einschließen. Dabei darf von dem einzubauenden Material keine Gefährdung ausgehen, was nach BBodSchV (09/2017), § 4 Absatz 3 zu bewerten ist. Insbesondere die inerten mineralischen Abbruchmassen eignen sich für einen gefahrlosen Einbau. Nach § 3 Absatz 6 des KrWG (07/2017) werden mineralische Abfälle als Inertabfälle bezeichnet, wenn diese nicht wesentlich physikalisch, chemisch oder biologisch verändert sind, sich nicht biologisch auflösen, nicht brennbar oder in anderer Weise physikalisch oder chemisch reaktiv sind und andere Stoffe, mit denen der mineralische Abfall in Kontakt tritt, nicht beeinträchtigen. Die mineralische Fraktion aus Stahlbetonabbrüchen wird üblicherweise als Inertabfall deklariert. [672]

Der mineralische Anteil aus Carbonbetonabbrüchen kann ebenfalls als inerter Abfall bezeichnet werden, da die vormals als Bewehrungsmaterial eingebauten Carbonfasern nicht chemisch reaktiv sind [673] und Carbonfasern nicht als Gefahrstoff nach der

---

[672] Vollpracht (2017) Umweltrelevante Merkmale - in der Regel kein Problem
[673] Schürmann (2007) Konstruieren mit Faser-Kunststoff-Verbunden, S. 39

REACH-Verordnung (1907/2006 EG) gelistet sind. Die Verwertungsmöglichkeit der mineralischen Fraktion von Carbonbetonabbrüchen unterscheidet sich diesbezüglich nicht von mineralischen Stahlbetonabbruchmassen. Als Inertabfall existieren neben der in Abschnitt 6.1.1 genannten hochwertigen stofflichen Verwertung für die mineralische Fraktion weitere, vielfältige Verwertungsmöglichkeiten. Im Folgenden werden sonstige Verwertungswege, die etablierter Teil des mineralischen Recyclings von Stahlbetonabbruchmassen sind, [674] aufgezeigt und auf Carbonbeton übertragen:

- Verwertung als ungebundene Tragschicht im Straßen- und Wegebau (Frostschutzschicht und Schottertragschicht),
- Verwertung als ungebundene Tragschicht im Hochbau (Frostschutzschicht und Schottertragschicht),
- Verwertung als gebundene und ungebundene Deckschicht im Straßen- und Wegebau,
- Verwertung als ungebundene Schüttung als Bodenaustausch im Erdbau,
- Verwertung als ungebundene Schüttung als Verfüllung im Deponie- und Bergbau,
- Verwertung als ungebundene Schüttung zur Herstellung von Erdkörpern (Dämme und Lärmschutzwälle).

6.2   Einsatz der separierten Carbonfaserfraktion

Mit Carbonbetonbauteilen können sehr dauerhafte Bauwerke hergestellt werden. In der Praxis ist jedoch davon auszugehen, dass im Verlauf des Lebenszyklus Umbau- und Modernisierungsarbeiten notwendig werden und Bauwerksteile abgebrochen sowie die Abbruchmaterialien recycelt werden müssen. [675] Mit der Substitution des Betonstahls durch Carbonfaserbewehrungen fallen bei Abbrucharbeiten faserförmige Abfälle an, die, anders als Betonstahl, nicht etablierter Teil der Recyclingkette im Bauwesen sind. Mit den Untersuchungen zur Separation der Carbonbewehrung konnte die Faserfaktion mit der sensorgestützten Sortierung (Kamerabasierte Sortierung) nahezu sortenrein von der mineralischen Fraktion separiert werden. Die mit der Sortierung anfallende Faserfraktion ist mit den Abfällen aus dem Bewehrungsherstellungsprozess, beispielsweise Verschnittresten, stofflich zu verwerten. [676] Die stoffliche Verwertung der Carbonro-

---

[674] Martens/Goldmann (2016) Recyclingtechnik, S. 357
[675] Rottke/Wernecke (2008) Lebenszyklus von Immobilien, S. 211
[676] Cherif (2011) Textile Werkstoffe für den Leichtbau, S. 82

vingfragmente – möglichst unter erneuter Ausnutzung der sehr guten Werkstoffeigenschaften – stellt den letzten Prozessschritt in einer dann vollständigen und lückenlosen Recyclingkette für Carbonbetone dar.

Für die Untersuchung der stofflichen Verwertung der Carbonfasern wurde im Rahmen des C^3-Gesamtprojektes ein weiteres Forschungsprojekt durch den Autor initiiert und bearbeitet. Die Untersuchungen umfassten Aufbereitungs- und Verarbeitungsprozesse für die im Recyclingprozess anfallenden Carbonfasern zu rezyklierten Carbonfasern. Im Anschluss entwickelte das Institut für Textilmaschinen und Textile Hochleistungswerkstofftechnik der TU Dresden eine Prozesskette zur Fertigung von Carbonfasergarnen mit einem circa 50%igen Anteil an rezyklierten Carbonfasern. Mit den Garnen sollen zukünftig neue Carbonfaserbewehrungen und weitere CFK-Verbundbauteile hergestellt werden. Konkret erfolgte der Praxisnachweis, inwieweit die separierten Carbonfasern aus gebrochenen Carbonbetonbauteilen als hochwertiger Rohstoffersatz dienen können. Ausgangsbasis waren die separierten Carbonfasern aus dem 0/56er Abbruchmaterial, [677] welche mit dem Abbruch- und Recyclingprozess angefallen sind und aufbereitet wurden. [678]

Die Herstellung von Bewehrungsstrukturen aus einem Anteil rezyklierter Carbonfasern stellt einen Ansatz dar, die Materialkosten in der Carbonbetonbauweise zu senken und gleichzeitig etwaige Entsorgungskosten anfallender Carbonfasermengen zu reduzieren. Dass die Entsorgung von Carbonfasern branchenübergreifend mit technologischen und wirtschaftlichen Schwierigkeiten behaftet ist, zeigen Veröffentlichungen, wie *Limburg/Quicker (2016)* [679] und *Meiners/Eversmann (2014)*. [680] Für die technologische Umsetzung der stofflichen Verwertung können aktuell jedoch bereits Lösungsstrategien angeboten werden. [681, 682, 683] Im folgenden Abschnitt soll dafür ein allgemeingültiger Ansatz zur stofflichen Verwertung der separierten Carbonfasern aufgezeigt werden.

6.2.1 Stoffliche Verwertung der Carbonfaserfraktion

Carbonfasern werden in Form von sogenannten Endlosfasern hergestellt und als Multifilamentgarne auf Rollen gewickelt den nachfolgenden Textilverarbeitungsprozessen

---

[677] Siehe Charakterisierung des vorliegenden Abbruchmaterials (Abschnitt 5.2), S. 99
[678] Siehe Abbruch und Zerkleinerung der Carbonbetonbauteile (Abschnitt 5.1), S. 94
[679] Limburg/Quicker (2016) Entsorgung von Carbonfasern
[680] Meiners/Eversmann (2014) Recycling von Carbonfasern
[681] Pimenta/Pinho (2014) Recycling of Carbon Fibers
[682] Kreibe (2016) MAI Carbon Nachhaltigkeit: Recycling carbonfaserverstärkter Kunststoffe (CFK)
[683] Warzelhan (2017) Verwertung Kohlenstofffaserhaltiger Abfälle

zugeführt. Bereits in der weiteren Verarbeitung der Carbonfasergarne zu Textilstrukturen, beispielsweise Betonbewehrungen, fallen ersten Carbonfaserabfälle an, die in der Arbeit als Abfalltyp 1 bezeichnet werden. [684] Bei der Herstellung von Carbonbetonbauteilen werden mit dem Prozessschritt „Bewehren" weitere Verschnittabfälle frei (Abfalltyp 2). Werden in der Herstellungs- oder Nutzungsphase eines Gebäudes an den Bauteilen Betonbohr- und Sägearbeiten sowie ganzheitliche Abbruchmaßnahmen vorgenommen, entstehen weitere Abfallmassen, die in der Arbeit als Abfalltyp 3 bezeichnet werden. Diese drei Abfallarten unterscheiden sich grundlegend in der Zusammensetzung und der notwendigen Faseraufbereitung für eine stoffliche Verwertung.

Der Abfalltyp 1 ist eine Monocharge neuwertiger, nicht eingebauter Carbonfasern ohne Matrix-anhaftungen, wie zum Beispiel einer EP-Beschichtung. [685] Dieser Abfall wird auch als trockener Carbonfaserabfall bezeichnet. Der zweite Abfalltyp ist dadurch gekennzeichnet, dass die Carbonfaserbewehrung mit einer Kunststoffmatrix beschichtet ist und als nasser Carbonfaserabfall bezeichnet wird. [686] Die Bewehrung wurde jedoch bis dato noch nicht eingebaut. In baufremden Branchen, wie der Luftfahrzeugtechnik, können in diesen ersten Schritten der Bauteilherstellung 50 % bis 70 % der Carbonfasern als Abfälle anfallen. [687] Der dritte Abfalltyp besteht aus beschichteten Fasern, die im Gegensatz zu Abfalltyp 2 bereits in einem Carbonbetonbauteil verbaut waren und erst mit der Zerkleinerung und der Separation sortenrein gewonnen werden.

Die Abfallmengen steigen sowohl bei den trockenen als auch bei den nassen Carbonfaserabfällen kontinuierlich an. [688] Ein Grund dafür ist der über alle Anwendungsfelder anwachsende Bedarf an Carbonfasern. [689] Eine weitere Ursache ist die zunehmende Notwendigkeit von Reparaturen und Verschrottungen bei Fahrzeugen und Anlagen sowie von Instandhaltungen und Abbrüchen bei Bauteilen und Bauwerken aus Carbonbeton. Diese Abfälle sollten äquivalent zu den Abfällen aus der Faser- und Textilherstellung aus ökonomischen und ökologischen Gesichtspunkten stofflich verwertet werden. Aus einer ökologischen Betrachtung heraus bietet sich in der stofflichen Verwertung die Möglichkeit, den erdölbasierten und energieintensiv hergestellten Ausgangsstoff Carbonfaser im Wertstoffkreislauf zu belassen und den hohen Aufwand zur Herstellung zu rechtfertigen. [690] Ökonomisch betrachtet stellt der Einsatz aufbereiteter Carbonfasern in

---

[684] Witten (2014) Handbuch Faserverbundkunststoffe/Composites, S. 287
[685] Hofmann/Culich (2014) Verarbeitung von rezyklierten Carbonfasern zu Vliesstoffen für die Herstellung von Verbundbauteilen, S. 59
[686] Limburg/Quicker (2016) Entsorgung von Carbonfasern, S. 138
[687] Witte (2017) Composite recycling strategy and its first practical implementations at Airbus
[688] Meiners/Eversmann (2014) Recycling von Carbonfasern, S. 373
[689] Witten et al. (2018) Composites-Marktbericht 2018, S. 32
[690] Meiners/Eversmann (2014) Recycling von Carbonfasern, S. 374

Neubauteilen und die damit einhergehende Substitution von Primärfasern ein Kosteneinsparpotenzial dar, [691] inbesondere dann, wenn die Reduktion der sonst üblicherweise anfallenden Entsorgungskosten für die Carbonfasern eingerechnet wird. [692] Diese Motivationen in Kombination mit der geltenden Rangfolge für den Umgang mit Carbonbetonabbruchmaterial nach dem KrWG [693] verlangen Konzepte für das stoffliche Recycling der Carbonfaserfraktion.

Im Folgenden werden die Möglichkeiten zur stofflichen Verwertung der mit dem Aufbereitungsprozess gewonnenen Carbonrovingfragmente erläutert. Dieser Abfallstrom besteht aus den EP-beschichteten Carbonrovingfragmenten, welche durch zwei Sortierverfahren (Querstromwindsichtung und Kamerabasierte Sortierung) in zwei Längenfraktionen anfallen. Die Einzellänge eines Rovingfragments ist von entscheidender Bedeutung für die stoffliche Verwertung als textile Faser, wobei eine große Länge vorteilhaft ist. Die Fraktion aus der Querstromsichtung besteht aus längeren Fragmenten mit Einzellängen von circa 240 mm (50 %-Quantilwert). Die Fraktion aus der Kamerabasierten Sortierung zeigt Einzellängen von 80 mm (50 %-Quantilwert). Diese beiden Fraktionen können aufgrund der anhaftenden steifen EP-Beschichtungsmatrix (Duromermatrix) dem Abfalltyp 3 zugeordnet werden. Die Werkstoffeigenschaften von Duromeren – starke Molekülvernetzung, die Hochtemperaturbeständigkeit und die Querkraftempfindlichkeit – verhindern die direkte stoffliche Verwertung der Fragmente durch Lösen, Umschmelzen oder Umformen.[694] Für die stoffliche Verwertung der Carbonfaserfraktion muss die Kunststoffmatrix durch eine thermische Zersetzung oder Verbrennung von der Faser entfernt werden. [695] Dafür stehen die beiden thermisch-chemischen Aufbereitungsmöglichkeiten Pyrolyse und Solvolyse zur Verfügung. [696]

Der Pyrolyseprozess gilt derzeit als technologisch am weitesten entwickelt und in großtechnischen Anlagen bereits als wirtschaftlich umsetzbar. [697] Mit der Pyrolyse können EP-beschichtete Carbonfasern in einer Atmosphäre ohne weitere Sauerstoffzufuhr thermochemisch behandelt werden. Dabei werden die unterschiedlichen Zersetzungstemperaturen von Carbonfasern (vollständige Zersetzung bei circa 700 °C bis 800 °C) und der Epoxidharzbeschichtung (Zersetzung in der Regel bei < 600 °C) ausgenutzt. [698] Die

---

[691] Hofmann/Culich (2014) Verarbeitung von rezyklierten Carbonfasern zu Vliesstoffen für die Herstellung von Verbundbauteilen, S. 62
[692] Meiners/Eversmann (2014) Recycling von Carbonfasern, S. 374
[693] KrWG (07/2017), § 6 Absatz 1
[694] Martens/Goldmann (2016) Recyclingtechnik, S. 306
[695] Martens/Goldmann (2016) Recyclingtechnik, S. 307
[696] Meiners/Eversmann (2014) Recycling von Carbonfasern, S. 376
[697] Limburg/Quicker (2016) Entsorgung von Carbonfasern, S. 141
[698] Meiners/Eversmann (2014) Recycling von Carbonfasern, S. 376

Matrix wird zu einem Pyrolysegas vergast, welches als Energieträger für den thermischen Prozess energetisch verwertet werden kann. Mit dem Abbrennen der Matrix kann Kohlenstoff aus der Matrix in Form von Rußpartikeln oder Carbonisat als Rückstand auf den Fasern verbleiben. [699] *Limburg/Quicker (2016)* äußern als eine große Herausforderung im Recycling von Carbonfasern, dass pyrolysierte Carbonfasern aufgrund der Rußanhaftung spröder, steifer und schwerer zu vereinzeln sind als neue Primärfasern. Eine hochwertige stoffliche Verwertung ist somit ohne weitere Oxidation erschwert. Daher wird zum Abschluss des Pyrolyseprozesses weiterer Sauerstoff zugeführt, wodurch die verbliebenen karbonisierten Rußanhaftungen von der Carbonfaser entfernt werden. Mit der Pyrolyse werden in der Praxis Carbonfaserabfälle großtechnisch zu Recyclingfasern verarbeitet, die in einem optimalen Prozess bis zu 80 % der Zugfestigkeiten von Primärfasern aufweisen können. [700] In einer industriellen Anlage der CFK Valley Stade Recycling GmbH & Co. KG können aktuell CFK-Bauteile bis zu einer Länge von 1.000 mm pyrolysiert werden. [701] Die Durchsatzleistung wird mit circa 1.500 Tonnen pro Jahr angegeben. [702] Im Pyrolyseprozess erfolgt über eine Dauer von bis zu 60 Minuten die vollständige Zersetzung der Kunststoffmatrix bei circa 500 °C bis 550 °C. Dabei muss berücksichtigt werden, dass auch Carbonfasern oberhalb von 600 °C eine hohe Oxidationsneigung zeigen, was zu einer oberflächlichen Faserschädigung in Kombination mit der Verschlechterung der mechanischen Eigenschaften führt. Die Abbildung 6.1 bis Abbildung 6.3 entstanden aus dem eigenen Forschungsprojekt zu branchenübergreifenden Verwertungsoptionen für aufbereitete Fasern aus den Abbruch- und Aufbereitungsprozessen von Carbonbeton.

---

[699] Limburg/Quicker (2016) Entsorgung von Carbonfasern, S. 141

[700] Yang et al. (2015) Recycling of carbon fibre reinforced epoxy resin composites under various oxygen concentrations in nitrogen–oxygen atmosphere, S. 258

[701] Hofmann/Culich (2014) Verarbeitung von rezyklierten Carbonfasern zu Vliesstoffen für die Herstellung von Verbundbauteilen, S. 60

[702] Kneisel (06.03.2019) LAGA-AG zu CFK-Abfällen - Arbeitsergebnisse - Aktueller Stand der Arbeiten - weiteres Vorgehen

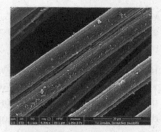

Abbildung 6.1: Materialprobe aus der Separation als Ausgangsmaterial für Pyrolyse

Abbildung 6.2: 50 mm lange Carbonfaserstränge nach 60 min Pyrolyse bei 550 °C [703]

Abbildung 6.3: REM-Bild Carbonfaser nach 60 min Pyrolyse mit 550 °C [704]

Eine Einschränkung muss bei der thermischen Aufbereitung von pechbasierten Fasern getroffen werden. Vergleichbar mit der mechanischen Bearbeitung der pechbasierten Carbonfasern kann auch bei der thermischen Behandlung eine Querschnittverjüngung und die Entstehung kritischer Fasergeometrien nicht ausgeschlossen werden. Aus diesem Grund sind pechbasierte Fasern vom Einsatz im Bauwesen auszuschließen.

Ein zweites Aufbereitungsverfahren für EP-beschichtete Carbonfasern ist die Solvolyse mit überkritischem Wasser. [705] Wasser verhält sind im Temperaturbereich oberhalb von 374 °C und einem Druck von > 221 bar wie ein Lösungsmittel. [706] Mit superkritischem Wasser können die ionischen Bindungen sowie die polaren und unpolaren Bindungen der EP-Beschichtung aufgelöst werden, ohne dass die Carbonfaser angegriffen wird. [707] Bei der Solvolyse werden vorzerkleinerte Faserverbundabfälle in einen Reaktor gegeben, der über 30 Minuten unter definierten Druck- und Temperaturbedingungen gefahren wird. Die im Wasser gelösten Matrixbestandteile können in anderen Industriebereichen als Rohstoff weiterverarbeitet werden. [708] Im Vergleich zur Pyrolyse ist die Solvolyse für die Carbonfasern schonender und benötigt einen geringeren Energieaufwand. Nachteilig ist das bisherige Fehlen einer großtechnischen Anlage und die Notwendigkeit

---

[703] Bildquelle: TU Dresden, Institut für Textilmaschinen und Textile Hochleistungswerkstofftechnik (ITM)
[704] Bildquelle: TU Dresden, Institut für Textilmaschinen und Textile Hochleistungswerkstofftechnik (ITM)
[705] Martens/Goldmann (2016) Recyclingtechnik, S. 308
[706] Müller (2017) Übersicht der Verfahren zur Trennung von Faser und Matrix, S. 17
[707] Hyde et al. (2006) Supercritical propanol, a possible route to composite carbon fibre recovery: A viability study, S. 2174
[708] Meiners/Eversmann (2014) Recycling von Carbonfasern, S. 376

weiterer Aufbereitungsschritte, wie die Zerkleinerung des Material auf die Reaktor-
größe, [709] das Waschen und Trocknen der recycelten Carbonfaser sowie die Lösungs-
mittelaufbereitung.

Im Anschluss an die Faseraufbereitung können Szenarien zur stofflichen Verwertung
verfolgt werden. Wie bereits wiederholt beschrieben, hängen die Eigenschaften des erneuten Faserverbundes entscheidend von der Faserlänge ab. Je größer die Faserlänge,
desto hochwertigere Recyclingoptionen können realisiert werden. Bisher werden rezyklierte Carbonfasern aus der Pyrolyse- und Solvolyseaufbereitung in Spritzgussbauteilen
zur Erhöhung der Festigkeit von Kunststoffen eingesetzt oder zu Vliesstoffen verarbeitet. Einzelne Hersteller zermahlen dazu Carbonfasern auf eine Partikelgröße von maximal 1 mm und geben diese in den Herstellungsprozess für faserverstärkte Spritzguss-
bauteile. [710] Am Sächsischen Textilforschungsinstitut e. V. und dem Institut für Textiltechnik der RWTH Aachen wurden Vliesstoffe mit einem Anteil rezyklierter Carbonfasern entwickelt. [711] Die aufbereiteten Carbonfasern werden durch eine Krempelanlage
geführt, die mit gegenläufigen Walzen die Faservereinzelung und Parallelisierung sicherstellt. [712] Diese Vliese können als nicht-strukturrelevante Bauteile, Dämmstoffe o-
der Verkleidungen, beispielsweise im Flugzeug- und Fahrzeugbau, eingesetzt werden. [713] Für die Anwendung in hochbelastbaren CFK-Bauteilen sind Vliesstoffe oder die
Spritzgussbauweise aufgrund der prozessbedingten Wirrfaser-Struktur und der Fa-
sereinkürzungen wenig geeignet.

Ähnliche Anwendungen ergeben sich für Produktionsabfälle (Abfalltyp 1), die zu Beginn der Wertschöpfungskette anfallen. Üblicherweise werden trockene Produktionsabfälle über Vliesprozesse stofflich verwertet, indem die Filamente oder Faserbündel zu
einem Wirrvlies verarbeitet werden. [714] Mit diesem hochwertigen Recyclingausgangs-
stoff, der nicht über Pyrolyse- oder Solvolyseprozesse von einer Matrix befreit werden
muss, werden lediglich nur Recyclingprodukte mit starker Fasereinkürzung, geringem
Faserorientierungsgrad und geringem Faservolumengehalt hergestellt. Strukturmecha-
nisch können Vliese nicht als adäquate stoffliche Verwertung bezeichnet werden. [715]

---

[709] Im Rahmen der eigenen Forschungsaktivitäten wurde der Solvolysereaktor der GESA Engineering und Appa-
ratesysteme GmbH in Chemnitz zur Carbonfaseraufbereitung in Betracht bezogen. Der zylindrische Reakto-
rinhalt misst circa 35 mm x 200 mm.

[710] Meiners/Eversmann (2014) Recycling von Carbonfasern, S. 375

[711] Hofmann et al. (2014) Aufbereitung von Carbonabfällen und deren Wiedereinsatz in textilen Strukturen unter
Nutzung des Kardierprozesses

[712] Hofmann/Culich (2014) Verarbeitung von rezyklierten Carbonfasern zu Vliesstoffen für die Herstellung von
Verbundbauteilen, S. 60

[713] Witte (2017) Composite recycling strategy and its first practical implementations at Airbus, S. 11

[714] Hofmann/Culich (2014) Verarbeitung von rezyklierten Carbonfasern zu Vliesstoffen für die Herstellung von
Verbundbauteilen, S. 61

[715] Limburg/Quicker (2016) Entsorgung von Carbonfasern, S. 142

Der Zusammenhang zwischen der Faserorientierung und den theoretischen mechanischen Eigenschaften im späteren Bauteil ist in Abbildung 6.4 dargestellt. Aus der Übersicht geht hervor, dass die Faservereinzelung und die Faserausrichtung ein wichtiges Kriterium für die Einsatzmöglichkeit von rezyklierten Carbonfasern in leistungsfähigen Strukturbauteilen sind. Ein konkreter Lösungsansatz besteht in der Verarbeitung von Kurzfasern > 40 mm Länge (sogenannte Stapelfasern) zu Stapelfasergarnen, die mit Multifilamentgarnen verglichen werden können (Abbildung 6.5).

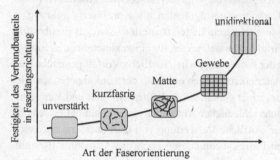

Abbildung 6.4: Festigkeitsentwicklung in Abhängigkeit der Faserorientierung [716]

Abbildung 6.5: Ergebnis Faserrecycling: Stapelfasergarne auf Spulen [717]

Stapelfasergarne können als Hybridgarne aus einem Anteil aufbereiteter Carbonfasern und der Zugabe von thermoplastischen Fasern, wie Polyamid 6 (PA 6), in einem Krempelprozess verarbeitet werden. [718] Die Stapelfasern werden kardiert, gebündelt und als Garn auf Spulen abgelegt. Die Hybridgarne zeichnen sich durch eine hohe Faserorientierung in den Garnen und die optimalerweise faserschonende Verarbeitung aus. Mit den am ITM der TU Dresden entwickelten Hybridgarnen konnten mittlere Verbundzugfestigkeiten von 1.100 N/mm² erzielt werden. [719] Das entspricht einem Vergleichswert von 48 % und 55 % gegenüber der Festigkeit der eingangs verwendeten Bewehrung GRID Q95/95-CCE-38 mit Festigkeiten in Höhe von 2.300 N/mm² und 2.000 N/mm². Weitere Quellen sprechen von einem Zugfestigkeitspotenzial der pyrolysierten Faser von bis zu

---

[716] Lengsfeld et al. (2015) Faserverbundwerkstoffe: Prepregs und ihre Verarbeitung, S. 4
[717] Bildquelle: TU Dresden, Institut für Textilmaschinen und Textile Hochleistungswerkstofftechnik (ITM)
[718] Hofmann et al. (2017) Verarbeitung von rCF zu strangförmigen Produkten, S. 9
[719] Hengstermann et al. (2016) Development of a Method for Characterization of the Fibre Length of Long Staple Carbon Fibres Based on Image Analysis, S.40

80 % im Vergleich zur Primärfaser. [720] Mit den Garnkonstruktionen können erneut Textilstrukturen, wie Stäbe oder Gelege, als Bewehrung in Betonbauteilen entwickelt werden.

Der Fokus in der vorliegenden Arbeit liegt primär auf der stofflichen Verwertung der aufbereiteten Carbonfasern zu textilen Bewehrungsstrukturen für Carbonbetonbauteile. Dazu sind die Spulen mit den recycelten Hybridgarnen in den Textilherstellungsprozess einzuschleusen und im Prozess nach Abschnitt 4.1.2 zu verarbeiten. Alternativ ist der Einsatz von nichtaufbereiteten Carbonrovingfragmenten als Kurzfaserbewehrung in biegebeanspruchten Bauteilen, rissbreitenbeschränkten Bauteilen sowie als rissüberbrückende Spachtelmasse denkbar. Grundvoraussetzungen für einen zunehmenden Einsatz von rezyklierten Carbonfasern ist der notwendige wirtschaftliche Vorteil gegenüber der Primärfaser, das Erreichen von Materialkenngrößen oberhalb der konkurrierenden AR-Glasfaser sowie die Gewährleistung einer gleichbleibend guten Qualität und Verarbeitbarkeit auch unter Verwendung unterschiedlicher Abfallchargen. Zusammenfassend ist festzustellen, dass die hochwertige stoffliche Verwertung von Carbonfasern trotz vielfältiger Ansätze und vorhandenen Prozesstechnologien noch die Ausnahme darstellt. Dies gilt sowohl für Carbonfasern aus dem Bauwesen als auch für Carbonfasern aus baufremden Anwendungen.

6.2.2 Sonstige Verwertung und Deponierung der Carbonfaserfraktion

In Deutschland fallen branchenübergreifend circa 5.000 Tonnen CFK-Abfälle jährlich an (Stand 2017). [721] Die Abfallfraktion ist nach dem KrWG (07/2017) und der darin vorgegebenen Abfallhierarchie in erster Linie zu *vermeiden* oder nachrangig *wiederzuverwenden*. In Abstufung dessen folgt die stoffliche Verwertung im Sinne des *Recyclings*. Als nachfolgende Form der Behandlung ist die *sonstige Verwertung* aufgeführt. Geringwertigste Form der Verwertung ist die *Deponierung*. [722] Demnach darf Carbonfaserabfall erst, nachdem sie nicht werkstofflich einem Wertstoffkreislauf zugeführt werden kann, anderweitig verwertet werden. Nur für den Fall, dass diese sonstige Verwertung (thermische Verwertung) nicht möglich oder wirtschaftlich vertretbar ist, dürfen Carbonfasern schadlos beseitigt werden. Im Grundsatz dazu ist die jeweils untere Abfallhierarchiestufe nur dann zulässig, wenn die nächsthöhere Stufe technisch oder wirtschaftlich nicht zumutbar ist. Die Nachweispflicht liegt dabei beim Abfallbesitzer.

---

[720] Yang et al. (2015) Recycling of carbon fibre reinforced epoxy resin composites under various oxygen concentrations in nitrogen–oxygen atmosphere
[721] Aussage Herr Tim Rademacker, Fa. carboNXT, CFK Valley Stade Recycling, Referat zur 3. Sitzung des LAGA-ad-hoc-Ausschusses „Entsorgungsmöglichkeiten faserhaltiger Abfälle", 22.02.2017, Mainz
[722] KrWG (07/2017), § 6 Absatz 1

In Abschnitt 6.2.1 wurden die Möglichkeiten zur stofflichen Verwertung der Carbonfaserfraktion aus CFK-Bauteilen vorgestellt und auf das Abbruchmaterial von Carbonbetonbauteilen übertragen. Die technologische Machbarkeit konnte nachgewiesen werden. Demzufolge würde ausschließlich der Nachweis einer wirtschaftlichen Unzumutbarkeit die energetische Verwertung legitimieren.

Die bisher ausbaufähige Marktakzeptanz von pyrolysierten Carbonfasern führt in Verbindung mit den Aufbereitungskosten dazu, dass bei einem großen Anbieter für pyrolysierte Carbonfasern aktuell circa 50 % der angenommenen Carbonfaserabfälle nicht pyrolysiert, sondern in Sonderabfallverbrennungsanlagen an den beiden Standorten Hamburg und Biebesheim energetisch verwertet werden. [723] Für eine energetische Verbrennung spricht der hohe Heizwert von CFK mit circa 21.000 kJ/kg, der deutlich über dem Mindestheizwert von 11.000 kJ/kg für die Verbrennung von Abfällen liegt. [724] Zur Beseitigung von Carbonfasern ist die energetische Verwertung derzeit Stand der Technik, was unter Berücksichtigung der eingesetzten Energie zur Herstellung der Carbonfasern kritisch zu betrachten ist. [725] Im Verbrennungsprozess verbrennen Carbonfasern und die EP-Beschichtungsmatrix in einer sauerstoffhaltigen Atmosphäre bei Temperaturen im Bereich von 800 °C bei einer genügend langen Brenndauer nahezu vollständig. Mit den Erläuterungen zur Pyrolyse ist beschrieben, dass die Oxidation der Carbonfasern bereits bei 585 °C beginnt. Mit ansteigender Temperatur oxidieren die Fasern zunehmend schneller. [726] Neben der Temperatur im Verbrennungsprozess ist die Verweilzeit der Carbonfasern ein wesentlicher Einflussparameter für die Oxidation der Carbonfasern.

In konventionellen Müllverbrennungsanlagen verbleibt der Abfall für eine vollständige Verbrennung der Carbonfasern nicht lange genug in der heißen Zone. [727]. Für den vollständigen Verbrennungsprozess wirkt die umhüllende EP-Matrix zudem isolierend. Im thermischen Verbrennungsprozess muss diese zuerst zersetzt werden, bevor die eigentliche Oxidation der Carbonfasern beginnen kann. Die unvollständige und partielle Verbrennung der Carbonfasern kann im Temperaturfenster zwischen 585 °C und 700 °C bis 800 °C bei einer Verweildauer von weniger als 60 Minuten zur Bildung kleinster Carbonfaserfragmente führen. Die Faserquerschnitte können im Vergleich zu Primärfasern eine signifikante Querschnittsverjüngung aufweisen. Daher ist die unvollständige Zersetzung der Fasern in thermischen Prozessen in jedem Fall zu vermeiden. Die partiell

[723] Aussage Herr Tim Rademacker, Fa. carboNXT, CFK Valley Stade Recycling, Referat zur 3. Sitzung des LAGA-ad-hoc-Ausschusses „Entsorgungsmöglichkeiten faserhaltiger Abfälle", 22.02.2017, Mainz

[724] Flemming et al. (1996) Faserverbundbauweisen: Halbzeuge und Bauweisen, S. 288

[725] Hofmann/Culich (2014) Verarbeitung von rezyklierten Carbonfasern zu Vliesstoffen für die Herstellung von Verbundbauteilen, S. 59

[726] Limburg/Quicker (2016) Entsorgung von Carbonfasern, S. 139

[727] Stockschläder (2017) Energetische Verwertung von CFK-Abfällen - Zwischenstand zum Ufoplan Vorhaben CFK, S. 19

zersetzten Faserfragmente würden mit der thermischen Konvektion aus dem Brennraum ausgetragen werden. Die Fragmente gelangen anschließend in nachgelagerte Gewebe-filteranlagen und führen lokal zu Filterverstopfungen oder im schlimmsten Fall auf-grund der elektrischen Leitfähigkeit zu Kurzschlüssen oder Bränden. [728] In Verbren-nungsanlagen für den Hausmüll mit üblichen Verweildauern von nur circa 30 Minuten werden die Carbonfasern nicht vollständig verbrannt und stellen eine unerwünschte Ab-fallfraktion dar. Die partiell zersetzten Faserpartikel sind im Anschluss an den unvoll-ständigen Verbrennungsprozess auch in den Schlacken und Aschen nachweisbar. [729] Eine unbedenkliche thermische Verwertung konnte hingegen bis vor einiger Zeit in Son-derabfallverbrennungsanlagen. [730] Aktuell ist dies nicht mehr möglich.

Ein alternatives Verwertungsszenario, welches in Teilen als stoffliche und als energeti-sche Verwertung gesehen werden kann, ist die Substitution von Kohlenstoff durch Car-bonfaserabfälle in der Calciumcarbidherstellung. Im Rahmen einer Pilotanwendung wurden in einem Technikum im Carbidofen 20 % einer Kohlenstoffquelle erfolgreich durch CFK-Abfälle ersetzt. Die technologische Machbarkeit konnte nachgewiesen wer-den. [731] Eine behördliche Genehmigung zur großtechnischen Umsetzung steht bisher aus. In einer anderen Pilotanwendung wurden bei der Stahlherstellung CFK-Briketts in einen Elektrolichtbogenofen im Werk der Fa. Georgsmarienhütte GmbH gegeben. Ziel der Zugabe ist neben der Entsorgung der Carbonfasern die Substitution von Primärkohle für den Schmelzprozess. Auch hier sind die Forschungsergebnisse vielversprechend und eine behördliche Genehmigung steht noch aus.[732]

Die Deponierung der Carbonfaserfraktion stellt eine grundsätzlich zulässige abfallwirt-schaftliche Beseitigungsoption dar. Dafür ist nach der DepV (09/2017) die Zuordnung der Abfallfraktion in eine konkrete Deponieklasse notwendig. [733] Als ein wichtiges Kri-terium ist der organische Anteil des Trockenrückstandes in der Originalsubstanz (TOC) zu ermitteln. [734] Die in der Arbeit gegenständlichen Carbonbewehrungsfragmente sind mit einer EP-Beschichtung umhüllt, woraus für die Carbonbewehrung ein hoher orga-nischer Kohlenstoffanteil von 10 % bis 30 % resultiert. [735] Für eine Zuordnung der Ab-fälle in die Deponieklassen 0 und 1 gilt für TOC ein Wert von maximal 1 % als zulässig. Klassische Hausmülldeponien sind Teil der Deponieklasse 2 und können Material mit

---

[728] Stockschläder (2017) Energetische Verwertung von CFK-Abfällen - Zwischenstand zum Ufoplan Vorhaben CFK, S. 6

[729] Limburg/Quicker (2016) Entsorgung von Carbonfasern, S. 139

[730] Ufer (2017) Thermische Behandlung

[731] Walter (2017) CFK-Abfall als Rohstoff in der Calciumcarbidproduktion, S. 13

[732] Schliephake/Schliephake (2017) CFK-Abfall als Primärkohleersatz in der Stahlerzeugung

[733] DepV (09/2017), Anhang 3, Tabelle 2

[734] DepV (09/2017), Abschnitt 3.1.3

[735] Limburg/Quicker (2016) Entsorgung von Carbonfasern, S. 139

einem TOC-Wert von maximal 3 % aufnehmen. Bis zu einem TOC-Wert von 6 % erfolgt die Zuweisung des Abfalls in die Deponieklasse 3 – was einer Sonderabfalldeponie entspricht. Oberhalb dieses Wertes ist eine Deponierung unzulässig. [736]

Mit der DepV (09/2017) gilt, dass die Deponierung von unaufbereiteten Carbonbewehrungsfragmenten, die mit einer EP-Matrix beschichtet sind, nicht zulässig ist. [737] Für Abfallfraktionen mit pyrolysierten Carbonfasern ist die unmittelbare Deponierung zulässig, da reine Carbonfasern nur anorganischen Kohlenstoff enthalten. Der Pyrolyseprozess zur Entfernung der EP-Beschichtung ist jedoch mit energetischen und monetären Aufwendungen verbunden, die eine Deponierung als nicht sinnhaft erscheinen lassen. Im Ergebnis des 6. Kapitels kann für den Stoffstrom der Carbonfaserfraktion die folgende Verwertungshierarchie angegeben werden:

1) Die Abfallvermeidung: Durch eine ressourceneffiziente Carbonbetonbauweise mit schlankeren Bauteilgeometrien und eine verbesserte Dauerhaftigkeit wird per se Abfall reduziert.

2) Die Wiederverwendung: Durch eine modularisierte Systembauweise mit Trenn- und Fügepunkten ist die Wiederverwendung technologisch umsetzbar. Das Bauteil muss jedoch als Verbundbauteil wiederverwendet werden, da das beschädigungsfreie Herauslösen der Carbonbewehrung aus der Betonmatrix aufgrund der spröden, querkraftempfindlichen Bewehrung technologisch nicht umsetzbar ist.

3) Das Recycling im Sinne der stofflichen Verwertung: Durch die Faseraufbereitungsverfahren Pyrolyse und Solvolyse können Carbonfasern von der Beschichtungsmatrix befreit und in nachfolgenden Textilverarbeitungsprozessen zu neuen Bewehrungen und Produkten verarbeitet werden. Der Ansatz ist technologisch umsetzbar. Zudem ist die Substitution von Kohlenstoff durch Carbonfaserabfälle in der Calicumcarbidherstellung denkbar.

4) Die sonstige und insbesondere die energetische Verwertung: In der aktuellen Diskussion steht die energetische Verwertung in Sonderabfallverbrennungsanlagen. Dabei können Carbonfasern mit und ohne eine Beschichtungsmatrix energetisch verwertet werden. Diese Verwertung ist technologisch umsetzbar und war bis zuletzt zulässig, wenn die stoffliche Verwertung wirtschaftlich unzumutbar war. Derzeit wird diese Verwertungsform kritisch hinter betrachtet.

---

[736] DepV (09/2017), Abschnitt 3.1.3
[737] Plöckl (2013) Entsorgung Kohlenstofffaserverstärkter Kunststoffe (KFK), auch carbonfaserverstärkter Kunststoff (CFK) genannt

5) Die Beseitigung: Die Deponierung von EP-beschichteten Carbonfasern ist nicht zulässig. Pyrolysierte Fasern dürfen hingegen deponiert werden. Pyrolysierte Fasern sind jedoch für die stoffliche Verwertung prädestiniert, sodass die Deponierung entweder nicht zulässig oder wirtschaftlich unvorteilhaft ist.

7   Schlussbetrachtung

7.1   Zusammenfassung der Ergebnisse

In der vorliegenden Arbeit wurde untersucht, ob der Gesundheitsschutz und die Recyclingfähigkeit für den Verbundbaustoff Carbonbeton Markteintrittsbarrieren darstellen. Für die Fragestellung, ob Carbonbeton recycelt werden kann, wurden Aufbereitungsverfahren für die Umsetzung des Recyclings untersucht und Verwertungsoptionen für die dabei anfallenden Materialfraktionen aufgezeigt. Zur Sicherstellung des Gesundheitsschutzes wurden Faseremissionen, die bei der Herstellung von Carbonbetonbauteilen und mit der Ver- und Bearbeitung von Carbonbeton freigesetzt werden, untersucht und das Gesundheitsgefährdungspotenzial beurteilt.

Die Carbonbetonbauweise ist eine jüngere Entwicklung der Textilbetonbauweise. Derzeit werden für die Textilbetonbauweise noch vorrangig die anorganischen Faserarten AR-Glas und Basalt eingesetzt. In Ergänzung dazu werden organische Fasern aus Polypropylen (PP), Polyamid und die gegenständlichen Kohlenstofffasern (Carbonfasern) in der Betonmatrix verbaut. Im Vergleich zur Bandbreite aller im Bauwesen eingesetzten Textilfasern (siehe Kapitel 2) zeigen Carbonfasern eine geringe Dichte (circa 1.800 kg/m³), bei der gleichzeitig höchsten Zugfestigkeit aller Fasern (bis maximal 3.700 N/mm²). Aus den sehr guten Materialeigenschaften ergeben sich mit dem Einsatz dieser nicht-korrodierenden Carbonfasern als Bewehrungsmaterial weitreichende Vorteile für das Bauwesen. Der über alle Branchen hinweg steigende Bedarf an Carbonfasern zeigt mit jährlichen Wachstumsraten von 10 % bis 12 % die zunehmende Bedeutung von Carbonfasern im Verbundwerkstoffbau, was auch auf Carbonbeton zutrifft.

Carbonfasern können aus den Ausgangsstoffen PAN und Pech hergestellt werden. Im Bauwesen werden ausschließend PAN-basierte Fasern eingesetzt. Die Carbonfaserherstellung aus PAN im Nassspinnverfahren führt zu einem charakteristischen Faserdurchmesser von 5 µm bis 10 µm, was unmittelbaren Einfluss auf das Gesundheitsgefährdungspotenzial hat. Bei der Beurteilung wurde die Gefährdung aufgrund der Fasergeometrie und die Schadstoffwirkung von Kohlenstoff untersucht. Carbonfasern sind nicht als Gefahrstoff nach der REACH-Verordnung (1907/2006 EG) gelistet. Für die Analyse der Fasergeometrie wurden emittierte Stäube und Fasern in allen Wertschöpfungsprozessen beim Zuschnitt der Carbonbewehrung, im Zuge der Bearbeitung von Carbonbetonbauteilen sowie des Abbruchs- und Recyclings untersucht. Die Staub- und Faseremissionen wurden mittels REM auf das Entstehen kritischer Fasergeometrie < 3 µm Faserdurchmesser und > 5 µm Faserlänge sowie einem Längen-Dicken-Verhältnis von > 3 : 1 (WHO-Definition) analysiert. Für das Gesundheitsgefährdungspotenzial von PAN-basierten Carbonfasern gilt, dass auch im Worst-Case-Szenario „Schleifen längs

J. Kortmann, *Verfahrenstechnische Untersuchungen zur Recyclingfähigkeit von Carbonbeton*, Baubetriebswesen und Bauverfahrenstechnik,
https://doi.org/10.1007/978-3-658-30125-5_7

zur Carbonfaser" bei der Bearbeitung von Carbonbeton keine kritischen Fasern entsprechend der WHO-Definition nachgewiesen werden konnten (siehe Kapitel 2). Für den Einsatz von Carbonbeton müssen keine Arbeitsschutzmaßnahmen vorgenommen werden, die über die Maßnahmen bei der Bearbeitung von Stahlbeton hinausgehen.

Die Ergebnisse zum Gesundheitsgefährdungspotenzial erlaubten im weiteren Verlauf der Arbeit den alleinigen Fokus auf die Recyclingfähigkeit von Carbonbeton. Für eine optimale Markteintrittsstrategie müssen nach Meinung des Autors bereits beim Inverkehrbringen des Baustoffes Carbonbeton Lösungen existieren, wie mit dem Baustoff bei anstehenden Herstellungs-, Umbau- und Modernisierungsprozessen sowie Rückbau- und Recyclingmaßnahmen eine möglichst qualitativ hochwertige Ressourcenverwertung erreicht werden kann. Das übergeordnete Ziel der Arbeit war daher anfallende Primär- und Sekundärabfälle aus Carbonfasermaterial im Herstellprozess, in der Nutzungsphase und am Ende der Lebensdauer des Bauteils im Wirtschaftskreislauf zu belassen. Mit der Darstellung der theoretischen Grundlagen zum Baustoffrecycling ergibt sich daher für die Bedeutung des generell weitgefassten Begriffs *Recycling* die ausschließlich hochwertige, stoffliche Verwertung von Abbruchmassen zur Substitution von Primärrohstoffen. Die im KrWG (07/2017) geforderte Produktverantwortung für Hersteller ist per se mit der materialreduzierten Carbonbetonbauweise und der erwartungsgemäß langen Nutzungsdauer gegeben. Dem Abfallvermeidungsgrundsatz wird damit entsprochen. Weitere Vorgaben legen unter anderem Recyclingquoten für mineralische Abbruchabfälle mit 70 % und als Zielgröße die Kunststoffausbringung mit 85 % Massenanteil fest (siehe Kapitel 3). Dafür mussten die Carbonbewehrungsfragmente von der Betonmatrix getrennt und die faserhaltige Fraktion anschließend separiert werden.

Aufbauend auf dem Stand der Forschung zum Recycling von Faserverbundbaustoffen waren zur Bearbeitung der Zielsetzung die hier gegenständlichen technologieorientierten Forschungsarbeiten im großtechnischen Maßstab zielführend. Die vor den großtechnischen Untersuchungen durchgeführten Tastversuche zur Trennung der Carbonbewehrung von der Betonmatrix ergaben ein von konventionellen Betonen bekanntes Bruchverhalten und einen sehr guten Aufschluss der Carbonbewehrung von der mineralischen Matrix. Für die notwendige wissenschaftliche und verifizierbare Auswertung der Großversuche wurden verschiedene multikriterielle Bewertungsmethoden auf ihre Eignung hin untersucht und die Nutzwertanalyse als geeignet herausgestellt (siehe Kapitel 3). Die Nutzwertanalyse wurde im Anschluss mit einer Sensitivitätsanalyse auf Werthaltigkeit der Ergebnisse überprüft.

Zur Sicherstellung einer Allgemeingültigkeit der Ergebnisse zum Abbruch und Recycling von Carbonbeton wurden zwei Demonstratoren entworfen und hergestellt, die hinsichtlich der Materialzusammensetzung und der Bauweise repräsentativ für die Carbonbetonbauweise stehen. Dazu erfolgte die baustoffliche und baukonstruktive Festlegung repräsentativer Bauteile für die (Feld-)Experimente (siehe Kapitel 4). Aus der Bandbreite zur Verfügung stehender Textilfasern und Matrixkombinationen wurden EP-beschichtete Carbongelege und Carbonstäbe ausgewählt. Für die Betonmatrix wurde eine C60/75-Betonrezeptur mit einem Gesteinszuschlag bis maximal 8 mm Größtkorn festgelegt. Aus der Bandbreite möglicher Bauteile wurden scheibenartige tragende und nicht-tragende Wandbauteile sowie plattenartige Rippendecken herausgearbeitet.

Die konzipierten und hergestellten Großbauteile wurden mit der Gesamtmasse von circa 18.300 kg großtechnisch mit einem Backenbrecher auf die Korngruppen 0/56, 0/16 und 0/10 zerkleinert. Das zerkleinerte Abbruchmaterial, welches als Ausgangsmaterial für die Aufbereitungsversuche diente, wurde im Anschluss ausführlich charakterisiert (siehe Kapitel 5). Das heterogene Abbruchmaterial war nach Möglichkeit in die beiden sortenreinen Stoffströme (Faserfraktionen und mineralische Fraktionen) zu fraktionieren. Hierzu erfolgte die Untersuchung der Aufbereitungsverfahren für die Zerkleinerung, die Sortierung und die Klassierung in teilweise mobilen und stationären Anlagen. Die Versuche hatten insbesondere das Ziel, geeignete Separationsverfahren im Rahmen des Recyclingprozesses für carbonfaserbewehrten Beton zu eruieren und zu validieren. In Summe wurden acht Verfahren zur Separation von Carbonrovingfragmenten aus einem Mischgut gebrochener Carbonbetonbauteile untersucht (siehe Kapitel 5). Die dabei gewonnenen Einzelbeobachtungen und Ergebnisdaten beruhen auf den Situationsanalysen von insgesamt zehn (Feld-)Experimenten. In der Beurteilung der untersuchten Verfahren zur Separation der Carbonrovingfragmente aus mineralischen Abbruchmassen wurde die Kamerabasierte Sortierung mit dem höchsten Nutzwert festgestellt. Die relative Vorteilhaftigkeit des Verfahrens wurde im Rahmen der durchgeführten Sensitivitätsanalyse validiert. In der abschließenden Empfehlung wurde die Kamerabasierte Sortierung mit vor- und nachgelagerten Aufbereitungsschritten zu einem optimalen Aufbereitungsprozess ergänzt.

Die Verwertungsoptionen für die Fraktionen der gebrochenen mineralischen Betonmatrix und der separierten faserförmigen Carbonfragmente wurden aufgezeigt (siehe Kapitel 6). Der mineralische Anteil aus der Kamerabasierten Sortierung kann nach der DAfStb-Richtlinie „Beton nach DIN EN 206-1 und DIN 1045-2 mit rezyklierten Gesteinskörnungen nach DIN EN 12620" als Liefertyp 1 „Betonsplit" kategorisiert und bis zu einem Volumenanteil von 45 %, bezogen auf die gesamte eingesetzte Gesteinskörnung, bei der Herstellung von Frischbetonen zugegeben werden. Alternative Verwertungswege bestehen äquivalent zur Verwertung der mineralischen Fraktionen aus Recyclingprozessen von Stahlbetonbauteilen. Die EP-beschichtete Carbonfaserfraktion ist mittels vorhandener Pyrolyse- oder Solvolyseprozessen aufzubereiten und stofflichen zu verwerten. Die Verwertungsszenarien reichen von einfachen Spritzgussbauteilen, über die Vliesherstellung bis hin zu hochwertigen Stapelfasergarnen mit einem Anteil rezyklierter Carbonfasern.

Mit den Ergebnissen der vorliegenden Arbeit konnte für das Inverkehrbringen von Carbonbetonen und Carbonbetonbauteilen ein Vorschlag für das effiziente Recycling im Sinne einer hochwertigen stofflichen Aufbereitung aufgezeigt werden.

7.2   Ausblick

Der in Abschnitt 5.8 aufgezeigte optimale Aufbereitungsprozess für das Recycling von Carbonbeton kann in einem nächsten Schritt in ein BVT-Merkblatt (Merkblatt „Beste verfügbare Technik") überführt werden oder in anderer geeigneter Form, zum Beispiel durch einen eigenen Abfallschlüssel für Carbonbeton, den Baubeteiligten zur Verfügung gestellt werden.

Die aufgezeigten Ergebnisse basieren auf einem guten Bruch- und Aufschlussverhalten des Verbundbaustoffs. Das Bruchverhalten der umhüllenden Betonmatrix und der Aufschlussgrad sind maßgeblich vom eingesetzten Beschichtungsmaterial abhängig. Bei der Weiterentwicklung der EP-Beschichtungen sollten die Tastversuche aus Abschnitt 3.5 wiederholt werden, um die Basis der in dieser Arbeit angestellten Untersuchungen zu validieren. Darüber hinaus sollten in Zukunft Untersuchungen zur Recyclingfähigkeit der SBR-beschichteten Carbonbewehrung, die im Zuge von Verstärkungsmaßnahmen eingesetzt wird, stattfinden.

Zur Sicherstellung des derzeit geringen Gesundheitsgefährdungspotenzials sollte der Ausgangsstoff für Carbonfasern weiterhin PAN-basiert sein und die Verwendung von Pech-basierten Fasern im Bauwesen wirksam ausgeschlossen werden. Diese Beschränkung ließe sich beispielsweise durch ein RAL-Gütezeichen für Carbonbewehrungen festlegen und überwachen. Mit dem RAL-Gütezeichen werden Produkte und Dienstleistungen gekennzeichnet, die nach zuvor festgelegten Qualitätskriterien produziert und in Verkehr gebracht werden.

Generell kann die Herangehensweise, wie sie in der Arbeit aufgezeigt wurde, ein Anstoß für weitere Beurteilungen des Gefährdungspotenzials und Untersuchungen der hochwertigen Recyclingfähigkeit für alle zukünftigen Produktentwicklungen sein. Für den Ausschluss der Deponierung als Abfallbehandlungsweg sowie der Ausgestaltung von Wertstoffkreisläufen ohne Downcyclingprozessen sind das Inverkehrbringen von recyclingfähigen Baustoffen sowie die gesicherte Aufbereitung und Verwertung zu qualitätsgesicherten und marktfähigen Stoffen wichtig. In einem Lastenheft für das Produktdesign könnten vor dem Inverkehrbringen (faserverstärkter) Bauteile klare Forderungen an die Herstellung und die Anwendung formuliert werden, die den vollständigen Recycling- und Verwertungsprozess gewährleisten.

Grundvoraussetzungen für einen wachsenden Einsatz von rezyklierten Gesteinskörnungen und aufbereiteten Carbonfasern ist der wirtschaftliche Vorteil gegenüber dem Primärgestein und der Primärfaser. Dazu sind verstärkt Wirtschaftlichkeitsbetrachtung und Lebenszyklusanalysen für Recyclingszenarien aufzustellen, die die Primärrohstoffeinsparung berücksichtigen.

Für die rezyklierte Carbonfaserfraktion müssen die Materialkenngrößen oberhalb der konkurrierenden AR-Glasfaserbewehrung liegen sowie die gleichbleibend gute Qualität und Verarbeitbarkeit auch unter Verwendung unterschiedlicher Abfallchargen gewährleisten werden. Die hochwertige stoffliche Verwertung von Carbonfasern stellt bisher trotz vielfältiger Ansätze und den vorhandenen Prozesstechnologien noch die Ausnahme dar. Dies gilt sowohl für Carbonfasern aus dem Bauwesen, als auch für Carbonfasern aus baufernen Anwendungen. In der Praxis wird derzeit vorrangig die energetische Verwertung in Sonderabfallverbrennungsanlagen zur Behandlung von Carbonfaserabfällen umgesetzt. [738] Die ungenügende Marktakzeptanz für rCF beruht im Wesentlichen auch auf der während der Aufbereitung stattfindenden Fasereinkürzung. [739]

Die Verwendung von Recyclingbaustoffen könnte unter der verstärkten Berücksichtigung des Kriteriums *Ressourceneffizienz* bei der Bewertung der Nachhaltigkeit oder Angebotspreisen im Bauwesen unterstützt werden. So können öffentliche Ausschreibungen weiterhin produktneutral formuliert werden und die Gleichwertigkeit von rezyklierten Baustoffen in den Regelwerken festgeschrieben werden.

---

[738] Hofmann/Culich (2014) Verarbeitung von rezyklierten Carbonfasern zu Vliesstoffen für die Herstellung von Verbundbauteilen, S. 59
[739] Kneisel (06.03.2019) LAGA-AG zu CFK-Abfällen - Arbeitsergebnisse - Aktueller Stand der Arbeiten - weiteres Vorgehen

Literaturverzeichnis

Monographien und Fachbeiträge

Aberle, Gerd, 2009: Transportwirtschaft, Einzelwirtschaftliche und gesamtwirtschaftlicheGrundlagen; 5. überarbeitete und ergänzte Auflage; De Gruyter Verlag; Oldenbourg.

Akbar-Khanzadeh, Farhang und Brillhard, Randall L., 2002: Respirable Crystalline Silica Dust Exposure During Concrete Finishing (Grinding) Using Hand held Grinders in the Construction Industry; in: The Annals of Occupational Hygiene; Band 46; Heft 3; S. 341-346.

Arnold, Matthias; Franz, Holger; Bobertag, Manfred; Glück, Jan; Cojutti, Massimo; Wahl, Martin und Mitschang, Peter, 2014: Kapazitive Messtechnik zur RTM-Prozessüberwachung; in: Siebenpfeiffer, Wolfgang (Hrsg.): Leichtbau-Technologien im Automobilbau, Werkstoffe - Fertigung – Konzepte; Springer-Vieweg-Verlag; Wiesbaden; S. 17-22.

Asche, Stefan; Hartbrich, Iestyn und Reckter, Bettina, 2018: Fasern in Form; in: VDI Nachrichten; Jahrgang 2018; Heft 19; S. 1.

Azarmi, Farhad; Kumar, Prashant und Mulheron, Mike, 2014: The exposure to coarse, fine and ultrafine particle emissions from concrete mixing, drilling and cutting activities; in: Journal of hazardous materials; Band 279; S. 268-279.

Bachmann, Hubert; Steinle, Alfred und Hahn, Volker, 2010: Bauen mit Betonfertigteilen im Hochbau; 2. aktualisierte Auflage; Wilhelm Ernst & Sohn Verlag; Berlin.

Bäger, Daphne; Simonow, Barbara; Kehren, Dominic; Dziurowitz, Nico; Wenzlaff, Daniela; Thim, Carmen; Meyer-Plath, Asmus und Plitzko, Sabine, 2019: Pechbasierte Carbonfasern als Quelle alveolengängiger Fasern bei mechanischer Bearbeitung von carbonfaserverstärkten Kunststoffen (CFK); in: Gefahrstoffe - Reinhaltung der Luft; Jahrgang 79; Heft ½; S. 13-16.

Balzert, Helmut; Schröder, Marion; Schaefer, Christian und Motte, Petra, 2017: Wissenschaftliches Arbeiten; 2. Auflage; Springer-Verlag; Berlin und Dortmund.

Basalla, Alfred, 1980: Baupraktische Betontechnologie; 4. neubearbeitete und erweiterte Auflage; Bauverlag; Wiesbaden und Berlin.

Bauer, Andreas; Schäfer, Thorsten; Dohrmann, Reiner; Hoffmann, H. und Kim, J. I., 2001: Smectite stability in acid salt solutions and the fate of Eu, Th and U in solution; in: Clay Minerals; Jahrgang 36; Heft 01; S. 93-103.

© Der/die Herausgeber bzw. der/die Autor(en), exklusiv lizenziert durch Springer Fachmedien Wiesbaden GmbH, ein Teil von Springer Nature 2020
J. Kortmann, *Verfahrenstechnische Untersuchungen zur Recyclingfähigkeit von Carbonbeton*, Baubetriebswesen und Bauverfahrenstechnik, https://doi.org/10.1007/978-3-658-30125-5

Bentur, Arnon und Mindess, Sidney, 1990: Fibre reinforced cementitious composites; Elsevier Applied Science Verlag; London und New York.

Bergmeister, Konrad; Fingerloos, Frank und Wörner, Johann-Dietrich, 2017: Beton Kalender 2017 - Spannbeton, Spezialbetone; Jahrgang 106; Wilhelm Ernst & Sohn Verlag; Berlin.

Berner, Fritz; Kochendörfer, Bernd und Schach, Rainer, 2013: Grundlagen der Baubetriebslehre 2; 2. Auflage; Springer-Verlag; Wiesbaden.

Bienkowski, Natalia; Hillemann, Lars; Steibel, Thorsten; Kortmann, Jan; Kopf, Florian; Zimmermann, Ralf und Jehle, Peter, 2017: Bearbeitung von Carbonbeton - eine bauverfahrenstechnische und medizinische Betrachtung; in: VDI Fachbereich Bautechnik (Hrsg.): Bauingenieur - Jahresausgabe 2017/2018; Springer-VDI-Verlag; Düsseldorf.

Bilitewski, Bernd und Härdtle, Georg, 2013: Abfallwirtschaft - Handbuch für Praxis und Lehre, 4. aktualisierte und erweiterte Auflage; Springer-Vieweg-Verlag; Berlin und Heidelberg.

Bösche, Thomas; Ortlepp, Sebastian und Zernsdorf, Kai, 2017: Carbonbetonstab; in: C^3 - Carbon Concrete Composite e. V. (Hrsg.): Tagungsband zu den 9. Carbon- und Textilbetontagen; Dresden.

Bösche, Thomas; Ortlepp, Sebastian. und Zernsdorf, Kai, 2017: Anforderungen an marktreife anorganisch gebundene Carbonbewehrungselemente; in: C^3 - Carbon Concrete Composite e. V. (Hrsg.): Tagungsband zu den 9. Carbon- und Textilbetontagen; Dresden.

Bracke, Rolf und Klümpen, Christina, 1999: Arbeitshilfe zur Entwicklung von Rückbaukonzepten im Zuge des Flächenrecyclings; Essen.

Brameshuber, Wolfgang, 2006: State-of-the-Art report of RILEM Technical Committee TC 201-TRC „Textile Reinforced Concrete"; RILEM Publications; Bagneux.

Brückner, Anett; Wellner, Sabine; Ortlepp, Regine; Scheerer, Silke und Curbach, Manfred, 2013: Plattenbalken mit Querkraftverstärkung aus Textilbeton unter nicht vorwiegend ruhender Belastung; in: Beton- und Stahlbetonbau; Jahrgang 108; Heft 3; S. 169-178.

Bunge, Rainer, 2012: Mechanische Aufbereitung: Primär- und Sekundärrohstoffe; Wiley-VCH Verlag; Weinheim.

C^3 - Carbon Concrete Composite e. V., 2016: Ausschreibung für Forschungs- und Entwicklungsvorhaben in V3 „Anwendungen" und V3-I·„Invention", Dresden.

Cherif, Chokri, 2011: Textile Werkstoffe für den Leichtbau; Springer-Verlag; Berlin und Heidelberg.

Curbach, Manfred und Hegger, Josef (Hrsg.), 2003: Textile reinforced structures; Technische Universität Dresden; Dresden.

Curbach, Manfred; Offermann, Peter und Assmann, Ulrich 2015: Verstärken mit Textilbeton; in: Beton- und Stahlbetonbau Spezial; Jahrgang 110; Heft 1, Sonderausgabe.

Curbach, Manfred; Ortlepp, Sebastian; Brückner, Anett; Kratz, Mirella; Offermann, Peter und Engler, Thomas, 2003: Entwicklung einer großformatigen, dünnwandigen, textilbewehrten Fassadenplatte; in: Beton- und Stahlbetonbau, Jahrgang 98; Heft 6; S. 345-350.

Damodaran, S.; Desai, P. und Abhiraman, A. S., 1990: Chemical and Physical Aspects of the Formation of Carbon Fibres from PAN-based Precursors; in: The Journal of The Textile Institute; Jahrgang 81; Heft 4; S. 384-420.

Deutsche Forschungsgemeinschaft, 2018: MAK- und BAT-Werte-Liste 2018; Wiley-VCH Verlag; Weinheim.

Deutsche Gesetzliche Unfallversicherung e.V. (DGUV), 2014: DGUV-Information - Bearbeitung von CFK Materialien; Mainz.

Deutscher Ausschuss für Stahlbeton, 2005: DAfStb-Richtlinie - Beton nach DIN EN 206-1 und DIN 1045-2 mit rezyklierten Gesteinskörnungen nach DIN EN 12620.

Diederichs, Claus Jürgen, 2005: Führungswissen für Bau- und Immobilienfachleute 1; 2. erweiterte und aktualisierte Auflage; Springer-Verlag; Berlin.

Dietrich, Günter; Lerch, André; Naujoks, Frank; Rögener, Frank; Scheiffelen, Beate; Shi, Zhaoping; Pirsing, Andreas; Buse, Gerhard und Hartinger, Ludwig, 2017: Hartinger Handbuch Abwasser- und Recyclingtechnik; 3. vollständig überarbeitete Auflage; Carl Hanser Verlag; München.

Dilger, Klaus; Mund, Frank und Dilthey, Ulrich, 2003: Einsatz einer polymeren Phase zur Verbundverbesserung; in: Curbach, Manfred und Hegger, Josef (Hrsg.): Textile reinforced structures, Proceedings of the 2nd Colloquium on Textile Reinforced Structures (CTRS2); 29.9.2003 bis 1.10.2003; Technische Universität Dresden; Dresden.

Dilthey, Ulrich; Schleser, Markus; Raupach, Michael und Orlowsky, Jeanette, 2007: Textilbeton mit polymergetränkter Bewehrung; in: Fachzeitschrift Beton; Heft 3; S. 92-99.

Ehlig, Daniel; Schladitz, Frank; Frenzel, Michael und Curbach, Manfred, 2012: Textilbeton - Ausgeführte Projekte im Überblick; in: Beton- und Stahlbetonbau, Jahrgang 107; Heft 11; S. 777-785.

Eibl, Sebastian; Reiner, Dietmar und Lehnert, Martin, 2014: Gefährdung durchlungengängige Faserfragmente nach dem Abbrand Kohlenstofffaser verstärkter Kunststoffe; in: Gefahrstoffe - Reinhaltung der Luft; Jahrgang 74; Heft 7/8; S. 285-286.

Erhard, Erich; Weiland, Silvio; Lorenz, Enrico; Schladitz, Frank; Beckmann, Birgit und Curbach, Manfred, 2015: Anwendungsbeispiele für Textilbetonverstärkung; in: Beckmann, Birgit (Hrsg.): Verstärken mit Textilbeton, Übersicht: Was ist Textilbeton?; Baustoffkomponenten, Verbundwerkstoff, Bemessungskonzept, Technologien, Baustellenverfahren, Anwendungsbeispiele, Praxisseminare Textilbeton, Informationen zur Zulassung; Wilhelm Ernst & Sohn Verlag; Berlin; S. 74-82.

Fachvereinigung Deutscher Betonfertigteilbau e. V., 2009: Betonfertigteile im Geschoss- und Hallenbau.

Flanagan, M. E.; Loewenherz, C. und Kuhn, G., 2001: Indoor wet concrete cutting and coring exposure evaluation; in: Applied occupational and environmental hygiene; Jahrgang 16; Heft 12; S. 1097-1100.

Flemming, Manfred; Ziegmann, Gerhard und Roth, Siegfried, 1995: Faserverbundbauweisen - Fasern und Matrices; Springer-Verlag; Berlin und Heidelberg.

Flemming, Manfred; Ziegmann, Gerhard und Roth, Siegfried, 1996: Faserverbundbauweisen - Halbzeuge und Bauweisen; Springer-Verlag; Berlin.

Franz, Gotthard; Schäfer, Kurt und Hampe, Erhard, 1988: Konstruktionslehre des Stahlbetons - Band 2, Tragwerke A, Typische Tragwerke; 2. völlig neubearbeitete Auflage; Springer-Verlag; Berlin.

Frenzel, Michael, 2015: Balkonplatte aus Textilbeton - Leicht und materialeffizient; in: TUDALIT e. V. (Hrsg.): TUDALIT Magazin: Leichter bauen - Zukunft formen; Dresden.

Frenzel, Michael; Lieboldt, Matthias und Curbach, Manfred, 2014: Leicht Bauen mit Beton - Balkonplatten mit Carbonbewehrung; in: Beton- und Stahlbetonbau, Jahrgang 109; Heft 10; S. 713-725.

Gandhi, Sanjeev; Lyon, Richard und Speitel, Louise, 2016: Potential Health Hazards from Burning Aircraft Composites; in: Journal of Fire Sciences; Jahrgang 17; Heft 1; S. 20-41.

Gebhardt, Andreas; Schneider, Marco und Handte, Jakob, 2013: CFK-Zerspanung; in: MM Compositeworld; Heft Juli 2013; S. 12-14.

Gewiese, Angela; Gladitz-Funk, Inge und Schenk, Bernhard, 1994: Recycling von Baureststoffen; expert-Verlag; Renningen-Malmsheim.

Gogoladze, Georgi, 2017: Fortschritte bei der Bewehrung der Basaltfaserapplikationen im Beton; in: C^3 - Carbon Concrete Composite e. V. (Hrsg.): Tagungsband zu den 9. Carbon- und Textilbetontagen; Dresden.

Götze, Uwe, 2014: Investitionsrechnung - Modelle und Analysen zur Beurteilung von Investitionsvorhaben; 7. Auflage, Springer-Gabler-Verlag; Berlin und Heidelberg.

Gries, Thomas; Veit, Dieter und Wulfhorst, Burkhard, 2019: Textile Fertigungsverfahren - Eine Einführung; 3. Auflage; Carl Hanser Verlag; München.

Großmann, Christoph, 2017: Textile Bewehrungskonstruktionen; in: TUDALIT e. V. (Hrsg.): TUDALIT Magazin: Leichter bauen - Zukunft formen; S. 19.

Gschaider, Helfried und Huber, Reinhold, 2008: Neue Entwicklungen in der optischen Sortierung; in: BHM Berg- und Hüttenmännische Monatshefte; Jahrgang 153; Heft 6; S. 217-220.

Günther, Edeltraud, 2008: Ökologieorientiertes Management; Lucius und Lucius Verlag; Stuttgart.

Hantsch, Sieghard; Jehle, Peter; Kortmann, Jan; Bienkowski, Natalia und Kopf, Florian, 2017: Carbonbeton (C^3) - Erste Versuche beim Bohren und Sägen des neuen Baustoffs; in: Fachverband Betonbohren und -sägen Deutschland e. V. (Hrsg.): Der Betonbohrer; Der Betonbohrer-Verlags; Bad Arolsen; S. 60-61.

Hanusch, Horst, 2011: Nutzen-Kosten-Analyse; 3. vollständig überarbeitete Auflage, Verlag Franz Vahlen; München.

Hartz, Andrea; Schniedermeier, Lydia; Saad, Sascha; Manderla, Beate; Bächle, Stephanie; Furkert, Matthias und Zaspel-Heisters, Brigitte (Hrsg.), 2017: Mittel- und langfristige Sicherung mineralischer Rohstoffe in der landesweiten Raumplanung und in der Regionalplanung; Selbstverlag des Bundesinstituts für Bau- Stadt- und Raumforschung (BBSR) im Bundesamt für Bauwesen und Raumordnung (BBR); Bonn.

Hauptverband der Deutschen Bauindustrie e.V., 2015: BGL Baugeräteliste; Bauverlag; Gütersloh.

Hegger, Josef; Horstmann, Michael; Voss, Stefan und Will, Norbert, 2007: Textilbewehrter Beton; in: Beton- und Stahlbetonbau; Jahrgang 102; Heft 6.

Helbig, Thorsten; Rempel, Sergej; Unterer, Kai; Kulas, Christian und Hegger, Josef, 2016: Fuß- und Radwegbrücke aus Carbonbeton in Albstadt-Ebingen; in: Beton- und Stahlbetonbau, Jahrgang 111; Heft 10; S. 676-685.

Hengstermann, Martin; Bardl, Georg; Rao, Haihua; Abdkader, Anwar; Hasan, Mir Mohammad und Cherif, Chokri, 2016: Development of a Method for Characterization of the Fibre Length of Long Staple Carbon Fibres Based on Image Analysis; in: Fibres and Textiles in Eastern Europe; Jahrgang 24; Heft 4 (118); S. 39-44.

Henke, Michael und Fischer, Oliver, 2014: Formoptimierte filigrane Stäbe aus UHPC und korrosionsfreier CFK-Bewehrung für variable räumliche Stabtragwerke; in: Scheerer, Silke und Curbach, Manfred (Hrsg.): Leicht Bauen mit Beton – Forschung im Schwerpunktprogramm 1542; Eigenverlag TU Dresden; Dresden; S. 48-59.

Henning, Frank und Moeller, Elvira (Hrsg.), 2011: Handbuch Leichtbau; Carl Hanser Verlag; München.

Hentschel, Manuel, 2013: Innovationsmanagement im Baubetrieb; expert-Verlag; Renningen.

Heppes, Oliver, 2017: Untersuchung zur baupraktischen Anwendung von Carbonbeton in Neubauteilen; in: DAfStb Fachkolloquium II/2017 Entwicklung nichtmetallischer Bewehrung; Berlin.

Hertzberg, Tommy, 2005: Dangers relating to fires in carbon-fibre based composite material; in: Fire and Materials; Jahrgang 29; Heft 4; S. 231-248.

Hillemann, Lars; Stintz, Michael; Streibel, Thorsten; Zimmermann, Ralf; Öder, Sebastian; Kasurinen, Stefanie; Di Bucchianico, Sebastiano; Kanashova, Tamara; Dittmar, Gunnar; Konzack, Dustin; Große, Stephan; Rudolph, Andreas; Berger, Markus; Krebs, Tobias; Saraji-Bozorgzad, Mohammad Reza und Walte, Andreas, 2018: Charakterisierung von Partikelemissionen aus dem Trennschleifprozess von kohlefaserverstärktem Beton (Carbonbeton); in: Gefahrstoffe - Reinhaltung der Luft; Heft 6; S. 230-240.

Hoffmeister, Wolfgang, 2008: Investitionsrechnung und Nutzwertanalyse; 2. überarbeitete Auflage; BWV Berliner Wissenschafts-Verlag; Berlin.

Hofmann, Marcel und Culich, Bernd, 2014: Verarbeitung von rezyklierten Carbonfasern zu Vliesstoffen für die Herstellung von Verbundbauteilen; in: Siebenpfeiffer, Wolfgang (Hrsg.): Leichtbau-Technologien im Automobilbau, Werkstoffe - Fertigung – Konzepte; Springer-Vieweg-Verlag; Wiesbaden; S. 58-63.

Hofmann, Marcel; Gulich, Bernd und Illing-Günther, H., 2014: Aufbereitung von Carbonabfällen und deren Wiedereinsatz in textilen Strukturen unter Nutzung des Kardierprozesses; in: Hofmann, Susan (Hrsg.): Tagungsband zur 14. Chemnitzer Textiltechnik-Tagung - Mehrwert durch Textiltechnik; Förderverein Cetex; Chemnitz; S. 246-252.

Hofmann, Marcel; Thielemann, Günther; Hierhammer, Marian und Sigmund, Ina, 2017: Verarbeitung von rCF zu strangförmigen Produkten; Vortrag im Rahmen des Workshops Carbon Composite Recycling CCeV Strategiekreis Nachhaltigkeit; Augsburg.

Hyde, Jason R.; Lester, Edward; Kingman, Sam; Pickering, Stephen und Wong, Kok Hoong, 2006: Supercritical propanol, a possible route to composite carbon fibre recovery: A viability study; in: Composites: Part A; Heft 37; S. 2171-2175.

Ilschner, Bernhard und Singer, Robert F., 2016: Werkstoffwissenschaften und Fertigungstechnik; 6. überarbeitete Auflage; Springer-Vieweg-Verlag; Berlin.

Jäger, Hubert und Hauke, Tilo, 2010: Carbonfasern und ihre Verbundwerkstoffe; Verlag Moderne Industrie; München.

Jehle, Peter; Kortmann, Jan; Kopf, Florian und Bienkowski, Natalia, 2017: Demolition and recycling of carbon reinforced concrete; in: Delft University of Technology (Hrsg.): International HISER Conference on Advances in Recycling and Management of Construction and Demolition Waste; Delft.

Jesse, Frank, 2004: Tragverhalten von Filamentgarnen in zementgebundener Matrix; Technische Universität Dresden; Dresden.

Jesse, Frank und Curbach, Manfred, 2010: Verstärken mit Textilbeton; Technische Universität Dresden, Fakultät Bauingenieurwesen; Dresden.

Kainer, Karl Ulrich (Hrsg.), 2003: Metallische Verbundwerkstoffe; Wiley-VCH Verlag; Weinheim.

Kämpfe, Hansgerd, 2010: Bewehrungstechnik: Grundlagen, Praxis, Beispiele, Wirtschaftlichkeit; Springer-Vieweg-Verlag; Wiesbaden.

Kasten, Knut, 2010: Gleitrohr-Rheometer; Shaker-Verlag; Aachen.

Kimm, Magdalena; Gerstein, Nils; Schmitz, Patricia; Simons, Martin und Gries, Thomas, 2018: On the separation and recycling behaviour of textile reinforced concrete: an experimental study; in: Materials and Structures; Jahrgang 51; Heft 5; S. 122-135.

Kirsten, Martin; Freudenberg, Christiane und Cherif, Chokri, 2015: Carbonfasern, der Werkstoff des 21. Jahrhunderts; in: Beckmann, Birgit (Hrsg.): Verstärken mit Textilbeton, Übersicht: Was ist Textilbeton? Baustoffkomponenten, Verbundwerkstoff, Bemessungskonzept, Technologien, Baustellenverfahren, Anwendungsbeispiele, Praxisseminare Textilbeton, Informationen zur Zulassung; Wilhelm Ernst & Sohn Verlag; Berlin.

Kluge, Bernd, 1988: Sekundärrohstoffeinsatz im Bauwesen; Bauinformation DDR; Berlin.

Knappe, Florian; Theis, Stefanie; Feeß, Walter; Fritz, Eberhard; Weiß, Hans-Jörg; Dziadek, Bernhard und Lieber, Ralf, 2013: Stoffkreisläufe von RC-Beton: Informationsbroschüre für die Herstellung von Transportbeton unter Verwendung von Gesteinskörnungen nach Typ 2; Heidelberg.

Kneisel, Martin, 2019: LAGA-AG zu CFK-Abfällen - Arbeitsergebnisse - Aktueller Stand der Arbeiten - weiteres Vorgehen; Vortrag im Rahmen der 15. Leipziger Deponiefachtagung; Leipzig.

Koch, Andreas, 2015: Recycling von Carbonbeton; in: TUDALIT e. V. (Hrsg.): TUDALIT Magazin: Leichter bauen - Zukunft formen.

Koch, Dietmar und Butler, Marco, 2017: Carbonstrukturen zur Betonbewehrung, in: C^3 - Carbon Concrete Composite e. V. (Hrsg.): Tagungsband zu den 9. Carbon- und Textilbetontagen, Dresden.

Kohlbecker, Fabian, 2011: Projektbegleitendes Öko-Controlling; KIT Scientific Publishing; Karlsruhe.

Kortmann, Jan und Kopf, Florian, 2016: C^3 – Carbon Concrete Composite: Recyclingfähigkeit von Carbonbeton – Ist-Stand im Forschungsprojekt; in: Schach, Rainer und Jehle, Peter (Hrsg.): 27. BBB-Assistententreffen, Fachkongress der wissenschaftlichen Mitarbeiter der Bereiche Baubetrieb, Bauwirtschaft und Bauverfahrenstechnik; Technische Universität Dresden, Fakultät Bauingenieurwesen, Institut für Baubetriebswesen; Dresden; S. 159-168.

Kortmann, Jan; Kopf, Florian und Bienkowski, Natalia, 2017: C^3-V1.5 Abbruch, Rückbau und Recycling von C^3-Bauteilen; in: C^3 - Carbon Concrete Composite e. V. (Hrsg.): Tagungsband zu den 9. Carbon- und Textilbetontagen; Dresden.

Kortmann, Jan; Kopf, Florian; Hillemann, Lars und Jehle, Peter, 2018: Recycling von Carbonbeton - Aufbereitung im großtechnischen Maßstab gelungen!; in: VDI Fachbereich Bautechnik (Hrsg.): Bauingenieur - Jahresausgabe 2018/2019; Springer-VDI-Verlag; Düsseldorf.

Kreibe, Siegfried, 2016: MAI Carbon Nachhaltigkeit: Recycling carbonfaserverstärkter Kunststoffe (CFK); Vortrag im Rahmen der Fachtagung "Innovative Materialien und Arbeitsschutz"; bifa Umweltinstitut GmbH und DASA Dortmund.

Kreislaufwirtschaft Bau e. V. (KWB), 2017: Mineralische Bauabfälle Monitoring 2014; 10. Bericht; Berlin.

Kühnel, Michael und Sauer, Michael, 2017: Composites-Marktbericht 2017.

Kulas, Christian, 2015: Fertigteilgaragen aus Textilbeton; in: TUDALIT e. V (Hrsg.): TUDALIT Magazin: Leichter bauen - Zukunft formen.

Kulas, Christian (Hrsg.), 2017: Zum Tragverhalten getränkter textiler Bewehrungselemente für Betonbauteile; Schriftenreihe IMB; Aachen.

Kulas, Christian, 2017: Allgemeine bauaufsichtliche Zulassung für Sandwichwände und Modulbauten; in: C^3 - Carbon Concrete Composite e. V. (Hrsg.): Tagungsband zu den 9. Carbon- und Textilbetontagen; Dresden.

Kumar, Prashant und Morawska, Lidia, 2014: Recycling concrete: An undiscovered source of ultrafine particles; in: Atmospheric Environment; Jahrgang 90; Heft; S. 51-58.

Kumar, Prashant; Mulheron, Mike und Som, Claudia, 2012: Release of ultrafine particles from three simulated building processes; in: Journal of Nanoparticle Research; Jahrgang 14; Heft 4; S. 4739.

Kunieda, Minoru; Ueda, Naoshi und Nakamura, Hikaru, 2014: Ability of recycling on fiber reinforced concrete; in: Construction and Building Materials; Jahrgang 67; S. 315-320.

Kupke, Marén und Rupp, Matthias, 2011: Schalenförmiges Fertigteil als Hüllfläche und Tragkonstruktion eines Gebäudes; in: TUDALIT Magazin; Jahrgang 2011, Heft 5.

Lässig, Ralph; Eisenhut, Martin; Mathias, Arne; Schulte, Rolf T.; Peters, Frank; Kühmann, Thorsten; Waldmann, Thomas und Begemann, Walter, 2012: Serienproduktion von hochfesten Faserverbundbauteilen - Perspektiven für den deutschen Maschinen- und Anlagenbau; Roland Berger Strategy Consultants; Frankfurt/Main.

Lengsfeld, Hauke; Wolff-Fabris, Felipe; Krämer, Johannes; Lacalle, Javier und Altstädt, Volker, 2015: Faserverbundwerkstoffe - Prepregs und ihre Verarbeitung; Carl Hanser Verlag.

Liebscher, Marco, 2017: Anorganisch gebundene Bewehrung; in: C³ - Carbon Concrete Composite e. V. (Hrsg.): Tagungsband zu den 9. Carbon- und Textilbetontagen; Dresden.

Limburg, Marco und Quicker, Peter, 2016: Entsorgung von Carbonfasern; in: Thomé-Kozmiensky, Karl J. und Beckmann, Michael (Hrsg.): Energie aus Abfall; TK Verlag Karl Thomé-Kozmiensky; Neuruppin; S. 135-144.

Locher, Friedrich Wilhelm, 2000: Zement; Verlag Bau + Technik; Düsseldorf.

Löhr, Karsten; Melchiorre, Michele und Kettemann, Bernd-Uwe, 1995: Aufbereitungs-technik; Carl Hanser Verlag; München und Wien.

Lorenz, Enrico; Schütze, Elisabeth und Weiland, Silvio: Textilbeton - Eigenschaften des Verbundwerkstoffes; in: Beckmann, Birgit (Hrsg.), 2015: Verstärken mit Textil-beton, Übersicht: Was ist Textilbeton?; Baustoffkomponenten, Verbundwerkstoff, Bemessungskonzept, Technologien, Baustellenverfahren, Anwendungsbeispiele, Praxisseminare Textilbeton, Informationen zur Zulassung; Wilhelm Ernst & Sohn Verlag; Berlin; S. 29-41.

Mäder, Edith; Plonka, Rosemarie und Gao, Shanglin, 2003: Coatings for Fibre and In-terphase Modifications in a Cementitious Matrix; in: Curbach, Manfred und Heg-ger, Josef (Hrsg.): Textile reinforced structures, Proceedings of the 2nd Collo-quium on Textile Reinforced Structures (CTRS2); Technische Universität Dres-den; Dresden; S. 121-132.

Martens, Hans und Goldmann, Daniel, 2016: Recyclingtechnik; 2. Auflage; Springer-Vieweg-Verlag; Wiesbaden.

Martin, Thomas R.; Meyer, Stephen W. und Luchtel, Daniel R., 1989: An evaluation of the toxicity of carbon fiber composites for lung cells in vitro and in vivo; in: En-vironmental Research; Jahrgang 49; Heft 2; S. 246-261.

Mastali, Mohammad; Dalvand, Ahmad und Sattarifard, Alireza R., 2017: The impact resistance and mechanical properties of the reinforced self-compacting concrete incorporating recycled CFRP fiber with different lengths and dosages; in: Com-posites Part B: Engineering; Jahrgang 112; S. 74-92.

May, Sebastian, 2017: Materialeffiziente Deckenelemente aus Carbonbeton; in: C³ - Carbon Concrete Composite e. V. (Hrsg.): Tagungsband zu den 9. Carbon- und Textilbetontagen; Dresden.

Meiners, Dieter und Eversmann, Bertram, 2014: Recycling von Carbonfasern; in: Thomé-Kozmiensky, Karl J. und Goldmann, Daniel (Hrsg.): Recycling und Roh-stoffe; TK-Verlag; Neuruppin; S. 371-378.

Menges, Georg; Haberstroh, Edmund; Michaeli, Walter und Schmachtenberg, Ernst, 2011: Menges Werkstoffkunde Kunststoffe; 6. völlig überarbeitete Auflage; Carl Hanser Verlag; München.

Messari-Becker, Lamia; Mettke, Angelika; Knappe, Florian; Storck, Ulrich; Bollinger, Klaus und Grohmann, Manfred, 2014: Recycling concrete in practice - a chance for sustainable resource management; in: Structural Concrete; Jahrgang 15; Heft 4; S. 556-562.

Mettke, Angelika; Heyn, Sören und Spyra, Wolfgang, 2010: Ökologische Prozessbetrachtungen - RC-Beton (Stofffluss, Energieaufwand, Emissionen); Cottbus.

Meyer-Plath, Asmus, 2018: Freisetzung biobeständiger alveolengängiger Fasern bei mechanischer Bearbeitung von Carbonfasern; Vortrag im Rahmen des C^3-Vernetzungsworkshops „Recycling und Arbeitsschutz"; Dresden.

Michler, Harald, 2013: Segmentbrücke aus textilbewehrtem Beton - Rottachsteg Kempten im Allgäu; in: Beton- und Stahlbetonbau; Jahrgang 108; Heft 5; S. 325-334.

Motzko, Christoph und Blesinger, Daniel, 2016: Abbruch und Bauen im Bestand – Rückgewinnung von Rohstoffen; Vortrag im Rahmen der Veranstaltung „Zukunft des Bauens"; Frankfurt/Main.

Motzko, Christoph; Klingenberger, Jörg; Wöltjen, Jan und Löw, Daniela, 2016: Bewertungsmatrix für die Kostenplanung beim Abbruch und Bauen im Bestand; Stuttgart.

Müller, Anette, 2017: Aufbereitungstechnik - Status Quo und Zukunft; Vortrag im Rahmen des Fachsymposiums R-Beton; TU Kaiserslautern; Kaiserslautern.

Müller, Harald S.; Breiner, Raphael; Moffatt, Jack S. und Haist, Michael, 2014: Design and Properties of Sustainable Concrete; in: Procedia Engineering; Jahrgang 95, S. 290-304.

Müller, Matthias, 2017: Alternative Bindemittel; in: C^3 - Carbon Concrete Composite e. V. (Hrsg.): Tagungsband zu den 9. Carbon- und Textilbetontagen; Dresden.

Müller, Wolfgang, 2017: Übersicht der Verfahren zur Trennung von Faser und Matrix; Vortrag im Rahmen des Workshops Carbon Composite Recycling CCeV Strategiekreis Nachhaltigkeit; Augsburg.

Neitzel, Manfred (Hrsg.), 2014: Handbuch Verbundwerkstoffe; 2. aktualisierte und erweiterte Auflage; Carl Hanser Verlag; München.

Nguyen, Hoang; Carvelli, Valter; Fujii, Toru und Okubo, Kazuya, 2016: Cement mortar reinforced with reclaimed carbon fibres, CFRP waste or prepreg carbon waste; in: Construction and Building Materials; Jahrgang 126; S. 321-331.

Nickel, Werner (Hrsg.), 1996: Recycling-Handbuch; VDI-Verlag; Düsseldorf.

Norambuena-Contreras, José Thomas, Carlos; Borinaga-Treviño, Roque und Lombillo, Ignacio, 2016: Influence of recycled carbon powder waste addition on the physical and mechanical properties of cement pastes; in: Materials and Structures; Jahrgang 49; Heft 12; S. 5147-5159.

Nürnberger, Ulf, 2011: Merkblatt 866 - Nichtrostender Betonstahl, Informationsstelle Edelstahl Rostfrei; Stuttgart.

Offermann, Peter; Engler, Thomas; Gries, Thomas und Roye, Andreas, 2004: Technische Textilien zur Bewehrung von Betonbauteilen; in: Beton- und Stahlbetonbau; Jahrgang 99; Heft 6; S. 437-443.

Oksri-Nelfia, Lisa; Mahieux, P-Y.; Amiri, Omid; Turcry, Ph. und Lux, Jerome, 2016: Reuse of recycled crushed concrete fines as mineral addition in cementitious materials; in: Materials and Structures; Jahrgang 49; Heft 8; S. 3239-3251.

Ortlepp, Regine; Schladitz, Frank und Curbach, Manfred, 2011: Textilbetonverstärkte Stahlbetonstützen; in: Beton- und Stahlbetonbau; Jahrgang 106; Heft 9; S. 640-648.

Otto, Jens und Adam, Romy, 2019: Carbonbeton und Stahlbeton im wirtschaftlichen Vergleich; Veröffentlichung geplant in: Bauingenieur, 6/2019, Band 94, Hauptaufsatz.

Palmenaer, Andreas de; Greb, Christoph und Gries, Thomas, 2014: Praxisbasierte Vorstellung der Prozesskette von der Carbonfaser-Herstellung bis zum komplexen Bauteil; in: Deutsche Gesellschaft für Materialkunde e. V., Fischer, Frank O. R. (Hrsg.): Dialog Materialwissenschaft und Werkstofftechnik; ALPHA Informationsgesellschaft; Lampertheim.

Pimenta, Soraia und Pinho, Silvestre T., 2014: Recycling of Carbon Fibers; in: Worrell, Ernst und Reuter, Markus A. (Hrsg.): Handbook of recycling, State-of-the-art for practitioners, analysts, and scientists; Elsevier-Verlag; Amsterdam; S. 269-283.

Plöckl, Dieter, 2013: Entsorgung Kohlenstofffaserverstärkter Kunststoffe (KFK), auch carbonfaserverstärkter Kunststoff (CFK) genannt; Ingolstadt.

Plümecke, Karl; Kattenbusch, Markus; Kuhne, Volker; Noosten, Dirk; Ernesti, Werner; Holch, Heinrich; Kuhlenkamp, Dieter; Keren, Franz; Klein, Hilmar; Kugelmann, Adolf; Neuenhagen, Helmhard; Ohland, Edgar und Stiglocher, Hans, 2017: Preisermittlung für Bauarbeiten; 28. überarbeitete und aktualisierte Auflage; Rudolf Müller Verlag; Köln.

Radmann, Thomas, 2016; Basiswissen der Faserverbundfertigung; Augsburg.

Reckter, Bettina, 2018: Gerettet?; in: VDI Nachrichten; Jahrgang 2018; Heft 19; S. 23.

Rehbock (2018)   Rehbock, Eric, 2018: Sind neuartige Faserbetone nachhaltig?; in: ENTSORGA-Magazin; Jahrgang 2017; Heft 4; Frankfurt/Main.

Rempel, Sergej; Bommersbach, Mario und Will, Norbert, 2015: Filigrane großformatige Fassadenplatten mit Carbonbewehrung für das Bauvorhaben "Neuer Markt"; in: TUDALIT e. V. (Hrsg.): TUDALIT Magazin: Leichter bauen - Zukunft formen.

Rempel, Sergej; Will, Norbert; Hegger, Josef und Beul, Patrick, 2015: Filigrane Bauwerke aus Textilbeton; in: Beton- und Stahlbetonbau; Jahrgang 110; Heft S1; S. 83-93.

Richter, Mike, 2005: Entwicklung mechanischer Modelle zur analytischen Beschreibung der Materialeigenschaften von textilbewehrtem Feinbeton; Institut für Mechanik und Flächentragwerke; Dresden.

Rinne, Horst, 2008: Taschenbuch der Statistik; 4. vollständig überarbeitete und erweiterte Auflage, Verlag Harri Deutsch; Frankfurt/Main.

Rizalla, Sami und Tadros Gamil (Hrsg.), 2000: FRP for prestressing of concrete bridges in Canada.

Röhling, Stefan; Eifert, Helmut und Jablinski, Manfred, 2012: Betonbau 1: Zusammensetzung - Dauerhaftigkeit – Frischbeton; Fraunhofer-IRB-Verlag; Stuttgart.

Rottke, Nico und Wernecke, Martin, 2008: Lebenszyklus von Immobilien; in: Schulte, Karl-Werner (Hrsg.): Immobilienökonomie, Band I: Betriebswirtschaftliche Grundlagen; De Gruyter Verlag, München, S. 209-229.

Rußwurm, Dieter und Fabritius, Eckhart, 2002: Bewehren von Stahlbetontragwerken: Arbeitsblätter; Düsseldorf.

Saliger, Rudolf, 1949: Der Stahlbetonbau - Werkstoff, Berechnung und Gestaltung; 7. Auflage; Deuticke-Verlag, Wien.

Sauerborn, Tom und Hampel Torsten, 2015: Das Prüf-, Überwachungs- und Zertifizierungssystem bei Verstärkungen mit Textilbeton; in: Beckmann, Birgit (Hrsg.): Verstärken mit Textilbeton, Übersicht: Was ist Textilbeton?; Baustoffkomponenten, Verbundwerkstoff, Bemessungskonzept, Technologien, Baustellenverfahren, Anwendungsbeispiele, Praxisseminare Textilbeton, Informationen zur Zulassung; Wilhelm Ernst & Sohn Verlag; Berlin; S. 101-105.

Schach, Rainer; Jehle, Peter und Naumann, René, 2006: Transrapid und Rad-Schiene-Hochgeschwindigkeitsbahn; Springer-Verlag; Berlin und Heidelberg.

Schätzke, Christian; Schneider, Hartwig N.; Till, Joachim; Feldmann, Markus; Pak, Daniel; Geßler, Achim; Hegger, Josef und Scholzen, Alexander, 2011: Doppelt gekrümmte Schalen und Gitterschalen aus Textilbeton; in: 6th Colloquium on Textile Reinforced Structures (CTRS6).

Scheerer, Silke, 2015: Was ist Textilbeton?, in: Beckmann, Birgit (Hrsg.): Verstärken mit Textilbeton, Übersicht: Was ist Textilbeton?; Baustoffkomponenten, Verbundwerkstoff, Bemessungskonzept, Technologien, Baustellenverfahren, Anwendungsbeispiele, Praxisseminare Textilbeton, Informationen zur Zulassung; Wilhelm Ernst & Sohn Verlag; Berlin, S. 4-6.

Scheerer, Silke; Michler, Harald und Curbach, Manfred, 2014: Brücken aus Textilbeton; in: Mehlhorn, Gerhard und Curbach, Manfred (Hrsg.): Handbuch Brücken, Entwerfen, Konstruieren, Berechnen, Bauen und Erhalten; Springer-Verlag; Wiesbaden.

Scheerer, Silke; Schladitz, Frank und Curbach, Manfred, 2015: Textile reinforced Concrete – From the idea to a high performance material; in: Brameshuber, Wolfgang (Hrsg.): Proceedings of the FERRO-11 and 3rd ICTRC in Aachen; Aachen.

Schladitz, Frank und Curbach, Manfred, 2009: Torsionsversuche an textilbetonverstärkten Stahlbetonbauteilen; in: Beton- und Stahlbetonbau; Jahrgang 104; Heft 12; S. 835-843.

Schladitz, Frank; Lorenz, Enrico und Curbach, Manfred, 2011: Biegetragfähigkeit von textilbetonverstärkten Stahlbetonplatten; in: Beton- und Stahlbetonbau; Jahrgang 106; Heft 6; S. 377-384.

Schliephake, Mia und Schliephake, Henning, 2017: CFK-Abfall als Primärkohleersatz in der Stahlerzeugung; Vortrag im Rahmen der Veranstaltung „Verwertung von CFK-haltigen Abfällen"; UmweltCluster Bayern und MAI Carbon; Augsburg.

Schmidt, Herbert, 2003: Der Silbererzbergbau in der Grafschaft Glatz und im Fürstentum Münsterberg-Oels; Tectum-Verlag; Marburg.

Schmuck, Martin, 2016: Wirtschaftliche Umsetzbarkeit saisonaler Wärmespeicher; expert-Verlag; Renningen.

Scholzen, Alexander; Chudoba, Rostislav und Hegger, Josef, 2012: Dünnwandiges Schalentragwerk aus textilbewehrtem Beton - Entwurf, Bemessung und baupraktische Umsetzung; in: Beton- und Stahlbetonbau; Jahrgang 107; Heft 11; S. 767-776.

Schröder, Marcel und Pocha, Andreas, 2015: Abbrucharbeiten, 3. aktualisierte und erweiterte Auflage, Rudolf Müller Verlag; Köln.

Schubert, Heinrich, 1996: Aufbereitung fester Stoffe - Band II: Sortierprozesse; 4. völlig neu bearbeitete Auflage; Deutscher Verlag für Grundstoffindustrie; Stuttgart.

Schubert, Heinrich, 2003: Handbuch der mechanischen Verfahrenstechnik 1; Wiley-VCH Verlag; Weinheim.

Schubert, Heinrich, 2003: Handbuch der mechanischen Verfahrenstechnik 2, Wiley-VCH Verlag; Weinheim.

Schulz, Ingo, 2000: Beton-Recycling - Recycling-Beton; in: Beton- und Stahlbetonbau; Jahrgang 95; Heft 8; S. 484-488.

Schürmann, Helmut, 2007: Konstruieren mit Faser-Kunststoff-Verbunden, 2. bearbeitete und erweiterte Auflage; Springer-Verlag; Berlin und Heidelberg.

Sedat, Bernd; Berg, Alexander; Bossemeyer, Hans-Dieter; Dolata, Stephan, Dünger, Olaf; Hohlweck, Christoph; Kessel, Martin; Kisskalt, Jürgen; König, Reiner; Koop, Uwe; Pohling, Petra; Schwellnus, Konrad und Zwiener, Gerd, 2016: Unerkannte Gefahren - Sanierung und Rückbau bauchemischer Asbestprodukte; in: B+B BAUEN IM BESTAND; Heft 1; S. 26-31.

Severins, Katrin und Müller, Christoph, 2017: Brechsand als Hauptbestandteil im Zement; Vortrag im Rahmen des Fachsymposiums R-Beton; TU Kaiserslautern; Kaiserslautern.

Shams, Ali, 2017: Verkleidung der höchsten Brückenpfeiler der Welt mit Textilbeton, in: C³ - Carbon Concrete Composite e. V. (Hrsg.): Tagungsband zu den 9. Carbon- und Textilbetontagen, Dresden.

Siebenpfeiffer, Wolfgang (Hrsg.), 2014: Leichtbau-Technologien im Automobilbau; Springer-Vieweg-Verlag; Wiesbaden.

Soo, Jhy-Charm; Tsai, Perng-Jy; Chen, Ching-Hwa; Chen, Mei-Ru; Hsu, Hsin-I und Wu, Trong-Neng, 2011: Influence of compressive strength and applied force in concrete on particles exposure concentrations during cutting processes; in: The Science of the total environment; Jahrgang 409; Heft 17; S. 3124-3128.

Springenschmid, Rupert, 2007: Betontechnologie für die Praxis; 1. Auflage; Bauwerk; Berlin.

Stiglat, Klaus, 2004: Bauingenieure und ihr Werk; Wilhelm Ernst & Sohn Verlag; Berlin.

Stockschläder, Jan, 2017: Energetische Verwertung von CFK-Abfällen - Zwischenstand zum Ufoplan Vorhaben CFK; Vortrag im Rahmen der Veranstaltung „Verwertung von CFK-haltigen Abfällen"; UmweltCluster Bayern und MAI Carbon; Augsburg.

Tiltmann, Karl O. (Hrsg.), 1993: Recyclingpraxis Kunststoffe; Verlag TÜV Rheinland; Köln.

Töpfer, Armin, 2007: Betriebswirtschaftslehre; 2. überarbeitete Auflage, Springer-Verlag; Berlin.

Ufer, Boris, 2017: Thermische Behandlung; Vortrag im Rahmen der Veranstaltung „Verwertung von CFK-haltigen Abfällen"; UmweltCluster Bayern und MAI Carbon; Augsburg.

Ushima, Kenichi; Enomoto, Tsuyoshi; Koso Noriaki und Yamamoto, Yoshiaki, 2016: Field deployment of carbon-fiber-reinforced polymer in bridge applications; in: PCI Journal; Jahrgang 61; Heft 5.

VDI-Gesellschaft Kunststofftechnik, 1998: Schüttguttechnik in der Kunststoffindustrie; VDI-Verlag; Düsseldorf.

Vollpracht, Anya, 2017: Umweltrelevante Merkmale - in der Regel kein Problem; Vortrag im Rahmen des Fachsymposiums R-Beton; TU Kaiserslautern; Kaiserslautern.

Voss, Stefan und Hegger, Josef, 2006: Dimensioning of textile reinforced concrete structures; in: 1st International RILEM Conference on Textile Reinforced Concrete;RILEM Publications.

Walter, Tobias, 2017: CFK-Abfall als Rohstoff in der Calciumcarbidproduktion; Vortrag im Rahmen der Veranstaltung „Verwertung von CFK-haltigen Abfällen"; UmweltCluster Bayern und MAI Carbon; Augsburg.

Warzelhan, Volker, 2017: Verwertung Kohlenstofffaserhaltiger Abfälle; Vortrag im Rahmen der Veranstaltung „Verwertung von CFK-haltigen Abfällen"; UmweltCluster Bayern und MAI Carbon; Augsburg.

Weber, Christine, 2002: Plastikmüll mit Infrarotspektroskopie sortieren; in: Physik Journal; Jahrgang 2002; Heft 7/8; S. 116-117; (2002).

Weber, Silvia, 2013: Betoninstandsetzung, 2. Auflage, Springer-Verlag; Wiesbaden.

WHO - World Health Organization (Hrsg.), 1997: Determination of Airborne Fibre Number Concentrations - A Recommended Method; Genf.

Wietek, Bernhard, 2017: Faserbeton im Bauwesen, 2. aktualisierte Auflage; Springer-Vieweg-Verlag; Wiesbaden.

Witte, Tassilo, 2017: Composite recycling strategy and its first practical implementations at Airbus; Vortrag im Rahmen der Veranstaltung „Composite Recycling & LCA"; Allianz Faserbasierte Werkstoffe Baden-Württemberg e. V.; Stuttgart.

Witten, Elmar (Hrsg.), 2014: Handbuch Faserverbundkunststoffe/Composites; 4. Auflage; Springer-Vieweg-Verlag; Wiesbaden.

Witten, Elmar; Mathes, Volker; Sauer, Michael und Kühnel, Michael, 2018: Composites-Marktbericht 2018.

Wommelsdorff, Otto, 2008: Stahlbetonbau 1 - Grundlagen, biegebeanspruchte Bauteile; 9. Auflage; Werner, Köln.

Yang, Jie; Liu, Jie; Liu, Wenbin; Wang, Jun und Tang, Tao, 2015: Recycling of carbon fibre reinforced epoxy resin composites under various oxygen concentrations in nitrogen–oxygen atmosphere; in: Journal of Analytical and Applied Pyrolysis; Heft 112; S. 253-261.

Younes, Ayham; Seidel, André; Rittner, Steffen; Cherif, Chokri und Thyroff, Roy, 2015: Innovative textile Bewehrungen für hochbelastbare Betonbauteile; in: Beckmann, Birgit (Hrsg.): Verstärken mit Textilbeton, Übersicht: Was ist Textilbeton?; Baustoffkomponenten, Verbundwerkstoff, Bemessungskonzept, Technologien, Baustellenverfahren, Anwendungsbeispiele, Praxisseminare Textilbeton, Informationen zur Zulassung; Wilhelm Ernst & Sohn Verlag; Berlin.

Zangemeister, Christof, 2014: Nutzwertanalyse in der Systemtechnik; 5. erweitere Auflage; Books on Demand; Norderstedt.

Zilch, Konrad und Zehetmaier, Gerhard, 2010: Bemessung im konstruktiven Betonbau; 2. neu bearbeitete und erweiterte Auflage, Springer-Verlag, Berlin.

Zilker, Michael, 2001: Automatisierung unscharfer Bewertungsverfahren; Dresden.

Internetquellen

BBSR (2016)   Asam, Claus: Ziele und Strategien für ressourceneffi-
                       zientes Bauen; Vortagsunterlagen zur Veranstaltungs-
                       reihe „Die Zukunft des Bauens 2016"; Frankfurt/Main;
                       (22.09.2016); im Internet abrufbar: https://www.detail.
                       de/fileadmin/uploads/02 -Research/Zukunft-des-Bau-
                       ens-Frankfurt-Asam-Ziele-und-Strategien-2016.pdf;
                       (Stand: 01.06.2018).

BiM (1997)   Schießl, P.; Müller, Ch.: Zwischenbericht zum Projekt
                       „Baustoffkreislauf im Massivbau (BiM): Bewertung
                       der bei der Aufbereitung von Bauschutt anfallenden
                       Recyclingzuschläge hinsichtlich der Eignung als Be-
                       tonzuschlag"; (März 1997); Darmstadt; im Internet ab-
                       rufbar unter: http://www.b-i-m.de/berichte/d03/d03z
                       0197.htm; (Stand: 23.06.2018).

BMU (2017)   Bundesministerium für Umwelt, Naturschutz und nuk-
                       leare Sicherheit: Pressemitteilung Nr. 358/17 – Klima-
                       schutz; Bundesministerium für Umwelt, Naturschutz
                       und nukleare Sicherheit; „Deutschland ratifiziert
                       zweite Verpflichtungsperiode des Kyoto-Protokolls";
                       im Internet abrufbar unter: https://www.bmu.de/presse
                       mitteilung/deutschland-ratifiziert-zweite-verpflichtun
                       gsperiode-des-kyoto-protokolls/; (Stand: 01.06.2018).

BMUB (2019)   Bundesministerium für Umwelt, Naturschutz und nuk-
                       leare Sicherheit: Leitfaden Nachhaltiges Bauen; Ber-
                       lin; 3. aktualisierte Auflage; (Januar 2019); im Internet
                       abrufbar unter: https://www.nachhaltigesbauen.de/file
                       admin/pdf/Leitfaden_2019/BBSR_LFNB _D_190125.
                       pdf; (Stand: 29.03.2019).

Carbonveneta (2017)   Carbonveneta: Datenblätter Carbonstäbe, Produktpro-
                       gramm (Stand 06.11.2017); im Internet abrufbar unter:
                       http://www.carbonveneta.it/; (Stand: 27.06.2018).

Chemie.de (2018) — Chemie.de Information Service GmbH: Forscher wollen Carbonfasern aus Lignin zur Marktreife bringen; (21.01.2015); im Internet abrufbar unter: http://www.chemie.de/news/151298/forscher-wollen-carbonfasern-aus-lignin-zur-marktreife-bringen.html; (Stand: 27.06.2018).

Institut für Stahlbetonbewehrung e. V. (2018) — Institut für Stahlbetonbewehrung e. V.: Daten zur Betonstahlbranche auf der Vereinshomepage des Institutes für Stahlbetonbewehrung; im Internet abrufbar unter: https://www.isb-ev.de/mitglieder/betonstahl-hersteller/; (Stand: 27.06.2018).

Sireg (2017) — Sireg: Datenblätter Carbonstäbe; im Internet abrufbar unter: https://www.sireggeotech.it/en/products/carbon-and-aramid-fiber-rods-plates-and-profiles; (Stand: 27.06.2018).

SITgrid 041 KK (2019) — WILHELM KNEITZ Solutions in Textile GmbH: Datenblätter Carbongelege; im Internet abrufbar unter: https://solutions-in-textile.com/produkte/verstaerkung-und-instandsetzung; (Stand: 28.03.2019).

Solidian (2018) — Solidian GmbH: Produktdatenblätter zu den ebenen textilen Bewehrungen der Firma solidian GmbH; im Internet abrufbar unter: https://www.solidian.com/produkte/ebene-bewehrung/; (Stand 27.06.2018).

Umweltbundesamt (2017) — Umweltbundesamt: Daten zum Abfallaufkommen; „Deutschlands Abfall" mit den Daten für 2015; im Internet abrufbar unter: https://www.umweltbundesamt.de/daten/ressourcen-abfall/abfallaufkommen#textpart-1; (Stand: 01.06.2018).

VDI Verlag (2015) — VDI Verlag GmbH: Fraunhofer-Forscher bauen Carbonfasern aus Holzstoff; im Internet abrufbar unter: http://www.ingenieur.de/Themen/Werkstoffe/Fraunhofer-Forscher-bauen-Carbonfasern-Holzstoff; (Stand: 17.01.2017).

Webb (2015)   Webb, Jonathan: Carbon nanofibres made from CO2 in
                                     the air; (2015); im Internet abrufbar unter: URL:
                                     http://www.bbc.com/news/science-environment-3399
                                     8697; (Stand: 17.01.2017)

Normen, Regelwerke und Richtlinien

Abfallrahmenrichtlinie (2008/98/EG)   Amt für Veröffentlichungen der Europäischen
                                     Union (Hrsg.): Richtlinie 2008/98/EG des Europäi-
                                     schen Parlaments und des Rates vom 19. November
                                     2008 über Abfälle und zur Aufhebung bestimmter
                                     Richtlinien. Amtsblatt der Europäischen Union L
                                     312/3; Brüssel; (2008).

BauPVO (03/2011)   Verordnung (EU) Nr. 305/2011, Verordnung des Eu-
                                     ropäischen Parlaments und des Rates vom 09. März
                                     2011 zur Festlegung harmonisierter Bedingungen für
                                     die Vermarktung von Bauprodukten und zur Aufhe-
                                     bung der Richtlinie 89/106/EWG des Rates; (März
                                     2011).

BBodSchV (09/2017)   Gesetz zum Schutz vor schädlichen Bodenveränderun-
                                     gen und zur Sanierung von Altlasten (Bundes-Boden-
                                     schutzgesetz - BBodSchG); vom 17.03.1999; zuletzt
                                     geändert am 27.09.2017.

BBodSchV (09/2017)   Bundes-Bodenschutz-   und   Altlastenverordnung,
                                     (BBodSchV); vom 12.07.1999; zuletzt geändert am
                                     27.09.2017.

DIN 488-1 (08/2009)   DIN 488-1: Betonstahl – Teil 1: Stahlsorten, Eigen-
                                     schaften, Kennzeichnung; (August 2009).

DIN 1045-2 (08/2008)   DIN 1045-2: Tragwerke aus Beton, Stahlbeton und
                                     Spannbeton – Teil 2: Beton – Festlegung, Eigenschaf-
                                     ten, Herstellung und Konformität – Anwendungsregeln
                                     zu DIN EN 206-1; (August 2008).

DIN 4226-101 (08/2017)   DIN 4226-101: Rezyklierte Gesteinskörnungen für
                                     Beton nach DIN EN 12620 – Teil 101: Typen und ge-
                                     regelte gefährliche Substanzen; (August 2017).

DIN 4226-102 (08/2017)   DIN 4226-102: Rezyklierte Gesteinskörnungen für Beton nach DIN EN 12620 – Teil 102: Typprüfung und Werkseigene Produktionskontrolle; (August 2017).

DIN 8580 (09/2003)   DIN 8580: Fertigungsverfahren: Begriffe, Einteilung; (September 2003).

DIN 8588 (08/2013)   DIN 8588: Fertigungsverfahren Zerteilen: Einordnung, Unterteilung, Begriffe (August 2013)

DIN 8589-0 (09/2003)   DIN 8589-0: Fertigungsverfahren Spanen - Teil 0: Allgemeines Einordnung, Unterteilung, Begriffe; (September 2003).

DIN 18007 (05/2000)   DIN 18007: Abbrucharbeiten: Begriffe, Verfahren, Anwendungsbereiche; (Mai 2000).

DIN EN 197-1 (11/2011)   DIN EN 197-1: Zement – Teil 1: Zusammensetzung, Anforderungen und Konformitätskriterien von Normalzement; Deutsche Fassung EN 197-1:2011; (November 2011).

DIN EN 206 (01/2017)   DIN EN 206: Beton – Festlegung, Eigenschaften, Herstellung und Konformität; Deutsche Fassung EN 206:2013+A1:2016; (Januar 2017).

DIN EN 934-2 (08/2012)   DIN EN 934-2: Zusatzmittel für Beton, Mörtel und Einpressmörtel – Teil 2: Betonzusatzmittel – Definitionen, Anforderungen, Konformität, Kennzeichnung und Beschriftung; Deutsche Fassung EN 934-2:2009+A1:2012; (August 2012).

DIN EN 1008 (10/2002)   DIN EN 1008: Festlegung für die Probenahme, Prüfung und Beurteilung der Eignung von Wasser, einschließlich bei der Betonherstellung anfallendem Wasser, als Zugabewasser für Beton; Deutsche Fassung EN 1008:2002; (Oktober 2002).

DIN EN 1992-1-1 (01/2011)   DIN EN 1992-1-1: Eurocode 2: Bemessung und Konstruktion von Stahlbeton- und Spannbetontragwerken – Teil 1-1: Allgemeine Bemessungsregeln und Regeln für den Hochbau; Deutsche Fassung EN 1992-1-1:2014+ AC:2010; (Januar 2011).

DIN EN 10088-3 (12/2014)   DIN EN 10088-3: Nichtrostende Stähle – Teil 3: Tech-
                                  nische Lieferbedingungen für Halbzeuge, Stäbe, Walz-
                                  draht, gezogenen Draht, Profile und Blankstahlerzeug-
                                  nisse aus korrosionsbeständigen Stählen für allge-
                                  meine Verwendung; Deutsche Fassung EN 10088-
                                  3:2014; (Dezember 2014).

DIN EN 12620 (07/2008)   DIN EN 12620: Gesteinskörnung für Beton; Deutsche
                                  Fassung EN 12620:2002+A1:2008; (Juli 2008).

GewAbfV (07/2017)   Verordnung über die Bewirtschaftung von gewerbli-
                                  chen Siedlungsabfällen und von bestimmten Bau- und
                                  Abbruchabfällen (Gewerbeabfallverordnung - Ge-
                                  wAbfV); vom 18.04.2017; zuletzt geändert am
                                  05.07.2017.

Hering AbZ Z-33.1-577 (2013)   Allgemeine bauaufsichtliche Zulassung; Zulassungs-
                                  nummer: Z-33.1-577; Antragssteller: Hering Bau
                                  GmbH & CO. KG; Zulassungsgegenstand: „betoShell
                                  Classic" Platten aus Betonwerkstein mit rückseitig ein-
                                  betonierten Befestigungselementen zur Verwendung
                                  als hinterlüftete Außenwandbekleidung oder als abge-
                                  hängte Decke; erstmals zugelassen am 27.11.2013;
                                  Berlin; (27.11.2013).

InformationsZentrum Beton (2014)   InformationsZentrum Beton: Zement-Merk-
                                  blatt Betontechnik B3; (Februar 2014)

KrWG   Gesetz zur Förderung der Kreislaufwirtschaft und Si-
                                  cherung der umweltverträglichen Bewirtschaftung von
                                  Abfällen (Kreislaufwirtschaftsgesetz - KrWG); vom
                                  24.02.2012; zuletzt geändert am 20.07.2017.

LAGA M20 (11/2003)   Mitteilung der Länderarbeitsgemeinschaft Abfall
                                  (LAGA) 20: Anforderungen an die stoffliche Verwer-
                                  tung von mineralischen Abfällen - Technische Regeln
                                  - Allgemeiner Teil (LAGA M20); überarbeitete End-
                                  fassung vom 06.11.2003.

LAGA PN 98 (12/2001)   LAGA Länderarbeitsgemeinschaft Abfall LAGA PN
                           98 - Richtlinie für das Vorgehen bei physikalischen,
                           chemischen und biologischen Untersuchungen im Zu-
                           sammenhang mit der Verwertung/Beseitigung von Ab-
                           fällen; (Dezember 2001).

MantelV (2017 Entwurf)   Verordnung zur Einführung einer Ersatzbaustoffver-
                           ordnung, zur Neufassung der Bundes-Bodenschutz-
                           und Altlastenverordnung und zur Änderung der Depo-
                           nieverordnung und der Gewerbeabfallverordnung; Re-
                           ferentenentwurf; (2017).

REACH-Verordnung (1907/2006EG)   Amt für Veröffentlichungen der Europäischen
                           Union (Hrsg.): Verordnung (EG) Nr. 1907/2006 des
                           Europäischen Parlaments und des Rates vom 18. De-
                           zember 2006 zur Registrierung, Bewertung, Zulassung
                           und Beschränkung chemischer Stoffe (REACH) und
                           zur Schaffung einer Europäischen Chemikalienagen-
                           tur, Amtsblatt der Europäischen Union L 396; Brüssel;
                           (2006).

Solidian AbZ Z-71.3-39 (2017) Allgemeine bauaufsichtliche Zulassung; Zulassungs-
                           nummer: Z-71.3-39; Antragssteller: solidian GmbH;
                           Zulassungsgegenstand: solidian Sandwichwand; erst-
                           mals zugelassen am 22.05.2017; Berlin; (22.05.2017).

Solidian AbZ Z-71.3-40 (2018) Allgemeine bauaufsichtliche Zulassung; Zulassungs-
                           nummer: Z-71.3-40; Antragssteller: solidian GmbH;
                           Zulassungsgegenstand: Kleingebäude, Raumzellen
                           (Fertiggarage); erstmals zugelassen am 03.05.2018;
                           Berlin; (03.05.2018)

Thyssenkrupp Carbon   Datenblatt zum Carbonstab Carbon4ReBAR von
Components (2017)   thyssenkrupp Carbon Components GmbH; erhal-
                           ten auf den 9. Carbon- und Textilbetontagen; Dres-
                           den; (26. und 27.09.2017)

TRGS 001 (12/2006)   Ausschuss für Gefahrstoffe; Technische Regeln
                              für Gefahrstoffe (TRGS) Nr. 001: Das Technische
                              Regelwerk zur Gefahrstoffverordnung - Allgemei-
                              nes - Aufbau - Übersicht - Beachtung der Techni-
                              schen Regeln für Gefahrstoffe; vom Dezember
                              2006.

TRGS 519 (03/2015)   Ausschuss für Gefahrstoffe (AGS); Technische
                              Regeln für Gefahrstoffe (TRGS 519): Asbest Ab-
                              bruch-, Sanierungs- oder Instandhaltungsarbeiten;
                              vom Januar 2014; zuletzt geändert am 02.03.2015.

TRGS 559 (09/2011)   Ausschuss für Gefahrstoffe (AGS); Technische
                              Regeln für Gefahrstoffe (TRGS 559): Minerali-
                              scher Staub; vom Februar 2010; zuletzt geändert
                              am 01.09.2011.

TRGS 900 (06/2018)   Ausschuss für Gefahrstoffe (AGS); Technische
                              Regeln für Gefahrstoffe (TRGS 900): Arbeits-
                              platzgrenzwerte; vom Januar 2006; zuletzt geän-
                              dert am 07.06.2018.

TRGS 905 (05/2018)   Ausschuss für Gefahrstoffe (AGS); Technische
                              Regeln für Gefahrstoffe (TRGS 905): Verzeichnis
                              krebserzeugender, keimzellmutagener oder repro-
                              duktionstoxischer Stoffe; vom März 2016; zuletzt
                              geändert am 02.05.2018.

TRGS 906 (04/2007)   Ausschuss für Gefahrstoffe (AGS); Technische
                              Regeln für Gefahrstoffe (TRGS 906): Verzeichnis
                              krebserzeugender Tätigkeiten oder Verfahren nach
                              § 3 Abs. 2 Nr. 3 GefStoffV; vom Juli 2005; zuletzt
                              geändert am 27.04.2007.

TUDAG AbZ Z-31.10-   Allgemeine bauaufsichtliche Zulassung; Zulas-
182 (2016)   sungsnummer: Z-31.10-182; Antragssteller: TU-
                              DAG TU Dresden Aktiengesellschaft; Zulassungs-
                              gegenstand: Verfahren zur Verstärkung von Stahl-
                              beton mit TUDALIT (Textilbewehrter Beton);
                              erstmals zugelassen am 06.06.2014; Berlin;
                              30.11.2016.

VDI 2095 (03/2011)   Verein Deutscher Ingenieure e. V.: VDI 2095: Blatt 1: Emissionsminderung - Behandlung von mineralischen Bau- und Abbruchabfällen; (03/2011).

VDZ e. V. (2012)   Verein Deutscher Zementwerke e. V.: Zement-Merkblatt Betontechnik B2; (01/2012).

Printed in the United States
By Bookmasters